图灵程序
设计丛书

图解网络硬件

[日] 三轮贤一 著

盛荣 译

人民邮电出版社

北　京

图书在版编目（CIP）数据

图解网络硬件 /（日）三轮贤一著；盛荣译. --
北京：人民邮电出版社，2014.8
（图灵程序设计丛书）
ISBN 978-7-115-36036-6

Ⅰ. ①图… Ⅱ. ①三… ②盛… Ⅲ. ①计算机网络—
硬件—图解 Ⅳ. ①TP393-64

中国版本图书馆 CIP 数据核字（2014）第 127302 号

内 容 提 要

本书详细介绍了网络硬件的相关知识。在对硬件设备、相关技术及规范详尽考据的同时，侧重实践，重点介绍了在实际网络建设工程中使用的硬件设备，辅以丰富的图例，使网络硬件的真实情况一目了然，并深入浅出地解释了复杂的网络术语，因此对于想了解实际网络设备的读者来说是不可或缺的参考资料，也可作为大学课程《计算机网络》的扩展读物。本书还介绍了大量非思科设备和数据通信领域的知识，对于学习 CCNA、CCIE 等的读者和相关工程技术人员也很具有参考价值。

◆ 著　　　　　[日]三轮贤一
　　译　　　　　盛　荣
　　责任编辑　　乐　馨
　　执行编辑　　高宇涵
　　责任印制　　焦志炜

◆ 人民邮电出版社出版发行　　北京市丰台区成寿寺路 11 号
　　邮编　100164　　电子邮件　315@ptpress.com.cn
　　网址　https://www.ptpress.com.cn
　　固安县铭成印刷有限公司印刷

◆ 开本：800×1000　1/16
　　印张：23.5　　　　　　　2014 年 8 月第 1 版
　　字数：522 千字　　　　　2025 年 1 月河北第 49 次印刷
　　著作权合同登记号　图字：01-2013-4379 号

定价：69.00 元
读者服务热线：(010)84084456-6009　　印装质量热线：(010)81055316
反盗版热线：(010)81055315
广告经营许可证：京东市监广登字 20170147 号

译者序

众所周知，IT 行业是一个变化非常快的行业，计算机网络作为其中的一个分支尤为明显，这一点从业内赫赫有名的思科公司网络工程师认证有效期只有短短两年便可见一斑。正是这飞速变化的特性，导致网络硬件设备的更新换代也日新月异、千变万化，从而让很多初学者在学习了基本网络原理后，对实际的计算机网络依然是一知半解，尤其是对其中各类网络硬件设备的认识更是犹如浮光掠影，这同初学者深入掌握计算机网络技术的殷切期望形成了巨大的矛盾。

学习技术的道路上没有所谓的银弹，相信本书能够在很大程度上解决这个矛盾，帮助读者扫清学习计算机网络技术时遇到的某些障碍。

技术无国界，本书作者三轮贤一曾从事 ATM 交换设备中 TCP/IP 模块的开发，长期在硅谷网络设备公司日本分公司任职，是一名资深的业内人士。同其他介绍计算机网络知识的图书相比，本书在谋篇布局上以 OSI 网络七层模型中各层所涉及的硬件设备为主线，依次介绍了在实际组网工程中使用的各个硬件设备——交换机、路由器、防火墙等，还使用了一个章节的篇幅介绍了网络硬件设备在采购、运维方面的注意事项，层次分明、具体真实，不再"故弄玄虚"；在叙述的方式方法上，本书不但通过大量实物照片、详实参数、图表等充分还原了那些在计算机网络原理中提到的种种"理论"网络设备，而且在其中大量穿插介绍了各类设备所涉及的进阶网络基础知识和概念，如 VPN、QoS、OSPF、RIP、MPLS 等，理论结合实践，不再"纸上谈兵"；除此之外，本书还有一个特色是作者在对每一类硬件设备展开介绍之前，总会用相当的篇幅来回顾一下该类设备的发展历史，不惜笔墨地介绍该类设备的技术沿革和所涉及的重要人物、公司及标志性历史事件，在帮助读者了解计算机网络技术发展来龙去脉的同时，也让读者慢慢体会到本书在非技术角度所反映出的历史人文底蕴，同单纯刻板介绍计算机网络设备的认证教材、快速建网指南等书籍有着本质的不同。

综上所述，本书适合以下读者群体：

1. 对于学习了计算机网络原理，想了解计算机网络真实设备情况的读者来说是不可或缺的参考资料，也可作为大学课程《计算机网络》的扩展读物。

2. 对于学习 CCNA、CCIE 等的读者来说是锦上添花的辅助读物。

3. 对于从事计算机网络设备开发、测试、采购等相关工作的工程技术人员而言，也非常具有参考价值。

译者在从事了多年网络设备的开发和测试工作后，非常有幸能够翻译这么一本书籍。与此同时也由衷感叹，我国在计算机网络工程实践的技术方面，尤其在我国计算机网络硬件设备已经颇具国际竞争力的今天，非常缺乏本书这类的书籍。由于原作者的局限性，本书对我国现网中普遍使用的华为、中兴、H3C 等公司生产的计算机网络硬件设备几乎只字未提，这一点不得不说非常遗憾，不过译者也相信在不久的未来会有类似的书籍能够弥补这一空缺。

译者能力、精力有限，本书若有错误之处，望各位读者及时指出，不胜感激。

最后，译者非常感谢在翻译本书过程中，妻子所给予的默默支持！

盛荣

2014 年 5 月

前言

随着互联网的普及，在企业的 IT 部门以及系统集成商中专门从事计算机网络工作的工程师越来越多。

目前，市面上介绍计算机网络技术的书籍，几乎都是类似《简单的计算机网络入门》这种适合那些对网络一无所知的初学者的入门书，或者是《深入学习 TCP/IP 网络》这种介绍 TCP/IP 技术及协议规范的书籍。这类书有助于初学者从网络用户或管理员的视角来思考，建立必要的知识体系，因此一般被用作学校教材或自学读本。

但是在企业中实际使用计算机网络时，除了需要掌握基础知识以外，还需要进一步了解计算机网络硬件的采购、配置、设置、使用管理等相关知识。在过去的 10~20 年里，计算机网络硬件不断地更新换代，研发、支持的功能越来越多，产品操作手册也越来越厚，但术语的解释说明却仍旧匮乏，读者仅靠听课或自学是很难读懂这些手册的。

因此，为了让那些有一定计算机网络基础的工程师掌握更加具有实践性的产品知识，本书将重点介绍作为网络构成要素的节点，即具体的网络设备。

因为网络硬件应用于不同的领域，所以本书将围绕以下要点来介绍各个产品的规格及功能：在该领域存在怎样的硬件产品、为什么需要这些硬件产品、这些产品的结构如何、这些产品有哪些规格和局限性等。

三轮贤一
2012 年 10 月

目录

第7章　网络硬件设备的选购要点 ······ **329**

本书出现的信息与通信硬件一览

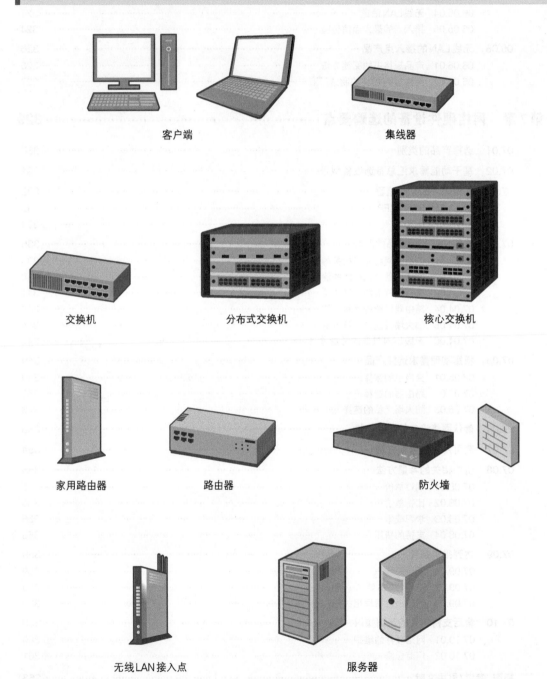

客户端

集线器

交换机

分布式交换机

核心交换机

家用路由器

路由器

防火墙

无线LAN接入点

服务器

第 **1** 章

网络硬件通用基础知识

本章将介绍所有网络[①]硬件通用的物理层标准——以太网的历史、标准种类及其实现方法。另外，还将进一步介绍CPU、硬盘、电源、线缆等组成网络设备所需部件的相关知识。

---

① 网络是一个很大的概念。本书所指的网络特指计算机网络，需要和传统的电信网络加以区分。下文中若无特别说明，网络均指计算机网络。——译者注

01.01 网络的构成要素

01.01.01 网络有哪些构成要素

构建网络所需的硬件一般包括交换机、路由器等网络硬件，以及个人计算机、服务器等计算机硬件，这些硬件统称为节点，节点之间可以通过链路进行连接（表1-1）。

表 1-1 网络的构成要素

节点（node）	计算机、交换机、路由器等构成网络的硬件均可称为通信节点	
链路（link）	泛指将各个节点进行连接的逻辑线路，物理上可以使用有线线缆或者无线电波	
主机（host）	通过网络为其他机器提供服务的计算机，也称为服务器	
客户端（client）	指从主机处获得服务的计算机（如个人计算机等），也称为终端或者 Terminal	

■ 客户端服务器型与点对点型

根据主机和客户端承担角色的不同，可以将网络分为客户端服务器型和点对点型（表1-2）。

表 1-2 客户端服务器型与点对点型

客户端服务器型	一种严格区分服务提供方和服务接受方的架构。客户端向服务器请求服务，而服务器响应客户端的服务请求。也称为垂直分布或功能垂直分布系统 例如：HTTP 通信
点对点型	一种不严格区分服务提供方和服务接受方的架构。参与网络的计算机可能成为网络中的服务器，也可能成为网络中的客户端。也称为水平分布或功能水平分布系统 例如：Skype 通信

■ LAN 和 WAN

在公司或学校内构建的 LAN（Local Area Network，局域网）与通信服务供应商提供的 WAN（Wide Area Network，广域网）有很大的不同（表1-3）。

在大部分情况下，LAN 可以使用以太网帧格式的以太网（Ethernet）协议标准进行通信，在网络中还能够使用支持该标准的交换机和路由器。而使用线缆连接的 LAN 时，用户的个人计算机则可以通过以太网线（双绞线）连接交换机，然后由交换机连接路由器，最终在路由器处理跨越异构子网和发送至互联网的通信。

而 MAN（Metropolitan Area Network，城域网）和 WAN 是在地理位置相距较远的各点间建立起的计算机通信网络。比如，一个大型企业的总部与各个分部的连接就会使用 WAN。WAN 服务如表 1-4 所示，有很多种类。使用方可以根据连接组网的地点能否使用该服务、通信速度、可靠性、租用资费等情况进行选择。

可以将互联网理解为全世界范围内 WAN 的互联。家庭或者企业在连接互联网时，需要与供应商（ISP，互联网服务供应商）签订合同，通过供应商提供的接入点来完成连接。而接入点的连接则需要通过电信运营商[①]提供的承载服务来完成，承载服务包括光缆线路、ADSL、移动通信网、公共无线 LAN 等。

表 1-3 LAN/MAN/WAN

名称	英语全称	说明
LAN	Local Area Network	用于机构内部通信与信息传递。常使用以太网技术在公司或学校等局部的地理范围内构建网络。LAN 分为使用线缆的有线 LAN 和使用电波的无线 LAN。一般在 LAN 内部使用私有 IP 地址
MAN	Metropolitan Area Network	使用光缆在相距较远的校园园区或城市内建立通信的网络，比 LAN 的范围要广
WAN	Wide Area Network	范围比 LAN 和 MAN 都要广，用于跨地区或国家间远程通信。一般由电信运营商建设。在 WAN 中可以使用全局 IP 地址进行通信

表 1-4 WAN 服务的种类[②]

用途	WAN 服务	电信运营商
最后一公里接入	光纤	NTT 东日本、NTT 西日本、KDDI、软银、电力公司
	ADSL	NTT 东日本、NTT 西日本、KDDI、软银、电力公司
移动通信	WiMAX	UQ WiMAX
	3G	NTT DoCoMo、KDDI（au）、软银、E-mobile
	公共无线 LAN	NTT DoCoMo、KDDI（au）、软银、NTT 通信
VPN	广域以太网	NTT 东日本、NTT 西日本、NTT 通信
	IP-VPN	NTT 通信
	以太网 VPN	NTT 通信
专线	ATM	NTT 东日本、NTT 西日本
	数据专线	NTT 东日本、NTT 西日本

---

① 在中国，一般 ISP 和电信运营商是同一家公司，如中国电信、中国联通等。ISP 中较为著名的有歌华宽带、长城宽带等。——译者注

② 在中国，三大运营商（中国移动、中国联通、中国电信）提供表格中所述的业务。——译者注

01.01.02 OSI 参考模型复习

■ OSI 参考模型

在 20 世纪 70 年代，部分企业为了降低成本、提高生产效率而引入了当时最新开发出的以太网技术和 TCP 协议等。但当时使用的网络协议主要有 IBM 公司的 SNA、Apple 公司的 AppleTalk、Novell 公司的 NetWare、美国 DEC 公司的 DECnet 等。它们使用的网络硬件也因不同的生产厂商而大相径庭，因此出现了不同网络之间不能互联以及扩容困难的问题。

为了解决这一问题，使得任何厂商生产的网络硬件之间都能够互联互通，从 1977 年开始，ISO（国际标准化组织）与 CCITT（国际电报电话咨询委员会，现在的 ITU-T[①]）逐步展开了制定异种网络系统结构标准的工作，当时完成的标准化的协议簇称为 OSI（Open Systems Interconnection，开放系统互联）。到了 1983 年，两大标准组织在该问题上达成一致[②]，制定了称为 OSI 基本参考模型（Basic Reference Model for Open Systems Interconnection，OSI 参考模型或 OSI 模型）的分层网络模型。该标准最终成文于 ISO 的 ISO7498 与 CCITT 的 X.200。

准确地说，OSI 参考模型是仅对应 OSI 协议簇的分层模型，TCP/IP 等其他协议簇也会多次提及该标准。如 L3 交换机中的 L3 表示该交换器处理到 OSI 参考第 3 层（Layer 3）为止。类似这样，将 OSI 模型的术语作为网络术语使用的例子非常普遍。

使用分层结构模型具有以下优点。

① 根据网络实际处理过程，按功能分类，从而便于理解和掌握。
② 能够定义标准接口，使不同厂商制造的硬件之间可以互联。
③ 工程师在设计与研发网络硬件时，可以把思维限定在一定范围内。
④ 当某层内部发生变化时，不会给其他层带来影响。

由于 OSI 参考模型是 ISO 制定的，因此所有的内容均用英语表述。该模型中的 7 层分别表示为 L1（Layer 1= 物理层）、L2（Layer 2= 数据链路层）……（表 1-5）。

---

① 即国际电信联盟远程通信标准化组织，是制定通信网络标准的最高组织。——译者注
② 最初，两大标准化组织关注的领域不同，国际电报电话咨询委员会侧重传统电信网络的标准制定，ISO 则制定更高层面的网络互联互通标准。但后来随着网络技术的发展，在网络规范的部分二者界限越发模糊，出现了二者互融的情形，最终该模型以两大组织颁布不同的文件来确认而收尾。——译者注

表 1-5　OSI 参考模型分层

各层简称	正式名称	说明
第 1 层 Layer 1 L1	物理层 （Physical Layer）	与数据处理没有直接关系。该层定义了发起、维持和结束终端系统间物理连接的电气特性、机械特性、步骤、功能等规格。具体而言，该层定义电平大小、电平变化时机、物理数据传输速率、最长通信距离、连接器的物理形状等内容。该层传输的数据为 0 或 1，也称为比特序列（比特流）
第 2 层 Layer 2 L2	数据链路层 （Data-link Layer）	保障数据在通信介质（通信线缆等）上传输。通过使用物理层地址（如 MAC 地址）来确认数据会发送至何处。该层传输的数据称为帧（Frame）
第 3 层 Layer 3 L3	网络层 （Network Layer）	定义两个终端系统之间（地理上距离很远，可能还有其间经过多个网络硬件的情况）的连接和传输路径的选择（路由）
第 4 层 Layer 4 L4	传输层 （Transport Layer）	隐藏通信实现的细节，向上层提供数据通信服务。为了实现高可靠性的通信，该层负责建立、维持、释放虚电路（Virtual Circuit），检测并纠正通信故障，提供流量控制服务以防止通信对方数据溢出
第 5 层 Layer 5 L5	会话层 （Session Layer）	规定了通信开始与结束时发送数据的形式等内容。在该层内建立逻辑上的通信链路。会话（Session）是指在两个通信系统之间进行逻辑通信从开始到结束的过程
第 6 层 Layer 6 L6	表示层 （Presentation Layer）	定义传输数据所使用的压缩方式以及数据的表现形式等
第 7 层 Layer 7 L7	应用层 （Application Layer）	定义电子邮件 SMTP、文件传输的 FTP、使用 Web 浏览器浏览网页的 HTTP 等用于特定目的的软件规格

表 1-6　OSI 参考模型对应的数据形式与网络协议范例

层级	数据形式	主要网路协议
物理层	比特流（0 与 1 的序列）	EIA/TIA-232（RS-232C）、V.35、V.24、IEEE 802.3、FDDI、NRZ 等
数据链路层	帧	IEEE 802.2、帧中继、ATM、PPP、HDLC 等
网络层	分组、数据报	IP、IPX、X.25 等
传输层	段、消息	TCP、UDP 等
会话层	应用数据	SSL 等
表现层	应用数据	ASCII 编码、EBCDIC 编码等
应用层	应用数据	HTTP、FTP、SMTP、SNMP 等

图 1-1 L2~L4 的数据形式

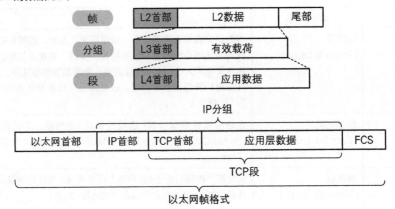

■ TCP/IP 层模型

TCP 分层模型是 1970 年 DARPA（美国国防先进研究项目局）设计的、在 RFC1122 中定义的网络分层模型，也可称为 TCP/IP 模型、互联网模型等，该模型在不同文献中的表述也有所不同（表 1-7、表 1-8）。

表 1-7 OSI 参考模型与 TCP/IP 分层模型的对应

OSI 各层名称	TCP/IP 各层名称
物理层	数据链路层（网络接口层、网络接入层）[注1]
数据链路层	
网络层	网络层
传输层	传输层
会话层	应用层
表示层	
应用层	

注 1：TCP/IP 分层模型的数据链路层同 OSI 参考模型的物理层地位相当，但并没有对硬件以及物理数据传输等进行标准化定义。

表 1-8 TCP/IP 分层模型与所对应的网络硬件

分层	地址	对应的网络硬件
数据链路层（网络接口层）	MAC 地址	L2 交换机、无线 LAN 接入点
网络层	IP 地址	路由器、L3 交换机
传输层	端口号（TCP 端口、UDP 端口）	L4 交换机、防火墙
应用层	根据应用程序的不同而不同	L7 交换机、防火墙、代理

01.02　LAN 和以太网

01.02.01　LAN 的标准

■ DIX 标准

以太网（CSMA/CD）以美国施乐公司（Xerox）帕罗奥多研究中心的罗伯特·梅特卡夫（Robert Metcalfe）博士所设计的功能为原型，由 IEEE 于 1973 年组织发布。当时的施乐公司正在开发将大楼内部数百台计算机进行联网的项目，为了将不同制造厂商生产的设备进行连接，美国 DEC 公司、Intel 公司、施乐公司共同完成了以太网的标准化工作[①]。这份 10Mbit/s 的以太网标准的命名取自三家公司的首字母，被称为 DIX 以太网。这份标准作为标准化文件在 1980 年发布了第 1 版，之后又在 1982 年发布了第 2 版。现在人们常说的 DIX 以太网指的是第 2 版，因此本文中所提到的以太网帧格式也被称为 Ethernet II 成帧。

■ IEEE 802.3

1980 年 2 月，IEEE 的 802 委员会（委员会的名称由会议召开的年份和月份组成）制定了 LAN 技术的国际标准。1983 年又以 DIX 以太网第 2 版为原型，制定了 IEEE 802.3（10BASE5）标准。IEEE 802.3 中的帧格式取消了 DIX 以太网标准中的以太网类型字段，取而代之的是使用表示数据域长度的字段（图 1-3）。

图 1-2　OSI 参考模型与 DIX 以太网以及 IEEE 802 的关系

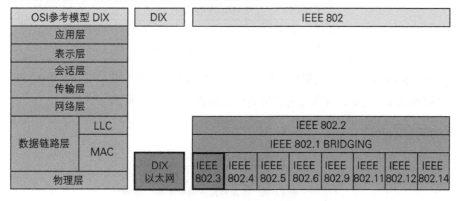

---

① 这段历史很有意思。这次标准化工作中还有一家十分重要的公司的参与，即从施乐公司离职的罗伯特·梅特卡夫博士创建的 3COM 公司。——译者注

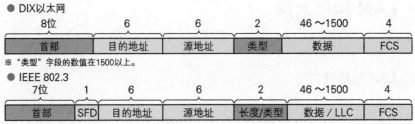

图 1-3 以太网帧格式

※ "类型" 字段的数值在1500以上。

※ "长度/类型" 字段的数值在1500以下时表示长度字段, 在1563以上时表示类型字段, 并进行相应的解析。

■ 以太网的标准

以太网原本仅指使用 CSMA/CD 传输媒介的控制方式, 实际通信速率为 10Mbit/s 的标准 (表 1-9 中的狭义以太网)。随着时间的推移, 同样使用 CSMA/CD 技术以及以太网帧格式, 但通信速率为 100Mbit/s 的快速以太网和速率为 1Gbit/s 的千兆以太网逐步登场。而且从快速以太网开始, 还出现了采用了全双工通信方式, 而不是 CSMA/CD 技术的以太网。

到千兆以太网, 半双工通信中依然保留了 CSMA/CD 技术规范; 到了万兆以太网, 就彻底移除了 CSMA/CD 规范, 所有通信方式均采用全双工方式。

目前, 以太网这一术语一般用来表示图 1-3 中使用以太网帧格式进行通信的网络 (即表 1-9 中的广义以太网)。

表 1-9 以太网的分类

广义以太网	狭义以太网	DIX 以太网	10Mbit/s 以太网	使用 CSMA/CD
		IEEE 802.3		
		IEEE 802.3u	100Mbit/s 以太网	可以选择使用 CSMA/CD
		IEEE 802.3z	1Gbit/s 以太网	
		IEEE 802.3ae	10Gbit/s 以太网	不使用 CSMA/CD
		IEEE 802.3ba	40/100Gbit/s 以太网	

IEEE 802.3 标准根据使用的传输线缆和传输速度的不同, 有 10BASE-T、10BASE-TX 等名称。命名规则如图 1-4 所示, 规则更为详细的信息如表 1-10~1-14 所示。

图 1-4 标准的命名规则

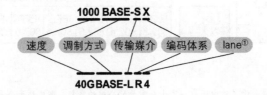

① Lane 是在 40G/100G 以太网传输媒介中使用的并行传输通道。

表 1-10 IEEE 802.3 定义的链路速率

条目	传输速率
1	1Mbit/s
10	10Mbit/s
100	100Mbit/s
1000	1Gbit/s
10G	10Gbit/s
40G	40Gbit/s
100G	100Gbit/s

＊速率表项（传输速率使用 M（G）bit/s 为单位表示）

表 1-11 IEEE 802.3 定义的调制方式

条目	调制方式
BASE	Baseband（基带信号）。1 根线缆只传输 1 个信号
BROAD	Broadband（宽频信号）。1 根线缆能够传送多个信号

表 1-12 IEEE 802.3 定义的传输媒介

条目	传输媒介
5	最长为 500 米的粗同轴线缆
2	最长为 185 米的细同轴线缆
T	Twisted Pair（双绞线）
F	Fiber（光纤）
K	Copper Backplane（由铜线组成的背板）
B	Bi-directional（1 芯单模光缆）
S	Short Reach（100m）（2 芯多模光缆）
L	Long Reach（10km）（2 芯单模或多模光缆）
E	Extended Long Reach（40km）（2 芯单模光缆）
Z	Long Reach Simple Mode（70km）（2 芯单模光缆）
C	Co-axial（2 芯平衡式屏蔽同轴线缆）
P	PON（1 芯单模光缆，单点到多点）

表 1-13 IEEE 802.3 定义的编码体系

条目	编码体系
X	在快速以太网时使用 4B/5B 作为分组码
	在千兆以太网时使用 8B/10B 作为分组码
R	使用 64B/66B 作为分组码

表 1-14 IEEE 802.3 定义的 lane

条目	编码体系
4 或者 10	在同轴线缆中表示使用 4 个或者 10 个 lane
N（任意数字）	在光纤中，lane 还可以表示波长数量。波长为 "1" 时，可以省略

01.02.02 以太网

■ 10Mbit/s 以太网

最初的 IEEE 802.3 标准被称为 10BASE5，传输速率为 10Mbit/s，使用粗同轴线缆作为网络传输媒介。1988 年，IEEE 802 委员会增加了 10BASE2（802.3a）标准，以更方便的细同轴线缆作为传输媒介。1990 年又制定了 10BASE-T（802.3i）标准，以成本更为低廉、制造也颇为简单的双绞线作为传输媒介。由于这一标准实施便捷，很快便普及开来。在该标准下，以太网拓扑结构也从之前使用同轴线缆的总线型网络，向使用集线器交换机的新型网络过渡。

1993 年，委员会制定了使用光纤作为传输媒介的 10BASE-F（802.3j）标准。在这之前，以太网的建网规模最大也不过覆盖方圆数百米，但是通过 10BASE-F 标准，最长传输距离延长至 2km。

表 1-15 总结了速率为 10Mbit/s 的以太网的发展历史，表 1-16 总结了主要 10Mbit/s 以太网的标准。

表 1-15 10Mbit/s 以太网的历史

标准	制定年份	内容
Alto Aloha Network	1972 年	参考了施乐公司开发的 Alto 计算机、打印机等设备进行网络互联的方案。传输速率使用了 Alto 的系统时钟，能够达到 2.94Mbit/s
以太网	1973 年	用于 Alto 以外的计算机网络互联。以设想的用来传播电磁波的物质以太（Ether）[1]来命名
Experimental Ethernet	1976 年	发表于 NCC（National Computer Conference）
DIX 以太网 Ver.1.0	1980 年	由美国 DEC 公司、Intel 公司、施乐公司三家公司制定的标准，采用粗同轴线缆传输。传输速率为 10Mbit/s
DIX 以太网 Ver.2.0	1982 年	也称为 Ethernet II。如今专指 DIX 以太网标准
IEEE 802.3（10BASE5）	1983 年	由 IEEE 802 工程委员会制定的标准（与 DIX 以太网 Ver2.0 几乎完全一致）
IEEE 802.3a（10BASE2）	1988 年	使用细同轴线缆作为传输媒介的标准
IEEE 802.3i（10BASE-T）	1990 年	使用双绞线作为传输媒介的标准
IEEE 802.3j（10BASE-F）	1993 年	使用光缆作为传输媒介的标准

---

① 该物质最终被证明不存在。——译者注

表 1-16 主要的 10Mbit/s 以太网的标准

条目	制定年代	IEEE 标准	传输速率	编码	传输媒介	最大传输距离
10BASE5	1983 年	IEEE 802.3	10Mbit/s	曼彻斯特	粗同轴线缆（Thick Cable 也叫做 Yellow Cable）	500m
10BASE2	1988 年	IEEE 802.3a	10Mbit/s	曼彻斯特	细同轴线缆（Thin Cable）	185m
10BASE-T	1990 年	IEEE 802.3i	10Mbit/s	曼彻斯特	双绞线（UTP）	100m
10BASE-F	1993 年	IEEE 802.3j	10Mbit/s	曼彻斯特	光缆（MMF）	2km

■ 快速以太网

1995 年，传输速率达到 100Mbit/s 的快速以太网（Fast Ethernet）完成了标准化进程，以 100BASE-T 的身份加入了以太网家族。在快速以太网进入市场后，支持全双工通信的交换集线器取代了效率低下的半双工通信的收发集线器，逐步成为主流。

在快速以太网标准中使用 5 类 UTP 线缆的 100BASE-TX 应用最为普遍，目前，几乎所有个人计算机所携带的网卡都应用了这一标准。

为了和之前的 10BASE-T 兼容，IEEE 802.3u 标准还定义了相应的自适应技术标准。自适应技术按照表 1-19 的顺序通过 UTP 线缆两端的硬件获取信息，这些信息包括该网络是使用 10BASE-T 还是 100BASE-T，全双工还是半双工通信等，以此决定最适合该网络的通信速率来连接通信。

表 1-17 介绍了快速以太网的历史，表 1-18 总结了主要的快速以太网的标准。

表 1-17 快速以太网的历史

标准	制定年份	内容
IEEE 802.3u（100BASE-T）	1995 年	传输速率为 100Mbit/s 的快速以太网与自适应技术的标准化
IEEE 802.3y（100BASE-T2）	1998 年	使用 3 类 UTP 双绞线的快速以太网标准

表 1-18 主要的快速以太网的标准

条目	制定年代	IEEE 标准	传输速率	编码	传输媒介	最大传输距离
100BASE-T注1	1995 年	IEEE 802.3u	100Mbit/s		UTP	100m
100BASE-TX			100Mbit/s	4B5B/MLT-3	UTP（2 对 5 类）	100m
100BASE-T4			100Mbit/s（仅半双工）	8B6T/PAM-3	UTP（4 对 3 类）	100m
100BASE-FX	1995 年	IEEE 802.3u	100Mbit/s	4B/5B NRZI	光缆（MMF）	400m（半双工）、2Km（全双工）
100BASE-T2	1998 年	IEEE 802.3y	100Mbit/s	PAM5x5	UTP（2 对 3 类）	100m

注 1：100BASE-T 是 100BASE-TX、100BASE-T4、100BASE-T2 的统称。目前 100BASE-T4、100BASE-T2 几乎不再使用，主要使用的是 100BASE-TX。

表 1-19 快速以太网的自适应优先顺序[注1]

优先级	以太网通信模式
7	100BASE-T2（全双工）
6	100BASE-TX（全双工）
5	100BASE-T2（半双工）
4	100BASE-T4（半双工）
3	100BASE-TX（半双工）
2	10BASE-T（全双工）
1	10BASE-T（半双工）

注1：采用连接的两个设备中最高优先级的通信模式。

■ 千兆以太网

千兆以太网的最初标准制定于 1998 年。其中，使用光纤作为传输媒介的 1000BASE-SX 和 1000BASE-LX 标准，与使用双绞线的 1000BASE-T 有很大的区别（表 1-21、表 1-22）。

最新的个人计算机已经安装了支持 10/100/1000BASE-T 千兆以太网的网卡。这种 10/100/1000BASE-T 网卡是指能够自适应 10BASE-T、100BASE-TX 以及 1000BASE-T 这 3 种传输速率，并且能够自动检测出是半双工还是全双工的网络接口设备。

千兆以太网标准是最后一个使用 CSMA/CD 技术方式进行通信的标准。由于 CSMA/CD 所使用的半双工通信效率低下，后续的标准便均以全双工方式予以替代。

千兆以太网还拥有如表 1-20 所列出的可选功能。

表 1-20 千兆以太网的可选功能

功能名称	内容
载波扩展	在千兆以太网中，被称为 512bit 时间的 CSMA/CD 冲突检测时间仅有极短的 512 纳秒，这会导致硬件在侦测出冲突之前就已将数据全部发出，从而引起网络事故。因此在千兆以太网标准中将最小帧的长度扩展到了 512 字节，当发送不足 512 字节的数据时，自动将其扩展到 512 字节，超出原数据的填充（padding）部分称为载波扩展（Carrier Extension）
帧突发	用于防范在发送大量小数据帧时带来的传输速率低下的问题。首先对第 1 个数据帧进行载波扩展，而随后的数据帧无需扩展，仅将短帧连续发送。最大能够一次性发送 8192 字节大小的数据帧
巨型帧	将以太网最大的数据帧长度从 1518 字节扩展到 8 000~15 000 字节，从而提高传输效率[①]。但巨型帧在 IEEE 802.3 系列中没有明确详细的标准，这使得各个通信设备制造厂商的产品实现也各不相同，需要在使用之前确认接收方设备是否能够解析该类巨型帧

① 但由于向后兼容等各种问题的存在，目前，巨型帧并未得到普及。——译者注

表 1-21 千兆以太网的历史

标准	制定年份	内容
IEEE 802.3z（1000BASE-X）	1998 年	定义了使用光纤作为传输媒介、速率为 1Gbit/s 的千兆以太网标准
IEEE 802.3ab（1000BASE-T）	1999 年	定义了使用双绞线作为传输媒介、速率为 1Gbit/s 的千兆以太网标准

表 1-22 主要的以太网标准

表项	制定年份	IEEE 标准	传输速率	编码	传输媒介	最大传输距离
1000BASE-SX	1998 年	IEEE 802.3z	1Gbit/s	8B10B/NRZ	MMF（波长 850nm）	500m
1000BASE-LX					MMF（波长 1300nm）	550m
					SMF（波长 1310nm）	5km[注2]
1000BASE-ZX					SMF（波长 1550nm）	70~100km
1000BASE-CX					150Ω 平衡屏蔽双绞线	25m
1000BASE-T	1999 年	IEEE 802.3ab	1Gbit/s	8B1Q4/4D-PAM5	UTP（4 对超 5 类）	100m
1000BASE-TX[注1]	2001 年	TIA/EIA-854	1Gbit/s	8B1Q4/4D-PAM5	UTP（4 对 6 类）	100m
1000BASE-BX	2004 年	IEEE 802.3ah	1Gbit/s	8B10B/NRZ	SMF（下行 1490nm，上行 1310nm）	10km

注 1：目前，1000BASE-TX 已经不再使用。

注 2：同时也存在被称为 1000BASE-LX/LH 或 1000BASE-LH 的产品（由厂商独自扩展，并非 IEEE 标准）。该产品使用了 2 芯光纤，使得最大传输距离远远大于 1000BASE-LX 的输出，能够延伸至 10~40km。

表 1-23 千兆以太网的自适应优先顺序[注1]

优先级	以太网通信模式
9	1000BASE-T（全双工）
8	1000BASE-T（半双工）
7	100BASE-T2（全双工）
6	100BASE-TX（全双工）
5	100BASE-T2（半双工）
4	100BASE-T4（半双工）
3	100BASE-TX（半双工）
2	10BASE-T（全双工）
1	10BASE-T（半双工）

注 1：指采用连接的两个设备所支持的最高优先级通信模式。

■ **万兆以太网**

2002 年，IEEE 802 委员会制定了最大传输速率为 10Gbit/s 的万兆以太网标准 IEEE 802.3ae。当时的 IEEE 802.3ae 标准中采用光纤为传输媒介，最大传输速率为 10Gbit/s。随后 2006 年又制定了使用双绞线的 IEEE 802.3an 万兆以太网标准。

万兆以太网由于传输速度非常快，因此在该标准中很难继续使用冲突检测机制，在半双工通信时也不再使用原先的 CSMA/CD 方式了。所以也就不再通过集线器，而是使用交换机建立全双工通信链路。

万兆以太网不再仅仅局限在 LAN 中使用，MAN 以及 WAN 也逐步开始使用该技术。数据链路层的 MAC 子层也和以往的以太网相同，帧的长度是从 64 字节到 1518 字节，没有任何变化。

万兆以太网的物理层中定义了两部分内容，其中一部分是与之前以太网兼容的 LAN PHY 的内容，另一部分则是在作为通信基础设施供应商的骨干网使用的 SONET/SDH 标准中，与 OC-192 兼容的 WAN PHY 的内容（表 1-25）。

表 1-24 万兆以太网的历史

标准	制定年份	内容
IEEE 802.3ae（10GBASE-X）	2002 年	传输速率为 10Gbit/s 的 10Gigabit Ethernet 的标准
IEEE 802.3an（10GBASE-X）	2006 年	使用双绞线作为传输媒介的 10Gbit/s 以太网标准

表 1-25 主要的万兆以太网标准

表项	制定年份	IEEE 标准	传送速率	编码方式	传输媒介	最大传输距离
10GBASE-SR	2002 年	IEEE 802.3ae	10Gbit/s	64B/66B	MMF（LAN PHY）850nm	300m
10GBASE-LR	2002 年	IEEE 802.3ae	10Gbit/s	64B/66B	SMF（LAN PHY）1310nm	10km
10GBASE-ER	2002 年	IEEE 802.3ae	10Gbit/s	64B/66B	SMF（LAN PHY）1550nm	40km
10GBASE-SW	2002 年	IEEE 802.3ae	10Gbit/s	64B/66B WIS[注1]	MMF（WAN PHY）	300m
10GBASE-LW	2002 年	IEEE 802.3ae	10Gbit/s	64B/66B WIS	SMF（WAN PHY）	10km
10GBASE-EW	2002 年	IEEE 802.3ae	10Gbit/s	64B/66B WIS	SMF（WAN PHY）	40km
10GBASE-T	2006 年	IEEE 802.3an	10Gbit/s	LDPC[注2]	UTP/STP（6 类）	100m

注 1：WIS，广域网接口子层（WAN Interface Sublayer）的英文首字母缩写。
注 2：LDPC，低密度奇偶校验码（Low-Density Parity-Check）的英文首字母缩写。

■ **40G/100G 以太网** [①]

2010 年 6 月，40Gbit/s 和 100Gbit/s 的以太网标准化工作完成。同万兆以太网一样，该标准中仅支持全双工通信，对以太网帧的格式没有做任何改变。

---

① 400G 的以太网标准工作已于 2013 年 4 月正式启动。——译者注

表 1-26 40G/100G 以太网历史

标准	制定年份	内容
IEEE 802.3ba	2010 年	制定了传输速率为 40Gbit/s 与 100Gbit/s 的新一代以太网标准

表 1-27 主要的 40G/100G 以太网标准

表项	制定年份	IEEE 标准	传送速率	编码方式	传输媒介	最大传输距离
40GBASE-KR4	2010 年	IEEE 802.3ba	40Gbit/s	64B/66B	背板（back plane）	1m
40GBASE-CR4	2010 年	IEEE 802.3ba	40Gbit/s	64B/66B	同轴线缆	10m
40GBASE-SR4	2010 年	IEEE 802.3ba	40Gbit/s	64B/66B	MMF	100m
40GBASE-LR4	2010 年	IEEE 802.3ba	40Gbit/s	64B/66B	SMF	10km
100GBASE-CR10	2010 年	IEEE 802.3ba	100Gbit/s	64B/66B	同轴线缆	10m
100GBASE-SR10	2010 年	IEEE 802.3ba	100Gbit/s	64B/66B	MMF	100m
100GBASE-LR4	2010 年	IEEE 802.3ba	100Gbit/s	64B/66B	SMF	10km
100GBASE-ER4	2010 年	IEEE 802.3ba	100Gbit/s	64B/66B	SMF	40km

01.03 以太网标准的数据处理

01.03.01 以太网上的数据

以太网上传输的数据在数据链路层以 MAC 帧（以太网帧格式）的形式存在，最终会被转换为传输媒介 UTP 线缆上的电气信号。电气信号转换的过程中会根据不同的标准采用不同的编码方式（表 1-28）。

表 1-28 使用 UTP 的 LAN 标准数据式样

标准	区编码	线性编码	1 对传输信号率（Mbaud）注1	传送 UTP 对数
10BASE-T	曼彻斯特		20	1
100BASE-TX	4B5B	MLT-3	125	1
100BASE-T	4D-PAM5	PAM5	125	4

注 1：Mbaud 是 106baud（波特）。1 个 baud 表示一秒内信号的变化次数。在 1 个脉冲传输 1bit 信号时，1baud=1bit/s；当 1 个脉冲传输 2bit 信号时，1baud=2bit/s。

另外，以太网采用小端（little endian，也称为 Canonical）顺序方式来传输比特流，也就是说对于 1 个字节（8bit）的数据，会从最低位（LSB，Least Significant Bit）开始传送。小端顺序如表

1-29 所示，将每 8bit 数据中的 0 与 1 顺序颠倒进行传送。FDDI 以及令牌环等网络，则采用大端（big endian）顺序进行传输数据。

在网络上进行传输的二进制数据所使用的字节排列顺序也称为网络字节序。TCP/IP 协议中包括首部在内均使用大端顺序即从最高位（MSB，Most Significant Bit）开始传送数据。

表 1-29 小端与大端的比较

标准	比特顺序	IP 地址 192.168.1.254（采用二进制表示为 11000000 10101000 00000001 11111110）的比特序列
以太网	小端	00000011 00010101 10000000 01111111
FDDI、令牌环	大端	11000000 10101000 00000001 11111110

01.03.02 10BASE-T

在 10BASE-T 中使用曼彻斯特编码（或称曼彻斯特码）的方式让转换的电气信号在双绞线上传输。从 Preamble 字段[①]中得到 20MHz 的时钟频率与 10Mbit/s 的 NRZ[②] 数据进行逻辑异或运算，得到在 20MHz 下采用 -V、0、+V 三个电平数值发送信号（V 表示电压）。该运算过程如图 1-5 所示，"0" 表示 "10"，"1" 表示 "01"。通过曼彻斯特编码后，直流信号部分将不复存在，从而抑制了信号衰减带来的干扰。

另外，在以太网帧格式之间会定期发送 Link Test Pulse 信号。

图 1-5 10BASE-T 曼彻斯特编码

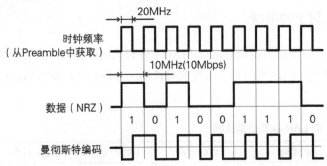

在 10BASE-T 中，使用 4 对双绞线中的 1 对（1 号与 2 号）信号线作为 10Mbit/s 信号的发送源，1 对（3 号与 6 号）信号线用于 10Mbit/s 信号的接收，剩余两组空闲不用。

---

① Preamble 字段是以太帧的首个字段，在 Pre 字段中 0 与 1 交替使用。DIX 以太网标准采用 8 位数据，IEEE 802.3 采用 7 位数据表示。参考图 1-3。

② NRZ 表示 Non-Return-to-Zero，即不归零码，是一种不依赖使用 1 表示高电平、0 表示低电平的时序编码。

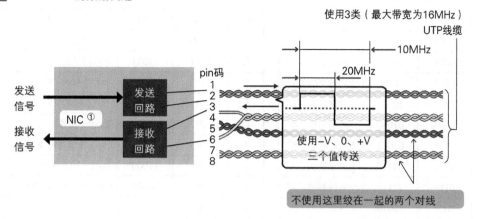

图 1-6 10BASE-T 的数据发送

01.03.03 100BASE-TX

在 100BASE-TX 的标准中不再使用曼彻斯特编码，而是使用了一种叫做 MLT-3（Multi-Level Transition）的编码方式。该编码方式使用 -V、0、+V 三个数值，当下一个数据为 0 时，保持信号电平不变；当下一个数据为 1 时，信号电平跳转。这样使信号电压变化平稳，能够减少信号传递中的谐波数量。

图 1-7 100BASE-TX 的 MLT-3 编码

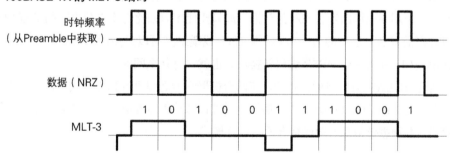

在使用 MLT-3 编码时，数据如果连续为 0，信号电平将不会发生任何变化，这将导致接收方无法检测出每一个时钟频率。为了避免这一问题，标准中采取了将 4bit 数据转换为 5bit 的方法（表 1-30）。这样一来，既能保证在发送的 5bit 数据中有两个以上的 "1"，也能够在数据连续为 "0" 时，找得到同步的位置。另外，还能加入特殊的控制码。

---

① 指网络控制器，具体内容请参考第 2 章。

表 1-30 4B5B 转换表

名称	4bit	5bit	说明	名称	4bit	5bit	说明
0	0000	11110	十六进制的 "0"	C	1100	11010	十六进制的 "C"
1	0001	01001	十六进制的 "1"	D	1101	11011	十六进制的 "D"
2	0010	10100	十六进制的 "2"	E	1110	11100	十六进制的 "E"
3	0011	10101	十六进制的 "3"	F	1111	11101	十六进制的 "F"
4	0100	01010	十六进制的 "4"	Q	无	00000	Quiet（信号减弱）
5	0101	01011	十六进制的 "5"	I	无	11111	Idle（无信号时发送）
6	0110	01110	十六进制的 "6"	J	无	11000	Start（1）（分组开始）
7	0111	01111	十六进制的 "7"	K	无	10001	Start（2）（分组开始）
8	1000	10010	十六进制的 "8"	T	无	01101	End（分组结束）
9	1001	10011	十六进制的 "9"	R	无	00111	Rest（重置）
A	1010	10110	十六进制的 "A"	S	无	11001	Set（设置）
B	1011	10111	十六进制的 "B"	H	无	00100	Halt（中端）

　　由于将原来 4bit 的数据以 5bit 的方式发送，就使得发送速率为 100Mbit/s 的数据实际需要发送速率为 125Mbit/s 的电平信号。4B5B 编码在速率为 100Mbit/s 的 FDDI 中也会使用，但光纤传播使用光的明暗来发送数据，因此不再使用需要用 3 个数值传输信号的 MLT-3，而是使用只需两个值的 NRZI[①] 进行编码。在 NRZI 中一个周期可以发送 2bit 的数据，因此只需要原来比特率的二分之一周期，即可发送 1bit 的数据。所以 125Mbit/s 的电平信号只需 62.5MHz 带宽即可。当使用 MLT-3 时，一个周期内可以发送 4bit 的数据，即只要使用原来比特率二分之一的带宽 31.25MHz，就能完成数据的发送。这样的话，尽管 5 类 UTP 线缆最多可以只使用 100MHz 的电平信号，但是通过使用 MLT-3 并采用了 4B5B 编码转换后，也就没有什么问题了。

　　为了实现 100BASE-TX 自适应功能，在两台机器网卡之间进行物理连线后，相互连接的设备会发送一个名为 Fast Link Pulse 的脉冲信号，通过该脉冲信号检测出双方的通信速率和各自支持的通信模式，并根据该信息自动选择合适的运行模式。

---

① NRZI 是 Non-Return-to-Zero Inverted 编码的缩写。如图 1-8 所示，当下一个电平信号为 1 时进行信号反转，为 0 时则保持不变。

图 1-8 NRZI 编码

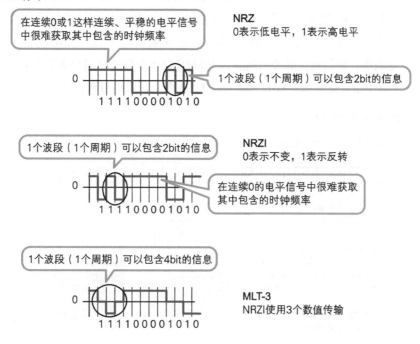

NRZ
0表示低电平，1表示高电平

在连续0或1这样连续、平稳的电平信号中很难获取其中包含的时钟频率

1个波段（1个周期）可以包含2bit的信息

111100001010

NRZI
0表示不变，1表示反转

1个波段（1个周期）可以包含2bit的信息

在连续0的电平信号中很难获取其中包含的时钟频率

111100001010

1个波段（1个周期）可以包含4bit的信息

MLT-3
NRZI使用3个数值传输

111100001010

图 1-9 100BASE-TX 的数据传输

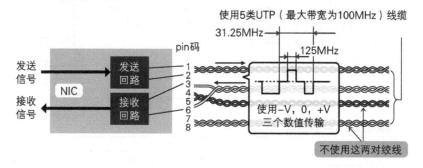

使用5类UTP（最大带宽为100MHz）线缆

31.25MHz

125MHz

pin码

发送信号

接收信号

NIC

发送回路

接收回路

1
2
3
4
5
6
7
8

使用–V，0，+V三个数值传输

不使用这两对绞线

01.03.04 1000BASE-T/1000BASE-TX

在 1000BASE-T 中使用了 8B1Q4（8 binary to 1 quinary 4，将 8 个 2 值数据转换成 5 值 4 组数据）的编码方式与 4D-PAM5（4-dimensional，5-level Pulse Amplitude Modulation，将从 8B1Q4 数据编码接收到的 4 维五进制符号用五个电压级别传送出去）的调制方式传输数据（如图 1-10 表示）。8B1Q4 按照每组 8bit 对传输数据进行分割，每组再加上 1bit 的冗余位作为错误校验，一共为 9bit 数据。在 9bit 的数据中，根据冗余 bit 和前两个 bit 数据选择转换表，再根据转换表得到

余下 6bit 所对应的 4 个信号值。信号值可以是 –2、–1、0、+1、+2 这 5 个值中的任意一个。例如，10010111 这个 8bit 的数据，按照 8B1Q4 转换为 +1、–2、0、–1 这 4 个信号值后，就可以同时在双绞线上进行传输。将这一系列的数据调制发送就被称为 4D-PAM5 方式，因为要使用 1Gbit/s 速率发送数据，所以每个脉冲的间隔为 125MHz（1 个脉冲时间为 8 纳秒）。两个脉冲为 1 次谐波，因此可以使用带宽在 62.5MHz 之上的 UTP 线缆来完成信号的传输。

图 1-10 1000BASAE-T 的编码

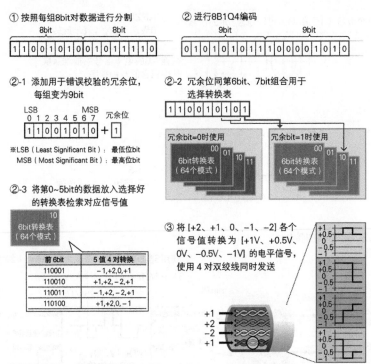

实际的 8B1Q4 转换表（节选）

前 6bit	剩余的 3bit			
	000	010	100	110
000000	0,0,0,0	0,0,+1,+1	0,+1,+1,0	0,+1,0,+1
000001	–2,0,0,0	–2,0,+1,+1	–2,+1,+1,0	–2,+1,0,+1
000010	0,–2,0,0	0,–2,+1,+1	0,-1,+1,0	0,–1,0,+1
000011	–2,–2,0,0	–2,–2,+1,+1	–2,–1,+1,0	–2,–1,0,+1

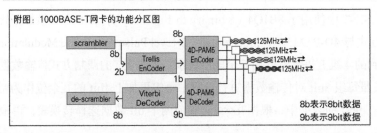

01.03.05 1000BASE-SX/LX

1000BASE-SX 与 1000BASE-LX 采用了 8B10B 的编码方式。

8B10B 编码方式将发送数据按每组 8bit 进行分割，并将每组 8bit 的数据重新转换成 10bit 进行传输。这么一来，不仅可以发送额外数据信息，而且无论是什么样的数据，最多也只会出现 5 个连续的"0"或者"1"。因此在节省带宽的 20% 的前提下，也可以将数据与时钟频率同时通信。

图 1-11 1000BASE-SX/LX 的编码

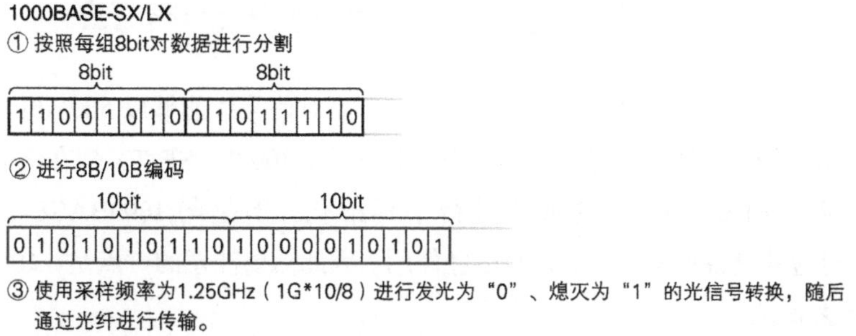

1000BASE-SX/LX
① 按照每组8bit对数据进行分割

8bit	8bit

1 1 0 0 1 0 1 0 0 1 0 1 1 1 1 0

② 进行8B/10B编码

10bit	10bit

0 1 0 1 0 1 0 1 1 0 1 0 0 0 0 1 0 1 0 1

③ 使用采样频率为1.25GHz（1G*10/8）进行发光为"0"、熄灭为"1"的光信号转换，随后通过光纤进行传输。

8B10B变换表的一部分

编码	bit	Current RD–	Current RD+	编码	bit	Current RD–	Current RD+
D0.0	000 00000	100111 0100	011000 1011	D28.7	111 11100	001110 1110	001110 0001
D1.0	000 00001	011101 0100	100010 1011	D29.7	111 11101	101110 0001	010001 1110
D2.0	000 00010	101101 0100	010010 1011	D30.7	111 11110	011110 0001	100001 1110
D3.0	000 00011	110001 1011	110001 0100	D31.7	111 11111	101011 0001	010100 1110

给每组的 8bit 数据定义 Current RD－（负）与 Current RD＋（正）的 10bit 转换值，并采用正负交替进行传输。这次发送的是某个 RD（Running Disparity）信号，下次就发送相反的 RD 信号。RD 在开启电源后的初始值为负。

图 1-12 1000BASE-T 的数据传输

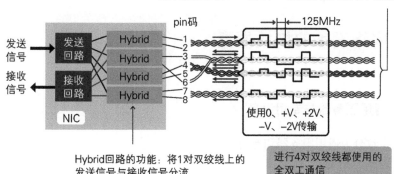

使用增强型5类UTP（其中4对进行发送与接收）线缆

发送信号
接收信号

发送回路
接收回路

Hybrid
Hybrid
Hybrid
Hybrid

NIC

pin码
1 2 3 4 5 6 7 8

125MHz

使用0、+V、+2V、–V、–2V传输

Hybrid回路的功能：将1对双绞线上的发送信号与接收信号分流

进行4对双绞线都使用的全双工通信

在传输速率为 1000Mbit/ 秒的 1000BASE-T 中，1 对信号线能够以 250Mbit/ 秒的速率同时发送和接收信号，并且可以 4 对信号线同时进行全双工通信。

图 1-13　1000BASE-T 的发送接收方式

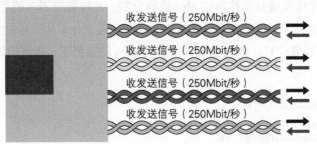

在传输速率为 1000Mbit/ 秒的 1000BASE-TX 中，1 对信号线能够以 500Mbit/ 秒的速率进行数据通信，4 对信号线中，两对发送信号，两对接收信号。1000BASE-TX 旨在降低 1000BASE-T 的实现成本，又以 EIA/TIA-854 的形式进行了标准化，但是与 1000BASE-T 的普及相比，1000BASE-TX 对应的设备很少，目前几乎已经停用。因此需要注意的一点是，1000BASE-TX 与 1000BASE-T 无法兼容。

图 1-14　1000BASE-TX 的发送接收方式

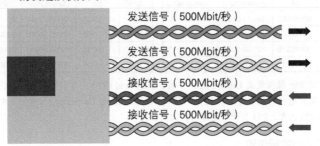

01.04　网络设备的构成要素

01.04.01　通用服务器与专用设备

网络硬件大致分为通用服务器和专用设备两大类。

表 1-31　网络硬件的种类

通用服务器	运行 Windows、Windows Server、Linux、Unix 等操作系统的通用服务器及该服务器上安装的网络服务
专用设备	由用于特定目的的操作系统、软件、硬件组成的专用设备

表 1-32　比较通用服务器与专用设备

专用设备的优点	通用服务器的缺点
● 价格便宜 ● 性能高 ● 设置简单，版本升级容易 ● 便于使用和管理 ● 安全漏洞较少	● 与专用硬件相比，性价比低 ● 需要习惯其设置及管理 ● 根据操作系统的不同，可能会出现没有对应软件的情况 ● 操作系统不同，系统漏洞也较多

通用服务器的优点	专用设备的缺点
● 如果有编程知识，就能够自定义功能 ● 使用免费的操作系统可以降低成本 ● 很容易得到系统漏洞以及 BUG 的信息	● 功能扩展有所限制 ● 无法自定义 ● 修复安全漏洞以及 BUG 的方法根据厂商的不同而不同

01.04.02　分门别类的网络设备

网络设备的分类如表 1-33 所示。

表 1-33　网络设备的分类

网络设备种类	参考章节
路由器	第 3 章
L2 交换机	第 2 章
高层路由器	第 4 章
无线 LAN 的 AP、无线 LAN 控制器	第 6 章
网络安全设备	第 5 章
●防火墙	第 5 章
●UTM	第 5 章 02 节
●新一代防火墙	第 5 章 04 节
●代理器件	第 5 章 04 节
●URL 过滤器件	第 5 章 04 节
●防病毒网关	第 5 章 04 节
负载均衡器	第 4 章 01 节
服务器设备	
●Web 服务器设备	
●文件服务器设备	
●DHCP、DNS 服务器设备	

设备（appliance）是电气化产品的意思。

网络设备和个人计算机的部件构成非常相似。要说与个人计算机最大的不同，那就是网络设备没有对应的键盘、显示器等输入输出装置。但是网络设备可以通过串口、网口等和个人计算机设备相连，从而完成配置管理等操作。

01.04.03　CPU

CPU（Central Processing Unit，中央处理器）是构成 PC 等计算机的主要部件，它通过读取内存中的程序来控制软件的执行，并对数据进行运算。解析程序指令也称为解码（decode），解析指令完毕后，就可以从内存中读取数据或者通过外围设备完成输入输出了。

根据一条指令能够处理的最大数据量，可以分为 16bit CPU、32bitCPU 和 64bitCPU，数值越大说明 CPU 的性能越高。CPU 使用赫兹（Hz）来表示时钟频率，即在 1 秒内能够执行多少条指令。比如说 3GHz 就表示在 1 秒钟内 CPU 可以执行 $3*10^9$ 次运算。当同一时钟周期内处理的数据量相同时，时钟频率越高，CPU 性能越好。

将两个处理器核心封装在一块集成电路上称为双核处理器，类似地，也有将 4 个核心封装在一块 CPU 中的。CPU 的核数越多，性能也越高。这类系统称为多核系统，能在 1 个 CPU 上同时执行多个线程（处理）。在能够高速进行第 7 层处理、加密解密处理网络设备中，也可以搭载多个这种类型的 CPU，通过增加整个系统核的数量来提高处理能力。

拥有多块 CPU 的计算机或硬件称为多处理系统。在生产 CPU 的公司中，较为著名的是 Intel 公司和 AMD 公司。

将所有构成 CPU 的半导体部件集中在一块芯片上的处理器称为 MPU（Micro-Processing Unit，微处理器），也有人用 MPU 来表示 CPU。

01.04.04　存储设备

在计算机内用来存储数据或程序的装置是存储设备（storage unit）。该类设备分成高速且高价的主存储器与低速且低价的辅助存储器（外部存储器）两类。主存储器分成可读写的 RAM 以及只读的 ROM，二者均使用半导体元件实现。

辅助存储器有硬盘和闪存等。

在网络硬件中，桌面类型的交换机或路由器往往使用闪存来启动程序（应用程序），随后从硬盘（即闪存）上读取必要的数据。在程序中处理的数据又存储至比硬盘速度更快的读写主存中。为了使主存储器进行对应的数据运算，还需要将数据传送至 CPU 处。

这时，即使采用了 DRAM 高速主存，其对数据的读写速度（访问速度）也远远落后于 CPU，而受到存储器性能牵连的 CPU 也无法发挥出原本的速度。因此就需要用速度更快但容量更小的 Cache 存储，这种存储将需要 CPU 频繁处理的数据以更快的速度传送至 CPU，从而大大提高了程序的处理速度。

01.04.05 存储器

存储器根据用途分为了不同的种类。RAM 或 ROM 一般作为主存储设备，用来存放需要执行或处理的程序及数据。NVRAM 和闪存则作为辅助存储设备存放操作系统或配置文件（表 1-34）。

表 1-34 存储器的种类

存储器的种类	说明
RAM（Random Access Memory）	随机存取存储器。在计算机内部用于保存处理运行中的设置和路由表所需要的信息。当关闭电源或重新启动后，将清空所有数据。一般使用动态随机存储器（DRAM）和同步动态随机存储器（SDRAM）实现
ROM（Read Only Memory）	只读存储器。关闭电源时保存的数据不会丢失。一般用来存放 Bootstrap[注1]、POST[注2]、ROM 监控、RXBOOT 等启动和维护网络硬件的程序
NVRAM（Non volatile RAM）	由于拥有非易失性，即使关闭电源或重新启动时数据也不会丢失[①]，因此一般用于保存设置文件
闪存	具有电可擦可编程特性的只读存储器，用来保存操作系统以及设置文件

注 1：Boot 是指计算机在接通电源后进入可操作状态之前自动执行的一系列处理，这些处理程序统称为 Boot（Bootstrap）Code。

注 2：Power On Self Test 的缩写，是指电源接通后，计算机进行自我诊断的过程。在 Boot 之前检查 ROM 内的 BootCode，检查闪存中保存的操作系统，还有检查外围接口以及 ASIC 访问等。当 POST 执行失败时，硬件的 LED 灯会闪烁给出错误提示。这说明部件或数据可能损坏，需要更换新的硬件。

表 1-35 RAM 的种类

名称	说明
DRAM（Dynamic RAM）	动态随机存储器。一种通过电容中是否有电荷来表示二进制的 0 和 1，并以此为原理进行数据保存的 RAM。电容保存的电荷经过一定时间后会自动放电，保存的信息就会丢失。因此需要定期刷新存储单元，通过再次写入使其保持原来的内容。由于必须要进行刷新，因此被称为"动态的（dynamic）RAM"。与 SRAM 相比，电路较为简单，集成度高，价格也较为低廉
SDRAM（Synchronous DRAM）	同步动态随机存储器。使用外部总线接口，在一定周期内同步时钟信号来运行的改进版 DRAM。按 133~533MHz 的外部总线时钟频率进行同步运行。目前使用的 DRAM 几乎都是 SDRAM
SRAM（Static RAM）	静态随机存储器。SRAM 使用了由三极管构成的触发器电路，能够无需刷新操作就保存数据。由于不需要刷新操作，因此被称为静态（static）RAM。虽然速度很快，但由于电路很复杂，集成困难，所以价格昂贵

闪存中包含了 EEPROM、Compact Flash 和 USB 存储等（表 1-36）。

---

① 该存储器一般教材鲜有涉及，它有 ROM 的断电不丢数据的特性，也有普通 RAM 随机寻址访问的特性。——译者注

表 1-36 闪存的种类

	说明	图片
Flash EEPROM （电可擦写可编程）	EEPROM 是无需电源就能保存写入数据的非易失性存储器之一，可以通过输入电压删除或更改数据。Flash EEPROM 是 EEPROM 的改进版，提供了更高速的访问速度和更大的存储容量。EEPROM 以 1 个字节为单位更改数据，而 Flash EEPROM 则是以数据块为单位删除或更改数据	
Compact Flash Card （CF 卡）	由 Sandisk 公司开发的存储卡，在该存储卡内部使用了 Flash EEPROM 存储芯片，一般采用 ANSI 标准的 ATA 闪存作为对外接口。 由于内部还兼容部分 PC Card 标准，因此可以使用 PC Card 适配器将 CF 卡的 50pin 接口转化为 PC Card 的 68pin，这样就可以插入 PC Card 插槽使用	 TypeI 42.8 × 36.4 × 3.3mm TypeII 42.8 × 36.4 × 5mm 到 2012 年为止，市面上可买到容量为 128MB~128GB 的产品
USB 存储器 （Universal Serial Bus 存储器）	将 USB 接头直接封装在存储产品上的存储器。只要硬件或操作系统支持 USB Mass Storage Class 标准，在连接 USB 接口标准的辅助存储设备时，就可以无需安装驱动程序，随插随用。在该产品内部也放置了 Flash EEPROM 存储芯片	 到 2012 年为止，市场主流的产品为 4GB~32GB，256GB 的产品也可以买到。

01.04.06　HDD/SSD

在个人计算机中，硬盘也经常作为辅助存储设备来使用，一般被称为 HDD（Hard Disk Drive，硬盘驱动器）（图 1-15）。硬盘通过驱使多块涂满磁性介质的金属（或者玻璃）盘片（platter）高速旋转、移动磁头，从而进行数据的读写。硬盘接口一般分为 ATA 系列和 SCSI 系列两种。

目前主流的硬盘尺寸为 3.5 英寸、2.5 英寸和 1.8 英寸，英寸数表示盘片的大小。

在网络设备中，多个不同版本的操作系统、与系统和流量相关的日志信息、扫描内容时使用的签名信息（数据库）、流量缓存等一般被保存在安装于网络设备内部的 HDD/SSD 中。

一般而言，个人计算机或服务器硬件若发生了 HDD 故障，可以将 HDD 单独取下替换，但是在网络设备中很可能需要替换整个硬件。由于 HDD 中常常存放了 IP 地址等保密数据，因此在替换硬件时，可以委托厂商删除数据，并要求厂商开具硬盘已破坏的证明书。

图 1-15 硬盘驱动器

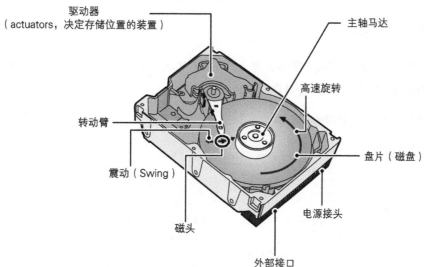

驱动器
（actuators，决定存储位置的装置）

主轴马达

高速旋转

转动臂

震动（Swing）

盘片（磁盘）

磁头

电源接头

外部接口

有些网络配件也会用 SSD 取代 HDD 作为数据存储的设备。SSD 是 Solid State Drive 的缩写，也可以叫做 Flash SSD 或 Flash Memory Drive，使用和 HDD 一样的 IDE、ATA 外部接口。

与 HDD 相比，SSD 有以下特点。

- 随机访问时数据读取速度快
- 省电、发热量小
- 抗外部冲击力强
- 体积轻便、运行噪声小
- 单位容量价格高
- 记忆单元有读写次数的上限

图 1-16 SSD

图 1-16 SSD

01.04.07 硬件芯片

用于特殊处理的高速集成电路主要有 ASIC 和 FPGA。与 CPU 处理被称为软件处理相对应，ASIC 和 FPGA 的处理被称为硬件处理（图 1-17）。

图 1-17 软件处理与硬件处理的不同

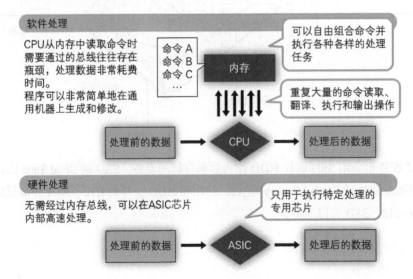

■ ASIC

ASIC（Application Specific Integrated Circuit，专用集成电路）指用于特定目的的 IC 芯片，是能够高速进行以太网帧格式的传送处理、路由处理、防火墙处理等特殊处理的集成电路。

与 CPU 相同，ASIC 也是 LSI（Large Scale Integration，大规模集成电路）的一种。但与 CPU 逐条执行命令相比，ASIC 的设计则是仅用于高速进行必要的处理。

ASIC 由于芯片单价便宜，因此在大规模生产时成本很低，同时具有高速、高集成度、最合理的电力使用等优点。但另一方面，开发成本高、开发周期长、无法及时应对设计失误或式样变化等也是其不可忽视的缺点。

■ FPGA

和 ASIC 一样，用于特定目的的高速运行集成电路，但与 ASIC 不同的地方在于它的可编程性。FPGA（现场可编程门阵列）使用了一种被称为 HDL（Hardware Description Language，硬件描述语言）的编程语言来描述电路和系统的运行。

与 ASIC 相比，FPGA 因为其可编程性而具有开发风险小、开发周期短和开发成本低等优点。虽然 FPGA 也有单价高、性能差、功耗高的缺点，但是目前这些方面已经有所改善，所以在网络设备中新开发的硬件芯片几乎都使用了 FPGA。

■ 网络处理器

网络处理器是使用 LSI 技术将 CPU 和分组处理硬件集成于一处，用于网络相关处理的专用处理器（图 1-18），也可以用 NP 或者 NPU（Network Processing Unit）来表示。

图 1-18 网络处理器的结构图

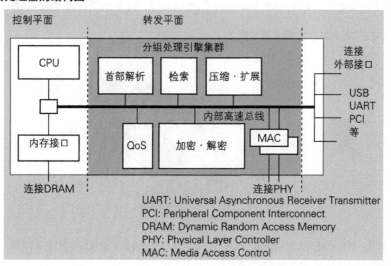

在 ASIC 中无法根据需求灵活更改处理的内容，但在网络处理器中却可以进行编程。分组首部的解析、路径决定表的检索、QoS 控制、加密解密等内容单一但负载较大的处理由引擎硬件

（分组处理引擎、协议引擎、微引擎等）负责。而对于硬件无法处理的复杂情况，则将其交给网络处理器内部的 CPU 完成。

图 1-19 EZchip 公司的网络处理器

01.04.08 接口

设备一般有两种接口，一种是用于管理设置的控制端口，另一种是用于传输用户数据流量的数据端口（多个）。

图 1-20 展示了台式计算机上搭载的以太网接口卡，也称为网络适配器、LAN 卡或者网络接口卡（NIC，Network Interface Card）。尽管母板及配线有所不同，但网络硬件所使用的以太网端口，基本上也由类似的部件组合而成。图 1-20 ①所表示的控制芯片就是将会在第 2 章中详细介绍的网络控制器（缩写也是 NIC，Network Interface Controller），目前网络控制器多用 NIC 来表示。

图 1-20 100BASE-TX PCI 以太网卡的示例

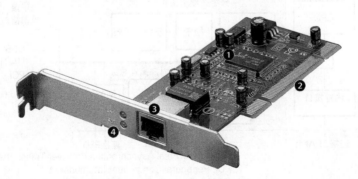

❶ 以太网控制器：负责处理以太网帧格式、收发接口处信号、完成数据从总线到 CPU 的中继等。将物理层的 PHY 处理与数据链路层的 MAC 处理两块单元集成在一个分组中。

❷ PIC 总线连接头：连接与 CPU 的通信线路。

❸ 以太网接口连接头：使用 RJ-45 以太网线缆进行连接。

❹ LED 指示器：显示以太网的工作状态。

■ 控制端口

对网络硬件的初始设置、管理、调试等需要通过专用的端口来完成，这类端口就叫做控制端口（console port）或串行端口（serial port）。控制端口一般使用 DB-9（RS-232）、RJ-45、RJ-48 标准（表 1-37）。

用于管理的个人计算机使用线缆通过 DB-9 串口或者 USB 接口连接到网络硬件，通过 Hyper 超级终端或 TeraTerm 这类终端软件与硬件进行交互连接。

个人计算机与网络硬件连接的线缆叫做控制线缆（图 1-38）。根据硬件的不同控制端口 pin 的分配也有所差异，因此需要先选择使用直连线缆还是交叉线缆，然后使用转换器进行转换，并对应正确的极性来进行连接。

有的低端路由器或交换机不提供控制端口，而是将 192.168.1.1 这种私有 IP 地址设定为以太网接口的初始值，然后通过以太网的 WebUI 进行初始设置。

表 1-37　控制端口

名称	pin 设置图	pin 设置说明			
DB-9 （RS-232）		也称为 D-sub9。采用 EIA-547 标准。			
		pin 码	信号	pin 码	信号
		1	DCD（Carrierdetect）	6	DSR（Data set ready）
		2	RxD（Receive data）	7	RTS（Request to send）
		3	TxD（Transmit data）	8	CTS（Clear to send）
		4	DTR（Data terminal ready）	9	RI（Ring indicator）
		5	GND（Protective ground）		
RJ-45		使用计算机专用的 8P8C（8 极 8 芯）线缆与插口。采用 TIA/EIA-568-B 标准（RJ-45 原先采用 8P2C 的 FCC 标准，二者之间没有互换性）			
		pin 码	信号	pin 码	信号
		1	CTS（Clear to send）	5	RxD（Receive data）
		2	DSR（Data set ready）	6	TxD（Transmit data）
		3	GND（Protective ground）	7	DTR（Data terminal ready）
		4	DCD（Carrier detect）	8	RTS（Request to send）

表 1-38　控制线缆

线缆	说明
RJ-45/DB-9（母头）线缆 	连接个人计算机的 RS-232 DB-9（公头）接口和网络硬件的 RJ-45 控制接口

（续）

线缆	说明
DB-9（母头）/DB（母头）线缆 DB-9（公头）/DB（母头）线缆	连接个人计算机的 RS-232 DB-9（公头）接口和网络硬件的 DB-9 控制接口。公头接口和母头接口需要转换时，可以配备迷你转接口
RJ-45/DB-9（母头）转接口	在将 RJ-45/RJ-45 线缆作为控制线缆使用时，进行与个人计算机 RS-232 DB-9 接口的中继连接。使用时需要注意存在直连口和交叉口两种
DB-9 母头/母头迷你转接口 DB-9 公头/公头迷你转接口 DB-9 公头/母头迷你转接口	被称为 Mini gender changer，是能够变换接口公母头的转接口
USB 串口转接口	没有 DB-9 接口但有 USB 接口的个人计算机可以使用该转接口进行控制连接

■ RJ-45 连接控制端口

网络设备的控制端口和个人计算机的连接可以使用 DB-9/DB-9 线缆或 USB 串口转接口来进行，但如果控制端口是 RJ-45 时，则需要使用 RJ-45/DB-9 转接口（如图 1-21 所示）。该转接口内部有直连和交叉连接两种方式，所以需要注意在连接除网络设备以外的设备时，不要弄错接口的极性。

图 1-21 通过 RJ-45/DB-9 转接口连接个人计算机

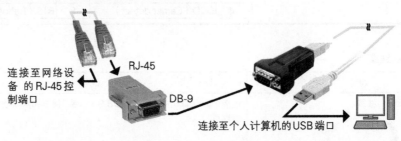

连接至网络设备的 RJ-45 控制端口

RJ-45

DB-9

连接至个人计算机的 USB 端口

图 1-22　RJ-45/DB-9（公头）转接口：直接连线

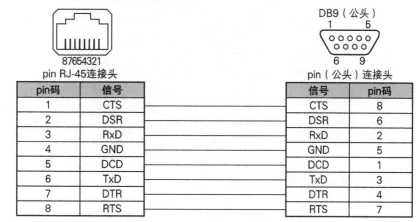

图 1-23　RJ-45/DB-9（母头）转接口：交叉连线

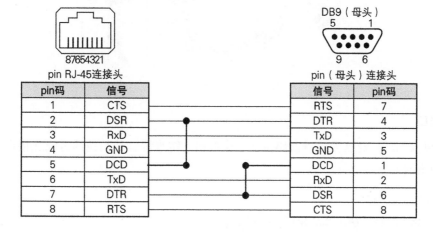

■ 全反线缆

思科系统公司（以下简称为思科公司）生产的路由器所使用的控制线缆叫做全反线缆（rollover cable）。全反线缆采用双头端口连接管理 PC，有两种类型。一种是两头都是 RJ-45 端口，其中一头连接 RJ-45/DB-9（公头）转接口；另外一种是一头为 RJ-45，一头为 DB-9 端口。

图 1-24 两头都是 RJ-45 端口的全反线缆，其中一头连接 RJ-45/DB-9 转接口

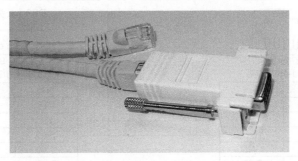

图 1-25 一头为 RJ-45，另一头为 DB-9 的全反线缆

■ 数据端口

由于以太网的广泛普及，目前路由器、交换机、防火墙以及其他的有线连接设备均配有 RJ-45 的以太网接口。

● 板载端口

初始安装于硬件主体内部的接口，无法拆卸。

● 接口模块

作为可选模块安装在硬件主体内，可以拆卸。在 CLI 设备统计信息中显示和网络拓扑图中记录的接口标签几乎都采用了"接口类别＋模块号／接口号"的形式。例如，某设备有两个板载的快速以太网接口，可以表示为 Fa0/1 和 Fa0/2，其中 0 表示模块号。如果是在第 2 个接口模块上的第 3 个接口则表示为 Fa2/3。接口标签中的接口种类如下表所示。

表 1-39 接口标签中的接口种类（以 1 号模块上的 1 号接口为例）

接口种类	接口标签示例
10Mbit/s 以太网	Eth1/1、e1/1
快速以太网	Fa1/1、e1/1、Eth1/1

（续）

接口种类	接口标签示例
千兆以太网	Gi1/1、Gig1/1、ge-1/1、e1/1、Eth1/1
万兆以太网	Te1/1、xe-1/1、e1/1、Eth1/1

● **接口线卡**

在机框式路由器和交换机中，提供了一种名为线卡（line card）的接口卡。在线卡内部可以插入多个接口模块，这时的接口标签一般采用"线卡号/模块号/接口号"的形式。例如，插入 1 号线卡的第二个接口模块上的第 3 个万兆以太网接口的接口标签是用 Gil/2/3 来表示。

图 1-26　**网络设备上的各种接口**

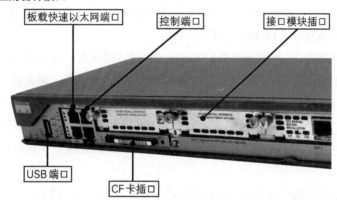

图 1-27　**接口模块**

图 1-28　**接口线卡**

图 1-29 接口线卡内插入接口模块的示例

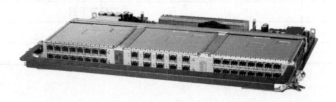

01.04.09 信号转换器

在以太网使用 Gbit/s 以上的速率进行通信时，有时会在路由器和交换机的接口上安装信号转换器。路由器、交换机总会配备几个 RJ-45 接口来连接 UTP，但这也仅限于使用 10/100BASE-TX 和 10/100/1000BASE-TX 标准时的情况。

千兆以太网和万兆以太网有 1000BASE-SX、1000BASE-LX、10GBASE-ER 等使用光纤作为物理传输媒介的标准，不同标准所使用的波长和输出功率也有差异。路由器、交换机一般都不配备专用的光纤接口，而是提供自身所对应的信号转换器的接口，这样就可以根据实际环境灵活地对标准进行适当的调整。一般一台设备会配备多个转换器接口。以一台拥有 4 个 SPF 接口的交换机为例，通常由两个 1000BASE-SX 和两个 1000BASE-LX 组成，不同标准的信号转换器能够组合使用。

在设备的信号转换器接口上插入需要使用的物理标准转换器，随后在信号转换器转换接口上插入光纤（或双绞线），这样就连接上了线缆。

信号转换器一般由设备制造商提供可选产品，买家也可以绕过设备商直接从网店购买相同规格的产品。但由于后者的渠道可能不正规，购买产品后买家未必会得到设备制造商提供的设备兼容支持或保修服务，这一点需要注意。

图 1-30 将信号转换器插入设备机身上的信号转换器接口（②）
信号转换器的另一头插入光纤连接头（①）

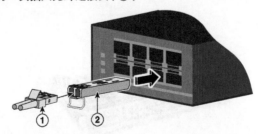

在表 1-40 内列举了信号转换器的种类。

表 1-40 信号转换器的种类

名称	说明	图片
GBIC（Gigabit Interface Converter）	千兆以太网专用，如 1000BASE-SX、1000BASE-LX、1000BASE-T 等。使用 SC 接头作为光接口，支持 Hot Swap（热插拔） 100(D) × 30(W) × 13(H)	 用于 1000BASE-SX/LX 用于 1000BASE-T
SFP（Small Form-Factor Pluggable）	于 1998 年完成标准化，也称为 mini-GBIC。大小约为 GIBC 的 1/3，集成度很高。一般为 SONET、千兆以太网专用（表 1-41），使用 LC 接头 (W)13.4 × (D)56.5 × (H)8.5mm	
XENPAK	2001 年出现的万兆以太网信号转换器。支持 Hot Swap，使用 SC 接头	
XFP（10 Gigabit Small Form Factor Pluggable）	2002 年制定的、用于万兆以太网的转换器，对应 10GBASE-SR、10GBASE-LR、10GBASE-EW 标准等，使用 SC 接头	
SFP+（Small Form-Factor Pluggable plus）	2006 年制定，用于万兆以太网的信号转换器（表 1-42）。与 XENPAK 和 XFP 相比，有体积小、集成度高、省电等优点，使用 LC 接头	

表 1-41 SFP（1Gbit/s）种类

SFP 种类	波长	光纤种类	核心尺寸	模式带宽[注1]	传输距离
1000BASE-SX	850nm	MMF	62.5 μm	160MHz/km	220m
			62.5 μm	200	275
			50 μm	400	500
			50 μm	500	550
1000BASE-LX	1310nm	MMF	62.5	500	550
			50	400	550
			50	500	550
		SMF	9.2		10km
1000BASE-BX（下行 BX-D 与上行 BX-U 两对）					
1000BASE-BX-D	1310nm	SMF	标准 9.2		10km
1000BASE-BX-U	1490nm	SMF	标准 9.2		10km
1000BASE-ZD	1550nm	SMF	标准 10.0		40km
1000BASE-ZX	1550nm	SMF	标准 11.8		70~80km
1000BASE-EX	1550nm	SMF	标准 8.1		120km

注 1：160MHz/km 是指在 1km 以内使用 160MHz 带宽传输信号，在 2km 内则使用 80MHz 带宽传输信号。

表 1-42 SFP+（10Gbit/s）的种类

SFP+ 种类	波长	光纤种类	核心尺寸	模式带宽	传输距离
10GBASE-SR	850nm	MMF	62.5 μm	160MHz/km	26m
			62.5	200	33
			50	400	66
			50	500	82
			50	2000	300
10GBASE-LR	1310nm	SMF	标准 9.2	N/A	10km
10GBASE-CX	N/A	Twinax 线缆[注1]	N/A	N/A	1~5m

注 1：Twinax 线缆是使用两种金属材料将双绞线进行屏蔽后的线缆。

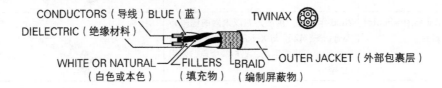

01.04.10 LED 指示灯

安装于网络设备正面的 LED 指示灯，能够使用户对设备的系统运行状态和接口状态一目了然。大部分设备会在机身外部的某个地方集中放置多个 LED 指示灯，但也有的设备是在物理接口处放置 LED 指示灯。

表 1-43　LED 指示灯的种类

指示灯	说明
电源 LED	电源接通时指示灯亮，电源断开时指示灯熄灭
系统 LED	系统运行正常时指示灯显示绿色，当有错误发生时变为红色
LINK/ACT LED（接口 LED）	用来表示接口是否连通，是否有数据在该接口处传输。一般每一个接口上都会有该指示灯

图 1-31　以思科公司的 Catalyst 3750 为例（资料来源于产品的安装手册）

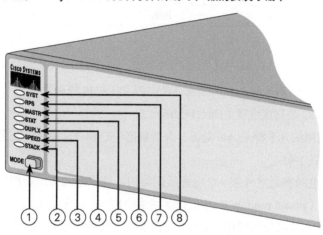

1	MODE BUTTON	5	STATUS LED
2	Stack LED	6	MASTER LED
3	SPEED LED	7	RPS LED
4	DUPLEX LED	8	SYSTEM LED

01.04.11　操作系统（内核）

　　一般网络设备中安装和使用的操作系统都是采用类似 Unix 这种厂商独自研发的实时操作系统内核，或是基于开源的 FreeBSD 和 Linux 定制的系统。网络设备中比较有名的操作系统有思科公司的 IOS 以及 Juniper Networks 公司的 JUNOS。

表 1-44 每个产品对应操作系统的名称

厂商/产品名称	操作系统名称
Cisco 路由器	IOS（Internetwork Operation System）
Cisco Catalyst 交换机	CatOS（Catalyst 操作系统）
Cisco Nexus 交换机	NX-OS
Juniper 路由器、交换机、防火墙（SRX）	JUN 操作系统（Juniper 操作系统）
Juniper 防火墙（SSG）	ScreenOS
Fortinet FortiGate	FortiOS
F5 Networks Big-IP/Firepass 等	TMOS（Traffic Management Operating System）
Palo Alto Networks 防火墙	PANOS

01.04.12 电源

网络硬件使用的电源（Power Supply）有 AC 电源和 DC 电源两类，其中 AC 是交流电源（Alternative Current），DC 是直流电源（Direct Current）。

家庭或普通企业使用的几乎都是 AC 电源，大型数据中心和通信基础设施公司中的大型设备有时会使用 DC 电源（表 1-45）。

AC 电源分为内部电源和通过外接 AC 电源适配器的外部供电两类。中型规模以上的网络硬件一般会内置电源模块（power module），小型设备则多使用 AC 电源适配器。

电力公司提供的电力可以分为民用（单相）与工业用（三相）两类，但几乎所有的网络设备运行使用单相的电源和参数。一部分大型路由器也会使用三相交流电，但需要配备相关设备。下面就以 AC 单相交流电源为主进行介绍。

表 1-45 电源的种类

电源的种类		用途
AC 电源	电源内置型（单相）	机架式网络设备
	电源内置型（三相）	超大型路由器（CRS-1、T1600 等）的可选电源
	外部电源型（单相 100V 的 AC 电源适配器）	桌面小型网络设备
DC 电源		大型网络设备的可选电源

■ 电源规格

在对数据中心和办公室服务器机房的电源进行设计时，还必须要确认网络硬件所需电源的规格。在表 1-46 中列出了一些主要电源规格参数。

表 1-46　主要的电源规格

参数	说明	参考值
AC 输入电压 （AC input voltage）	即 AC 电源在规格范围内输入的标准电压。日本一般使用 100V 单相交流电作为输入电压，不过世界范围内使用的电压几乎都在 100~240V 之间。该参数单位为 VAC（交流伏特）	100~240VAC
AC 输入频率 （AC input frequency）	AC 电源对应的、输入交流电的频率，参数单位为赫兹（Hz）。以日本为例，东日本是 50Hz，西日本是 60Hz	47~63Hz
AC 输入电流 （AC input current）	即流入 AC 电源的电流数值，通过"消费电能÷（输入电压×功率×转化率）"的公式计算而得。参数单位为安培（A），该单位会根据输入电压的不同而变化	3A（110V） 2A（230V）
DC 输入电压 （DC input voltage）	DC 电源对应的输入电压。单位为 VDC（直流伏特）	−48VDC、−60VDC（范围为 −40~−72VDC）
DC 输入电流 （DC input current）	流入 DC 电源的电流值。通过"消费电能÷输入电压"的公式计算而得	58A（DC-48V）、最大 70A（DC-48V）
消费电能 （power consumption）	产品运行所消耗的电能。有时会用最大消耗电能、平均消耗电能的表示进行区分。单位为瓦特（W）或英热量每小时（BTU/hr）	52W（177BTU/hr） *BTU 是 British Thermal Unit 的缩写，属于英制热量单位
发热量 （heat dissipation）	产品（电源）发热的统计量。网络硬件常使用的单位虽然是 BTU/hr（英热量每小时），但是也可以用 kcal/hr（千卡每小时）或 KJ/hr（千焦每小时）	525BTU/hr
效率（efficiency）	输出电力与有效输入电力的比值。效率＝输出电力÷有效输入电力×100%	85%
功率因子 （power factor）	有功功率和视在功率的比值。功率因子越高，说明交流电转化为直流电的效率越高	使用高功率因子电路可以使该值达到 0.95 以上，一般在 0.6~0.7 之间。
瞬间起峰电流 （Inrush current）	在电源接通输入电压的瞬间产生的电流的峰值	115V 时为 30A
漏电流（leak current）	在原本不会有电流流通的电路上出现的电流。一般在集成电路中发生	AC264V 时在 0.25mA 以下

■ 冗余电源

　　高端网络硬件的电源模块一般会配备至少两个电源模块作为冗余电源（Redundant Power Supply）方案。冗余电源的好处在于当一个电源无法供电时，另一个电源能够迅速接手其工作，保证硬件继续运行。电源无法供电的原因有电源模块本身故障、电源线缆断开、停电，等等。

图 1-32 Dual AC 输入型电源（一个电源模块搭载两个电源的类型）

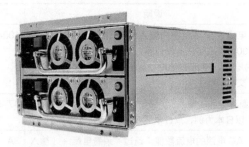

图 1-33 Cisco Catalyst 6500 电源（一个机框内搭载多个电源模块的类型）

■ **电源容量**

设备所需的电源容量根据设备大小的不同而不同。一般来说，使用 AC 电源适配器的台式计算机的设备，其电源容量和笔记本电脑的差不多（从几十瓦到 100 瓦之间不等），中型路由器及交换机的电源容量和台式计算机接近（从几百瓦到 500 瓦不等），高端产品一般为 500 瓦至数千瓦，需要配备同空调、电磁炉等类似的电源容量。

> **电源容量示例**
> Cisco 1812J 路由器：80W AC 电源适配器
> Cisco 7200 系列：最大 370W 的 AC 电源或 DC 电源
> Juniper T640：最大 6400W 的 AC 电源

电源容量即设备（包括机框）配备的电源模块能够提供的最大功率，需要与之区别的是设备参数目录中另一项称为"最大耗电量"的参数，该参数表示设备运行时实际需要消耗的电能。它们之间的关系是"电源容量 > 最大耗电量"。设备一般在启动时和 CPU 满负载处理时最为耗电，而设备在普通状态下运行所消耗的电能在一些设备的产品规格目录中则使用了"平均耗电量"一词来表示。

电源容量以及耗电量的单位为 W（瓦特），不过也可以用发热量的单位 BTU/hr（British

Thermal Unit per Hour, 英热量单位 / 时间) ① 来表示。

```
1 BTU/hr≈0.293W
1 W=3.60 KJ/hr≈3.412 BTU/hr
```

如果使用 UPS（后文中会提到），则需要计算出消耗 VA（伏安）值，然后以此作为选择 UPS 规格的依据。这时需要使用到下面的公式。

```
消耗 VA= 消耗电能（W）÷ 功率因子
```

功率因子是有功功率和视在功率的比值，根据不同的电路类型数值也会不同，但一般在 0.6~0.9 之间。

消耗 VA 的单位是 VA（伏安），通过"电流（A）× 电压（V）"的公式计算而得。

■ AC 电源适配器

由于网络设备是面向全世界销售的，因此 AC 电源适配器主体基本都是全世界通用的，只不过组合使用的 AC 线缆可能会根据国家的不同而异。日本从 2006 年开始规定所有电气商品都需要满足电器用品安全法的安全标准、获得 PSE 认证标志，没有 PSE 标记的电源适配器无法在日本市场上销售，因此从海外进口的产品也需要完成 PSE 的认证才能开始销售。

图 1-34 AC 电源适配器

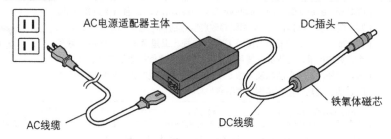

■ 电源的安全标准

使用网络硬件这类电气设备或产品时，需要有针对性地对火灾隐患制定安全防范标准（表 1-47）。安全标准一般由国家或国际组织制定，销售的产品有义务取得安全标准的认证。在世界各国使用的网络硬件中，电源模块以及 AC 电源适配器部件需要符合各国认可的安全标准。

---

① 属于英制度量衡。目前我国使用的国际标准度量衡是基于 1875 年法国牵头指定的米制度量。英制度量衡历史悠久，在英语国家较为流行，目前仍在大量使用，如品脱、英寸等。但由于其进位换算过于复杂，在世界范围内还是米制度量衡的使用更为广泛。——译者注

图 1-35 认证标志示例：Juniper SSG-5

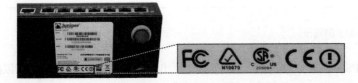

表 1-47 主要安全标准

安全标准	说明	
《电气用品安全法》（PSE）	由《电气用品管理法》修订而成，2001 年开始实施。PSE 是 Product Safety Electrical Appliance&Material 的缩写，一般用 PSE 法代指电器用品安全法。 电气用品分为"特殊电气用品"和"非特殊电气用品"两类。特殊电气用品有义务接受审查机关的适应性检测，并保管好认证书。另外，某些特殊用品还必须有 PSE 认证标志，没有该标志的用品禁止销售。海外厂商制造的通信硬件在日本销售前，也必须接受认证机构对属于"特殊电气用品"的电源序列和 AC 电源适配器所进行的检测，获得 PSE 认证后方可销售	特殊电气用品的 PSE 标志 非特殊电气用品的 PSE 标志
UL	UL 是 Underwriters Laboratories Inc. 的缩写[1]。该机构是 1894 年美国火灾保险业联盟设立的非营利性测试机构，是美国 18 所国家认证实验室（NRTL，National Recognized Testing Laboratory）之一，能够进行所有电气产品的认证测试。虽然 UL 认证不是强制的，但以通信设备为主，众多美国本土电气产品均获得了 UL 认证	UL 认证标志示例
FCC	FCC 是 Federal Communications Commission（联邦通信委员会）的缩写，成立于 1934 年，是美国联邦政府管理通信、电信和无线的政府机构。成立至今，该机构制定了广播、电视、卫星通信、无线通信等多个领域的标准，这些标准覆盖了美国国内各州之间的通信与国际通信领域。另外，无线电话以及无线 LAN 这类发射无线电波的硬件必须通过 FCC 的认证后才能在美国国内销售	FCC 认证标志
CSA	Canadian Standard Association 的缩写，是加拿大对于电气产品的安全认证。在加拿大国内销售的电气产品均需通过该安全认证才能得到销售许可。在 UL 接受安全认证的加拿大产品会获得 cUL 或 cULus 的认证标志，这个标志和 CSA 标志同样有效 CSA 标志　　　　cULus 标志　　　　cUL 标志	
CE 认证	CE 认证是指在 EU（欧盟）地区销售指定商品（包括通信设备）时需要获得的安全认证。符合 EC 指令（EC Directive）[2]中规定的安全标准的产品可以获得 CE 认证标志，不符合的则不允许在欧盟内销售	CE 认证标志

[1] 在华机构为 UL 美华认证有限公司。——译者注
[2] 这里 EC 指令中的指令是欧盟法案的一种称呼。——译者注

（续）

安全标准	说明	
IEC、CB	IEC 是 International Electrotechnical Commission 的缩写，是一个国际电气标准会议的国际标准化组织[1]。它颁布了保证电气产品品质与安全性的标准评价制度 IECEE（IEC System for Conformity Testing and Certification of Electric Equipment，IEC 电工产品安全认证体系），并以此为基础设立了 CB（Certification Body）框架。凡是在某个 IECEE 成员国国内的认证机构（NCB，National Certification Body）完成产品测试，并获得 CB 认证的产品，均可获得其他成员国 NCB 机构的认证，免去了二次测试认证的麻烦[2]	
EN	EN（European Norm）也称为 European Standard（欧洲标准），它是欧盟成员国之间为了贸易自由化以及产业水平统一化而制定的区域标准。符合 EN 标准的产品可获得 ENEC 认证标志，可以在整个欧盟地区内销售	ENEC 标志（数字表示认证机关的编号）
VCCI	VCCI（Voluntary Control Council for Interference by Information Technology Equipment，电磁干扰控制委员会）是对通信硬件等信息技术设备发射的无线电波（从设备内对外发射电磁波）进行协定的业内团体，同时也是标准名称。对商业、工业区域允许使用的设备定级为 Class A，对于住宅地区允许使用的设备定级为 Class B。Class A 的设备需要专用的机架和服务器机房进行安置，Class B 的设备要求则相对宽松	VCCI 认证标志

■ 电源线缆

电源线缆由线缆、插头、插口、连接头等部分构成。

在日本销售的线缆的插头和插口如表 1-48 所示。

表 1-48　电源线缆的组成要素

线缆的组成要素	范例	
插头种类	2 极（NEMA1-15p、JIS C 8303、Lath II）	
	2 极 配备接地线	
	3 极（NEMA5-15p）	

---

[1] 我国称其为国际电工委员会。——译者注

[2] IECEE-CB 可以理解为一种证书互认的体系。——译者注

（续）

线缆的组成要素	范例	
插口种类	2 极（IEC 60320-C7） * 多用于 AC 电源适配器	
	3 极（IEC 60320-C13） * 用于内置电源或 AC 电源适配器 3 极（IEC 60320-C5） * 多用于 AC 电源适配器	 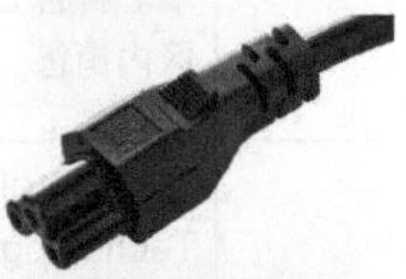
线缆连接头的种类	2 极（IEC 60320-C7） * 用于 AC 电源适配器	
	3 极（IEC 60320-C14） * 用于内置电源、AC 电源适配器、PDU（机架电源）等	
线缆长度	8ft（8ft≒2.44 米）居多	
规格	7A-125V（125V、7A 内均可使用）	

01.04.13 PSE（电气用品安全法）

该法由《电气用品管理法》修订而来，于 2001 年起正式实施，2006 年之后，规定 PSE 标志作为一种义务必须予以标识（图 1-36）。大多进口自国外厂商的网络硬件在日本国内销售时也必须通过 PSE 认证，尤其是电源线缆和 AC 电源适配器这种属于《电气用品管理法中》"特殊电气用品"的硬件，必须通过指定机构的测试才能进行销售。

图 1-36 PSE 标志

01.04.14 UPS

网络硬件一般需要电源才能运转，但有时因为某些原因（如表 1-49），可能会出现突然停电的情况。停电时，所有设备全部停止运行，通信也会中断。即使是突然停电，几乎所有的路由器、交换机等网络设备产品也能在恢复供电后自动恢复运行，重新开始通信。但是那些基于通用服务器的网络硬件则需要在电源关闭之前运行关机命令。另外，当设备在进行磁盘写入操作时，突然停电可能会导致正在写入的数据丢失，甚至会导致供电恢复设备也无法再次启动。

因此即使是那些无需关机命令的网络硬件，为了提高可靠性，也建议配备 UPS（Uninterruptible Power Supply，不间断电源供应系统）。设备配备了 UPS 后，即使遇到停电，UPS 也能够向所连接的设备提供一定时间的电力供应。一般来说，UPS 持续提供电力的时间在几分钟到 30 分钟不等。如果需要应对更长时间的停电，就需要自备发电机了。

表 1-49　电源故障的原因示例

供电设备故障	突然高负载用电，导致电闸跳闸 启动时电流过高导致电压波动 设备老化导致输出功率下降 输电装置或电子设备的开关等发生"电力噪声"
雷电导致的故障	输电系统故障导致停电（可用 UPS 应对） 因避雷设施机制引发的瞬间停电和电力变弱 雷电引发的电力噪声 因雷电引发的电压异常陡增与电流异常陡增（雷电浪涌电流）（需要使用防浪涌电流装置）
人为引起的故障	故意或不小心切断电源线缆导致跳闸 预先通知了的、由于施工或检查等商业原因的停电

01.04.15 风扇

中端级别以上的网络设备大多配备冷却风扇（Fan）（图 1-37），这是由于设备内部运行部件的半导体元器件，尤其是 CPU 在运行中会散发大量的热量。如果不冷却，会导致系统过热（over heat），影响半导体工作，甚至导致其停止运行。另外，过热也会减少 CPU 以及其他半导体部件的正常使用寿命。

但风扇也有一个缺点，那就是由于它是靠马达带动叶片旋转工作的，因此噪声很大。

一般设备中会通过特定的传感器监视风扇的运转是否正常。当风扇转速低于某个数值时，会引发 SNMP trap 或系统日志事件，进行记录输出。

在高端网络设备中，还会配备能够在设备处于运行状态时也能替换（即热插拔）的风扇部件（如图 1-38 所示，叫做风扇单元或风扇模块）。这使得设备在遇到风扇故障时，能够迅速替换掉不工作的风扇模块。

图 1-37　风扇

图 1-38　Cisco Catalyst 2360 系列的风扇模块

■ 气流导向

为了使设备风扇在机框内部能够有效冷却部件，还会设计一套气流导向（Air Flow，空气的流通）。根据吸气口与风扇的位置，设有从机架的一个侧面到另一个侧面（side to side，如图1-40）、从前面到背面（front to rear，如图1-41）、从上面到下面（top to bottom）等几个方向的气流导向。网络硬件一般安放在服务器机房或数据中心这类有温控设施的地方，在进行机架的安装操作（rack mount）时，一定要注意气流导向。

如果气流通过的地方堵塞，或者空隙很小导致通气不畅，就会引起设备内部 CPU 过热，这些问题必须引起重视。

有时电源模块还会配备专用的风扇，专门冷却电源部分。

图 1-39　气流导向结构图

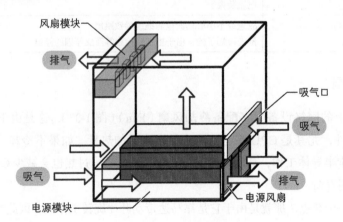

图 1-40 侧面到侧面的气流导向示例

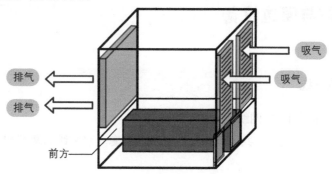

图 1-41 前面到后面的气流导向示例

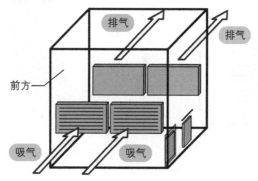

■ 无风扇散热

低端或桌面式的设备因为使用发热量相对较少的 CPU，因此设备中一般不安装风扇，而是使用散热片或表面散热等技术。

表面散热需要使用散热性较好的金属做机身，使设备内部的温度不会太高。

使用了无风扇散热技术后，就不会有噪声了。

图 1-42 散热片（CPU 以及半导体上安装的散热装置，可以发散热量，使温度下降）

01.05　线缆与周边设备

01.05.01　双绞线缆

双绞线缆一般也称为 LAN 网线或缠绕对线。

该线缆两根细导线一组，一共 4 组，外部包裹着线套。双绞线的两端如图 1-43 所示，使用 RJ-45 的连接头。

图 1-43　RJ-45 连接头

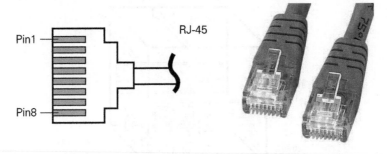

01.05.02　STP 与 UTP

双绞线分为外部有屏蔽的 STP 和没有屏蔽的 UTP 两类，其中 UTP 的应用比较广泛。

表 1-50　STP 与 UTP

STP	Shielded Twist Pair	使用铝箔包裹在外部，以减少外部电气噪声干扰的线缆，也称为屏蔽绕线。一般在工地等噪声干扰较多的地方使用
UTP	Unshielded Twist Pair	不带任何屏蔽的双绞线，也称为无屏蔽绕线。一般用在家庭和办公室

■ 类别

双绞线如表 1-51 所示，分成了几种规格。规格较高的线缆可以代替规格较低的线缆，如 6 类或 7 类的线缆可以代替 100BASE-TX。

表 1-51　双绞线的类别

类别	种类	传输速率	频率	适用范围	规格
1	UTP	20kbit/s	没有规定	电话（语音）	没有推荐标准
2	UTP	4Mbit/s	64kHz	令牌环、ISDN、数字 PBX	没有推荐标准

（续）

类别	种类	传输速率	频率	适用范围	规格
3	UTP	16Mbit/s	16MHz	10BASE-T、令牌环	EIA/TIA-568-B
4	UTP	20Mbit/s	20MHz	令牌环、10BASE-T、100BASE-T4	没有推荐标准
5	UTP	100Mbit/s（2 对）、1Gbit/s（4 对）	100MHz	100BASE-TX、155Mbit/s ATM	EIA/TIA-568-A
5e[注1]	UTP	100Mbit/s（2 对）、1Gbit/s（4 对）	100MHz	100BASE-TX、1000BASE-T	EIA/TIA-568-B
6	UTP	1.2/2.4Gbit/s	250MHz	1000BASE-T、10GBASE-T	EIA/TIA-568-B
6a[注2]	UTP	10Gbit/s	550MHz	10GBASE-T	EIA/TIA-568-B.2-10
7	UTP	10-100Gbit/s	600MHz	10GBASE-T	EIA/TIA-568

注 1：5e 表示 5 类增强型（category 5 enhanced）
注 2：6a 表示 6 类扩展[①]（category 6 augmented）

01.05.03 光纤

　　光纤常用于实现超高速的数据传输。虽然双绞线也能完成 10Gbit/s 速率的数据通信，但是传输距离较短，所以长距离的高速通信一般都采用光纤来进行。

　　光纤的基本材料多采用透光率非常高的石英等，由这些材料形成了一个横截面中心部分（core）折射率较高，周围的金属包层（clad）则折射率较低的同心圆延伸结构。

　　由于该构造的特殊性，能够将直射光封闭在光纤内部（使光信号在截面中心部分和金属包层处反射）进行传输，从而能够自由改变光的传播线路。

■ 单模与多模

　　光纤有单模光纤（SMF）和多模光纤（MMF）两个规格，二者的传输距离不同。

　　单模光纤（SM，Single Mode）是指通过一个光信号来传输数据，主要用于长距离的数据传输，在 ITU-T G.652~657 建议文件中给出了标准化参考。

　　多模光纤（MM，Multi Mode）使用多个光信号来传输数据，它的特点是光纤的中心部分直径很长，能够承受很大的弯曲。由于该光纤在传输过程中损耗较大，因此只适合用于短距离的传输（表 1-52）。

---

① 国内一般统称超 5 类、超 6 类。——译者注

表 1-52 光纤的种类

光纤种类	模式（规格）	说明
SI（Step Index）	MMF	中心部分折射率固定的光纤。光在中心部分与周围包层的边界部分发生全反射，在中心内部分成多个模式（光的路径）传播。如图所示，光在某些模式下沿直线传播，而在某些模式下则连续反射，这就导致所传输的光信号发生扭曲，从而形成扭曲窄带。所以目前几乎已不再使用这种光纤 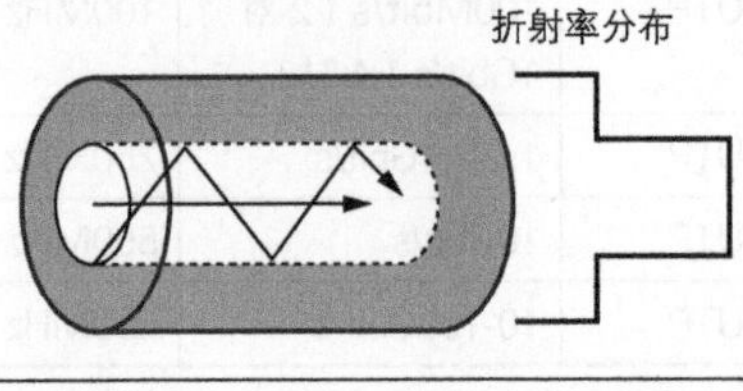 折射率分布
GI（Graded Index）	MMF（ITU-T G.651）	调整中心折射率分布，使得中心部分折射率很高，外部折射率沿径向递减的光纤。尽管与中心的光束相比，越靠外部，全反射的光束传播距离越长，但是可以充分利用传输速率与折射率的反比例关系，使整个光纤的折射率分布最佳。当所有模式的光束传播时间相互接近时，光信号的分散也越小。一般光纤中心的直径为 50μm（日本）或者 65μm（也称为 FDDI 级别，主要在美国使用） 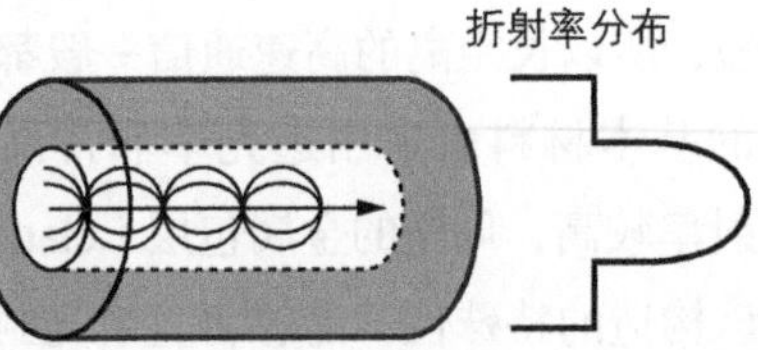 折射率分布
通用单模（SM）	SMF（ITU-T G.652 Table B）	中心部分直径很小，只能通过一个模式的光纤。该光纤的设计是当光束波长为 1310nm 时，色散为零，因此 1310nm 光束的传播性能非常优越。单模能够防止模式色散造成的光信号扭曲，传输损耗也很小
DSF（Dispersion Shifted Fiber，色散位移光纤）	SMF（ITU-T G.653）	用于长距离传送的单模光纤。利用由石英制成的光纤在光束波长处于 1550nm 时传输损耗最小的特点，改变折射率的分布使得光束波长色散在 1550nm 处最小，并使零色散光束波长在 1550nm 中发生位移
NZ-DSF（Non-Zero Dispersion Shifted Fiber，不归零色散位移光纤）	SMF（ITU-T G.655）	通过将零色散光束波长从 1550nm 处逐步向外位移来抑制光束波长分散的方式，抑制了在 1550nm 处非线性传播的光纤。由于支持的光波频道较宽，因此能够稳定地传输信号。一般适用于大容量 WDM 长距离（光束波长多次分割）或广域网络中使用

图 1-44 光纤种类与适用范围

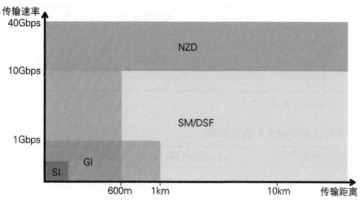

■ 光纤的规格

在 ISO/IEC 11801 标准中定义了多模光纤的标准 OM1、OM2、OM3 与单模光纤的种类 OS1。另外，在 ISO/IEC 24702 的标准中定义了单模光纤标准 OS2。2009 年的 EIA/TIA 492-AAAD 标准中又定义了多模光纤标准 OM4。这些标准统称为 OF（Optical Fiber）类型。

OM1 历来使用 LED 光源，该多模光纤用于千兆以太网时，最大传输距离限定为 200m。OM2 则改良了多模光纤的最低模式带宽，使之可以达到 500MHz/km，在千兆以太网中传输距离为 500m。OM3 使用了 VCSEL[①] 光源，是被称为最适合激光传输的光纤标准，能够将波长为 850nm 的激光的折射率调整为最佳状态后用于万兆以太网传输。OM4 标准也被称为 OM3+，属于新一代光纤标准范畴，用于长距离的万兆以及 40G/100G 以太网的传输（表 1-53）。OS1 与 OS2 属于单模光纤标准，其参数如表 1-54 所示。一般会使用不同的颜色在线缆上标识出不同的光纤标准，OM1/OM2 使用橘黄色、OM3/OM4 使用淡蓝色、OS1/OS2 则使用黄色。

表 1-53 多模光纤的种类

种类	中心直径（μm）	最大衰减量（dB/km）[注1]		最低模式带宽（MHz/km）[注1]		
				过载·发射带宽		有效激光·发射带宽
		850nm	1300nm	850nm	1300nm	850nm
OM1	62.5	3.5	1.5	200	500	没有规定
OM2	50	3.5	1.5	500	500	没有规定
OM3	50	3.5	1.5	1,500	500	2,000
OM4	50	2.5	0.8	3,500	500	4,700

注 1：850nm、1300nm 是激光的波长。

---

① Vertical Cavity Surface Emitting LASER（垂直腔面发射激光器）的缩写，属于半导体激光的一种。

表 1-54 单模光纤种类

类别	最大衰减量（dB/km）注1		
	1310nm	1383nm	1550nm
OS1	1.0	没有规定	1.0
OS2	0.4	0.4	0.4

注 1：1310nm、1383nm、1550nm 是激光的波长。

表 1-55 多模光纤在以太网中最大的传输距离

类别	1000BASE-SX	10GBASE-SR	40GBASE-SR4	100GBASE-SR10
OM1	275m	33m	没有规定	没有规定
OM2	550m	82m	没有规定	没有规定
OM3	没有规定	300m	100m	100m
OM4	没有规定	550m（500m）	125m	125m

表 1-56 以太网与光纤的传输标准

传输标准			光纤种类		传输速度	线缆规格
传输方式	适用标准	说明				
1000BASE-SX	IEEE 802.3z	使用多模光纤传输波长为 850nm 的光信号	MMF	GI 50/125	1Gbit/s	MMF、OM1、OM2
				GI62.5/125		
1000BASE-LX		使用单模或多模光纤传输波长为 1300nm 的光信号	MMF	GI 50/125		MMF、OM1、OM2
				GI62.5/125		
			SMF	SM		SMF、OS1
10GBASE-SR/SW	IEEE 802.3ae	使用多模光纤传输波长为 850nm 的光信号，用于短距离通信（LAN：10GBASE-SR，WAN：10GBASE-SW）	MMF	GI 50/125	10Gbit/s	MMF、OM3
				GI62.5/125		
10GBASE-LR/LW		使用单模光纤传输波长为 1310nm 的光信号，用于长距离通信（LAN：10GBASE-LR，WAN：10GBASE-LW）	SMF	SM		SMF、OS1
10GBASE-ER/EW		使用单模光纤传输波长为 1550nm 的光信号，用于长距离通信（LAN：10GBASE-ER，WAN：10GBASE-EW）注1				
10GBASE-LX4（WDM）		使用单模或多模光纤传输波长为 1310nm 的光信号，采用多重信号（4 重）传输。	MMF	GI 50/125		OM1、OM2、OS1
				GI 62.5/125		
			SMF	SM		

注 1：在近距离中使用该标准，有时会由于光能量过强等原因无法通信。这种情况需要配合使用光衰减器（attenuator）来减弱光能量。

■ 光纤线缆连接头

在网络硬件上连接光纤线缆，需要使用配备好连接头的光纤。使用的连接头需要符合板载（安装在网络硬件中）的光接口或光电信号转换口的形状（表 1-57）。

表 1-57　光纤线缆连接头种类

连接头名称	说明	形状
SC	NTT 开发的方形连接头，由发送（TX）与接收（RX）两个必备连接头组成。SC 是 Square-shaped Connector 的缩写。这种接头还分为只有一个接口的单工连接头（simplex）和有两个接口的双工连接头（duplex）。符合 JIS C5973 标准，可以与板载光纤接口或 GBIC 连接	
ST	ST（Straight Tip connector）连接头为朗讯公司（现为阿尔卡特–朗讯公司）的注册商标	
FC	FC 是 Fiber Connector 的缩写。符合 JIS C5970 标准	
LC	朗讯公司开发的连接头，LC 是 Local Connector 的缩写。可连接板载光纤接口（100BASE-X）或 SFP（mini-GIBC）	

（续）

连接头名称	说明	形状
MTRJ（MT-RJ）	与其他连接头不同，它是将TX（发送）与RX（接收）收拢在单个小连接头中，这样就可以在很小的面积里容纳数量众多的接口。MTRJ是Mechanically Transferrableferrule-Registered Jack style Connector 的缩写。可连接板载接口或 SFP 使用	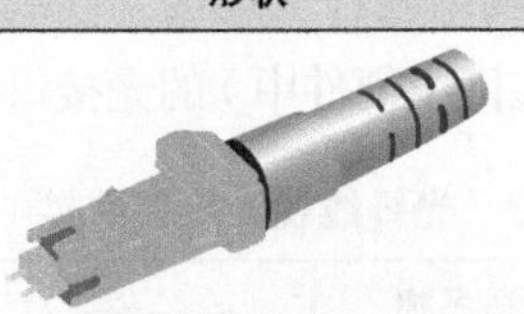 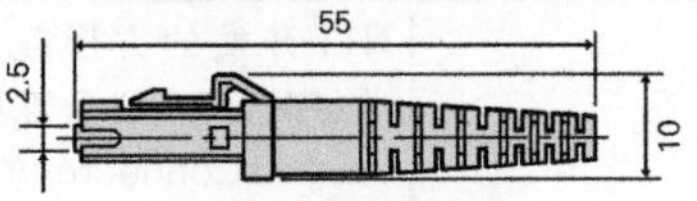 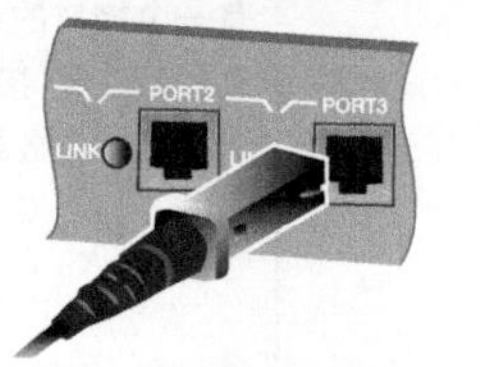
MU	由 NTT 开发的连接头，体积很小，因此在 1 个路由器或者传输装置中能够容纳多个接口。符合 JIS C5983 标准	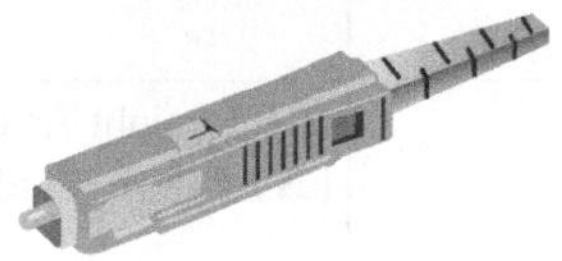 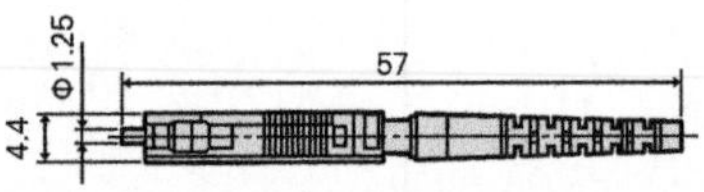

01.05.04 机架

为了能高效利用空间，同时安装多个网络硬件而使用的机架（rack）叫做 19 英寸机架，该名称来自于安装硬件的面板宽度，即机架两根支柱的间距为 19 英寸。而且机架的规格在 TIA/EIA-310-D 与 JIS C 6010-2 中也完成了标准化工作[1]（表 1-58）。市场上销售的 19 英寸机架分为 EIA 标准商品与 JIS 标准商品，由于二者无法兼容，因此在选择时需要注意区别。

表 1-58　机架的规格与尺寸

		TIA/EIA-310-D（EIA 标准）	JIS C 6010-2（JIS 标准）
单元机框	机器的宽度	482.6±0.4mm	480±1mm
	机器的高度	1U（44.45）×N－0.8mm	50×N－1mm
	机器的深度	没有规定	没有规定

---

[1] 一般 EIA 属于国际标准范畴，而 JIS 属于日本国家标准范畴。——译者注

（续）

		TIA/EIA-310-D（EIA 标准）	JIS C 6010-2（JIS 标准）
安装槽位	横向间距	465.1±1.6mm	465±1.5mm
	纵向间距	统一螺距：15.875mm、15.875mm、重复长度 12.7mm 宽螺距：31.75mm、重复长度 12.7mm	50mm 间隔（实际产品中以 25mm 居多）

表 1-59 摄津金属工业公司制造的 NFC 系列：规格式样与特征（各尺寸如图 1-45、1-46 所示）

标准	宽度	高度	有效容纳高度	深度
EIA 标准	600~800nm	1000~2200nm	19U~46U	600~1100nm

高端铝制机架	●铝制外框，轻量型高端 19 英寸网络硬件机架 ●充分支持设备尺寸以及规格的多样化 ●19 英寸硬件安装面板支架与机架支柱分离，能够在一定范围内移动后固定 ●可以在机架底部以及机架上部安装另外销售的风扇模块，使得机架整体可以强制排气散热

图 1-45 机架尺寸

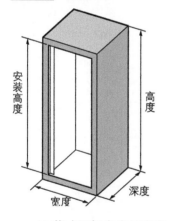

图 1-46 19 英寸机架的硬件安装

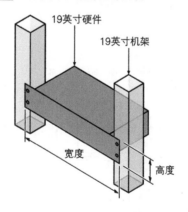

19 英寸机架自身的宽度一般为 60~70cm。

除了小型路由器或交换机，几乎所有的网络硬件都可以放进 19 英寸机架之中，设备的高度也可以是从 1U（Unit，1U=44.45mm=1.75inch）到数倍的 U（1U、2U、3U……）不等（一般 1U 也可记为 1RU，表示 Rack Unit 的意思）。如果是 3U 以上的大型硬件，在设备前部的左右两侧，还会配备用于机架固定（Rack Mount）的金属支架（称为 bracket，俗称机架耳），算上该部件的后，整个设备的宽度可以达到 482mm。

图 1-47 金属支架

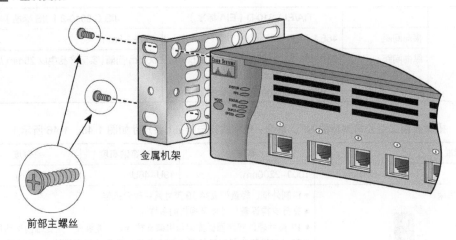

金属机架

前部主螺丝

大小在 2U 以下的设备可能会经常需要将金属支架取下，和设备安装在一起。取下金属支架后，整个硬件的宽度会变为 440mm 左右。

虽然没有具体规定硬件的深度标准，但考虑到某些限制高度的高端设备会在深度上有很大的扩展，因此有必要事先确认这类设备是否能够安装到机架上。

图 1-48 机架安装螺距

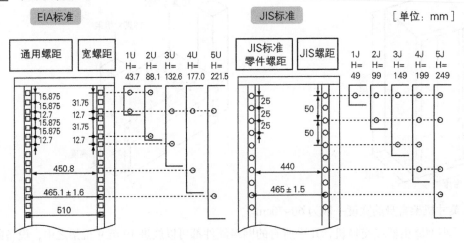

■ 减轻噪声

机架式网络硬件的散热风扇会发出噪声。虽然这类机架和设备一般都会放在配有空调的机房中，但有时也会有放置在办公室工作区域的需求，因此需要选择可以降低噪声的设备机架。

■ 散热管理

当机架上硬件的密度增加时，热量也会大幅增加，特别是正面有密封机箱门的设备。由于热量有累积效应，因此需要配备机架专用的冷却风扇，或者在房间的顶部、前部或后部安装散热的通风口。

■ 机架安装部件

在网络硬件中会配备称为机架安装部件的小工具套件，用于将设备安装到 19 英寸机架上。

2U 以内的硬件一般只有前部安装支架，而对于那些较深的硬件则会配备轨道式零部件（安装导轨，如图 1-49 所示）。

如果硬件没有配套的机架安装部件或者由于螺帽口、尺寸的关系无法在 19 英寸机架上安装时，也可以选择购买设备对应的金属隔板（图 1-50 所示），将设备放在上面即可。

图 1-49　**轨道式机架安装部件**

图 1-50　**金属隔板**

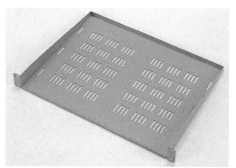

桌面式设备可以使用如图 1-51 所示的面板式机架部件进行安装，面板部件需另外购买。

图 1-51　YAMAHA 机架安装部件 YRK-1500

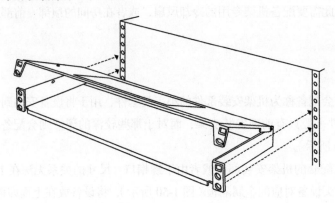

第 **2** 章

彻底理解 L2 交换机

本章将介绍交换机的历史、类型、功能和架构。确认交换机设备的主要产品，并进一步理解交换容量以及非阻塞性能的设计方法。

介绍网络管理协议 SNMP 和用于网络信息统计的 Netflow 软件。

02.01　中继器和网桥的不同点

数据链路层（OSI参考模型）中多个网段互联的功能实体称为桥或网桥。通过网桥进行的数据发送则称为桥接过程。

02.01.01　什么是中继器

中继器（repeater）是一种信号增强装置，在OSI参考模型的第1层上运行。第1层是物理层，它的功能仅仅是将被噪声影响的信号重新输出，不再进行额外的数据控制。由于物理层只是定义了网络的电气、机械、规程、功能等标准，因此中继器无法辨别数据链路层的MAC地址以及网络层的IP地址。

图 2-1　思科公司使用的中继器图标

02.01.02　什么是网桥

通过两个接口连接两个冲突域[1]的装置称为网桥。网桥的作用相当于OSI模型中的数据链路层。网桥的种类如表2-1所示，目前使用的几乎都是透明网桥了。大家耳熟能详的交换集线器也可以称为多端口透明网桥。

图 2-2　思科公司使用的网桥图标

---

① 由共享式集线器形成的网段称为冲突域。

表 2-1 网桥的种类

名称	说明	拓扑结构
源路由网桥 (Source Route Bridging)	简称为 SRB，用于连接令牌环（IEEE 802.5）。如果连接目的地能够收到分组，则可以通过全路径搜索分组，找到所有可达目的地的路径信息，并将该路由信息保存在内置表中，这样就可以完成类似路由器的工作	
透明网桥 (Transparent Bridging)	透明网桥在 20 世纪 80 年代初期由 DEC 公司开发，之后在 IEEE 802.1 完成标准化，也可称为学习型网桥（learning bridge）。 能够将以太网同以太网、FDDI 同 FDDI 这类具有相同访问控制方式的网段进行桥接的装置称为透明网桥。因此以太网的交换机在某种意义上也可以说是拥有多个透明网桥的设备。它能够根据通信数据帧的发送方地址，判断将数据发送到哪一网段哪一地址的主机上，并调查该主机是否存在	
源路由透明网桥 (Source-route Transparent Bridging)	简称为 SRT。 IBM 公司开发的产品，将源路由网桥（SRB）与透明网桥集成于同一网络。该装置应用于令牌环网络	
转换网桥 (Translational Bridging)	将以太网与令牌环、以太网与 FDDI 等异构网络在 MAC 层子层的 LAN 传输媒介层面进行桥接的装置。在以太网与令牌环中也可以称为源路由转换网桥	
封装网桥 (Encapsulation Bridging)	在路由器内将使用不同传输媒介的以太网帧格式进行桥接的装置。比如使用 FDDI 网络时，在发送方网桥中会将以太网数据帧封装成 FDDI 数据帧。而在接收方网桥中，会从 FDDI 数据帧中解封以太网数据然后帧，再发送到目的主机上	

02.01.03 共享式集线器

集线器（hub）是指集中器设备（concentrator）。带有中继器功能的集线器也可以称为共享式集线器、多端口中继器、中继集线器等。在网络术语中，集线器一般是指共享式集线器，但目前市场上销售的集线器产品一般都是指交换式集线器。

集线器中连接线缆 RJ-45 模块接口的部分称为端口，根据集线器大小的不同，端口可以分为 4、8、12、16、24 等多种类型。集线器一般可以独立配置使用，因此形态多样。有的产品可以插到个人计算机中（电源由个人计算机提供），有的产品可以安装到机架上，还有的产品可以堆叠（stackable）在一起工作，只是目前这些产品在市场上已不多见。

图 2-3 思科公司使用的共享式集线器图标

在最初的以太网（IEEE 802.3）标准 10BASE5 中，采用了如图 2-4 所示的粗同轴电缆（黄色线缆）作为传输媒介，通过在接口处插入连接着各终端的转换器，形成一个总线型的拓扑结构，在一根线缆上共享 10Mbit/s 的带宽。

自从使用双绞线（以太网线缆）的以太网标准 10BASE-T 颁布之后，各终端与共享式集线器之间都开始使用单独的接口进行连接，这样就形成了一个星型的拓扑结构，但是同样能够形成一个与 10BASE5 相同的共享带宽的 LAN 网段。

在共享带宽的情况下，网络的每一个终端能否发送数据将采用 CSMA/CD（Carrier Sense Multiple Access/Collision Detection）方式来决定。这个决定方式首先判断的是在通信链路上有没有其他终端节点在发送数据，也就是通过载波侦听来明确通信链路是否正在使用。如果通信链路空闲，则开始发送数据。如果发现通信链路正在使用，则需要继续等待，因此通信效率很低。甚至还会出现多个网络终端节点同时发送数据从而产生冲突（collision）的情况。整个网络中共享网络终端的数量越多，发生冲突的概率也会增加。

图 2-4　10BASE5 的结构

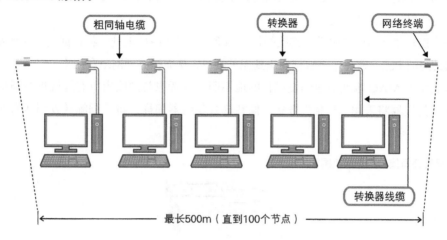

图 2-5　使用 10BASE5 的转换器进行连接

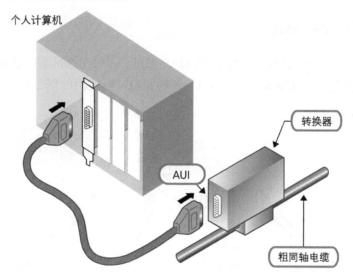

02.01.04　交换式集线器

交换式集线器[1]是指将连接着两台通信终端的两个端口在装置内部绑定，使其他端口的信号无法介入，从而防止发生冲突，弥补了共享式集线器的不足。一般人们所说的交换机[2]或 L2 交换机均指拥有多个透明网桥的装置。

---

[1]　根据上下文，这里的交换式集线器为实际意义上的交换机。——译者注
[2]　以下交换机均指以太网交换机，读者不要和程控电话网络交换机或光线交换机混淆。——译者注

　　在共享式集线器中，从发送方接收到的数据会直接转发到所有非发送方端口，也就是单纯地通过复制电气信号来实现发送。

　　但是交换式集线器则通过学习连接的每个网络终端的 MAC 地址，将数据仅发送到发送方所期望的目的终端上去，避免了将数据发送到无关端口，从而提高了网络利用率。

　　如果在学习 MAC 地址前遇到发送目的地不明，或者想与网段内所有终端进行通信的情况时，交换式集线器将采用"广播"方式，像共享式集线器那样，将数据帧转发到所有非发送方端口。

图 2-6　思科公司使用的交换机图标

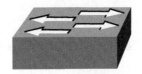

02.01.05　学习 MAC 地址

　　交换机通过确认以太网数据帧的发送源 MAC 地址，习得交换机端口号和该端口所连硬件 MAC 地址的配对信息，并将该信息记录到其内部的 MAC 地址表中（图 2-7）。

图 2-7　学习 MAC 地址

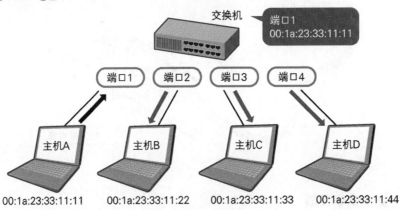

❶ 当主机 A 与主机 D 通信时，主机 A 先发送 MAC 数据帧，该数据帧中包含发送源主机 A 的 MAC 地址和发送目的主机 D 的 MAC 地址。交换机从端口 1 处接收到发送源 MAC 地址为 00:1a:23:33:11:11 的数据帧后，得到了"端口 1 上插着的 MAC 地址为 00:1a:23:33:11:11"的信息，从而习得主机 A 的 MAC 地址。随后，交换机将习得主机 A 的 MAC 地址注册到内部的 MAC 地址表中。

❷ 这时，交换机尚不知道发送目的主机的 MAC 地址 00:1a:23:33:11:44 位于何处，因此会将该数据帧转发到除端口 1 之外的所有端口上去。交换机的这一行为称作 flooding。

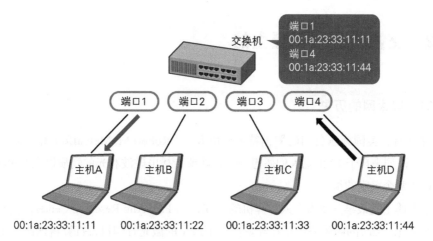

❸ 这时，主机 B 和主机 C 虽然收到了目的地 MAC 地址为 00:1a:23:33:11:44 的数据帧，但由于自身并非该目的地址，便丢弃该帧，只有主机 D 会接收该数据帧。

❹ 主机 D 会向主机 A 发送应答数据帧，应答数据帧中包括了发送源的 MAC 地址 00:1a:23:33:11:44。这时，交换机便可得知端口 4 上连着 MAC 地址为 00:1a:23:33:11:44 的设备，并将该信息记录到内部的 MAC 地址表中。

❺ 至此，交换机习得了主机 A 和主机 D 的 MAC 地址信息，随后的通信也不会再有 flooding。对于交换机而言，同样也可以从和主机 B、主机 C 之间的通信习得它们的 MAC 地址。

　　如果 MAC 地址表的记录项（包含端口号和 MAC 地址的配对信息）一直保留，当连接端口的设备发生变化时，就会出现实际情况和表项无法对应的情况。因此需要给 MAC 地址表的记录项设置一个超时值，该项超时值也可以称为 MAC 地址的老化时间（aging time）。在思科公司的 Catalyst 交换机中该项数值默认为 5 分钟，并且可以通过配置进行更改。交换机设备会根据该值对习得的 MAC 地址表中的纪录项进行老化消去（aging）操作，被消去的纪录项会显示为 aging out。

　　管理员还能通过使用命令行静态地对 MAC 地址表中添加表项，这时交换机的老化消去将会失效。

02.01.06　使用交换机的优点

　　用户从集线器（共享式集线器）向交换机（交换式集线器）迁移，会有表 2-2 所示的优点。

表 2-2　使用交换机的优点

优点	说明
冲突域固定	在主机（个人计算机等）直接连接到交换机时，冲突只会在交换机端口和主机之间形成。
彻底的全双工通信	冲突域中不存在其他主机，使主机能够同时完成发送和接收工作。
阻断错误数据帧	存储转发型（02.03 节）交换机能够检查接收到的数据帧是否有错误，并及时丢弃有错误的数据帧。
独享带宽	发送和接收工作在两个交换机端口之间分别进行，使每个端口的带宽都可以有效利用。

02.02 交换机是如何诞生的

02.02.01 以太网的历史

1973 年 5 月，美国施乐公司的罗伯特·梅特卡夫（Robert M. Metcalfe）博士开发了以太网（Ethernet）[1]。该词来自于 19 世纪人们假想的一种能够传播电磁波和光的物质以太（ether）以及网络（network）两个名字的组合。

梅特卡夫博士是最早开发出个人计算机的 PARC[2]（Palo Alto Research Center，帕罗奥多研究中心）的研究员。当时的施乐公司正在开发世界上最早的激光打印机，打算将该研究中心内所有的计算机都连接到打印机上，因此将网络系统的架构工作交给了梅特卡夫博士。

控制当时最先进的高速激光打印机需要有足够快的网速做保障，而且还要在同一幢大楼内连接上百台计算机，这就需要梅特卡夫博士设计出前所未有的网络架构。最终，梅特卡夫在该网络中使用的是 CSMA（Carrier Sense Multiple Access，载波侦听多路访问）技术。

梅特卡夫博士曾经参与过美国国防部高级研究计划署的阿帕网（ARPANET）和夏威夷大学的 ALOHA 网的设计工作。ALOHA 网采用了无线通信技术，用于满足夏威夷群岛间的通信需求，与现在的 LAN 通信类似，也采用了 CSMA 技术 [3]。

为了让使用相同通信线路连接的多台计算机设备能够自由地发送数据，CSMA 技术中设计了当遇到通信冲突时，能够检测该冲突并再次发送的机制。ALOHA 网使用了无线电磁波作为通信的传输媒介，而以太网则采用了更为高速的同轴电缆作为传输媒介，并配以用来完成高速通信的网络接口。

1976 年，当以太网产品最终完成时，其传输速率为 2.94Mbit/s，使用了 1km 的线缆将 100 台以上的终端进行互联。另外，使用光纤作为传输媒介、速率达到 150Mbit/s 的高速通信等以太网技术也通过不断实验逐步完善。

在此之后，DEC 公司、Intel 公司以及施乐公司在 1979 年共同制定了当时最为经济实惠的、传输速率为 10Mbit/s 的 DIX 以太网标准（DIX 是 DEC、Intel、Xerox 的首字母的组合）。这项 DIX

---

① 当时，梅特卡夫博士给他的老板写了一篇关于以太网潜力的备忘录。此时以太网尚处于实验的初步阶段，尚无成型的产品。——译者注

② 该机构为 IT 史上最著名的研究室之一，研究成果众多，据称"美国最优秀的 100 位电脑科学家里，有 76 位在帕克工作过"，只可惜众多技术没能被其母公司施乐公司转化为市场成果。——译者注

③ ALOHA 网计划始于 1968 年，早于 20 世纪 70 年代的 1G 移动通信技术和 20 世纪 80 年代的 2G 通信技术，堪称现代最早的计算机无线通信网络。——译者注

标准的标准化文件"Ethernet 标准 1.0"在 1982 年召开的 IEEE 802 委员会会议上正式发布[①]。

目前，广泛普及的以太网标准是基于此后的"Ethernet 标准 2.0"确定的（同样于 1982 年由 IEEE 发布），而 CSMA/CD 则在 1983 年的 IEEE802.3 中完成了标准化。

随后，从传输速度为 10Mbit/s 开始，不断出现了 100Mbit/s、1Gbit/s、10Gbit/s 等速度更快的以太网标准，以及使用双绞线、光纤作为传输媒介的以太网标准，如今，标准的更新仍然是日新月异[②]。

02.02.02　世界上最早的交换机

在 20 世纪 80 年代，很多企业开始察觉到使用共享式集线器构成的 LAN 性能很差，便逐步开始使用能够分割冲突域的以太网网桥设备。

图 2-8　世界上最早的 EtherSwitch

1990 年，Kalpana 公司[③]发售了世界上首台交换机产品 EtherSwitch（图 2-8）。在此之前，普通存储转发型的网桥装置只有两个端口，而 EtherSwitch 拥有 7 个端口。在此之后，拥有多个端口的以太网交换机这个概念开始被人们接受。由于当时的 EtherSwitch 没有实现 IEEE 规定的相关标准，不能称之为网桥，所以使用了交换机（Switch）一词。

Kalpana 随后还开发了 EtherChannel 产品，于 1994 年被思科公司收购。

20 世纪 90 年代，随着 IC 技术的蓬勃发展，网桥制造商开始将运行于 CPU 的 L2 传输控制从软件程序逐步移到 ASIC 和 FPGA 上。这类技术使网桥内部分组处理的通信时延（latency）降到了 10 微秒左右，而且可以在性能无损的前提下桥接多个端口。这时，以太网交换机开始作为网络技术术语逐步推广开来。

---

① 这表明 DIX 标准不再是原来的企业联盟标准，而是正式成为了 IEEE 标准。——译者注
② 2013 年 4 月，400Gbit/s 以太网技术的会议正式召开，可以预见，不久的将来就会出现该速率的以太网。——译者注
③ 该公司创始人中有一位是印度裔，公司同样在 IT 圣地硅谷成立。——译者注

表 2-3 交换机的历史信息汇总 [①]

年代	事件	标准化概述
1968	ALOHA 网在夏威夷启动	
1970	阿帕网启动	
1972	ALOHA 网开始架构建设	
1973	罗伯特·梅尔卡特博士命名的 Ethernet 一词正式出现	
1980	DIX 以太网发布	IEEE 成立了 Project 802 工作组，旨在促进 LAN 标准化
1981		TCP/IP 标准化
1983		IEEE802.3（10BASE5）
1987	SynOptics[②]公司发售 10BASE-T 的原型产品 LattisNet	
1988	CERN[③]开发 WWW 美国 Ungermann-Bass 公司[④]发售世界上第一台机框式集线器 Access/One	IEEE 802.3a（10BASE2）
1990	Kalpana 公司发布世界上第一台以太网交换机 EtherSwitch	IEEE 802.3i（10BASE-T）
1993	思科公司收购 Crescendo 通信公司，产品线整合为思科的 Catalyst 5000 系列	
1994	Bay Networks 公司发售搭载 VLAN 功能的以太网交换机产品 思科公司收购 Kalpana 公司，产品线整合为思科的 Catalyst 3000 系列	
1995	思科公司收购 Grand Junction Networks 公司，产品线整合为思科的 Catalyst 1900/2800 系列	
1996	Foundry Networks 公司创立 Extreme Networks 公司创立	
1997	L3 交换机研发成功	
1998		IEEE 802.3z（1000BASE-X）
1999	思科公司发售 Catalyst 6500 系列产品	IEEE 802.3ab（1000BASE-T）
2003		IEEE 802.3ae（10GBASE-SR 等） IEEE802.3af（Power over Ethernet）
2004	日立电线公司发售以太网交换机产品 Apresia 日立制作所和日本电气合资的 ALAXALA Networks 公司成立，发售主干交换机产品 AX 系列	
2006		IEEE 802.3an（10GBASE-T）

① 该表没有列出全部业内有名的交换机产品，包括中国的华为、中兴以及法国阿尔卡特、瑞典爱立信、加拿大北电等公司的产品。——译者注

② 该公司创始人同样出身于 PARC，之后转战多家最终任职于现在的亚美亚公司（Avaya）。——译者注

③ 即欧洲原子能中心。——译者注

④ 该公司同样几经转手后，最终属于阿尔卡特朗讯公司。——译者注

（续）

年代	事件	标准化概述
2008	博科通信系统公司（Brocade Communications Systems）收购 Foundry Networks 公司，Juniper 公司发售以太网交换机"EX 系列"	
2010		IEEE 802.3ba（40G/100G 以太网）

02.03　交换机中使用的数据帧及其传输方式

02.03.01　以太网数据帧的种类

交换机中使用的以太网数据帧类型如表 2-4 所示。

表 2-4 以太网使用的数据帧类型

名称	说明
单播数据帧（Unicast frame）	发送目的地地址为广播或多播以外的数据帧
广播数据帧（Broadcast frame）	发送目的地为广播地址（FF:FF:FF:FF:FF:FF）的数据帧
多播数据帧（Multicast frame）	发送目的地为多播地址的数据帧。具有代表性的多播地址为 01-00-5E-xx-xx-xx（其中 x 为任意数字）
不完全帧（Runt frame）	包含首部信息、长度为 63 字节以下的数据帧。交换机将这类数据帧识别为由于冲突等原因而形成的坏帧
小巨人帧（Baby Giant frame）	比通常 MTU 规定的 1518 字节稍大的数据帧，在 IEEE802.11Q 的 TRUNK 中是指 1522 字节的数据帧
巨型帧（Jumbo frame 或 Giant frame）	比通常 MTU 规定的 1518 字节大很多的数据帧

02.03.02　交换机数据帧的传输方式

交换机从接收以太网数据帧到发送新的以太网数据帧，这之间会有三种处理方法，即直通转发（cut through）、碎片隔离（fragment free）和存储转发（stored-forward）。

交换机产品出现在市场之前，业内主要流行的是一种使用软件处理存储转发的网桥装置。由于处理时间和通信时延太长，于是又引入了直通转发的处理方式。直通转发处理虽然时延很短，但是也有无法丢弃错误帧的缺点。当前主流的交换机都使用了 ASIC 和 FPGA 等基于硬件的高速处理数据帧，因此存储转发的处理方式越来越多。

■ **直通转发**

在直通转发交换技术中，交换设备只需读取数据帧最初的 14 个字节（图 2-9）即可将数据帧发送至目的地。数据帧按照接收顺序依次发送，属于先进先出（FIFO，First In、First Out）方式。在 10Mbit/s 以太网中约有 25 微秒的通信时延，而在快速以太网中通信时延只有 7 微秒。尽管该方式采用最小的时延来转发数据帧，但由于读取的数据量固定，通信的发送方与接收方不得不采用一致的速度来完成数据帧的发送与接收。这会导致无法将普通以太网桥接到不同速率的快速以太网。另外由于接收方在收到数据帧后，仅读取前面的 14 个字节之后就立刻通过通信端口发送了，因此跳过了读取以太网数据帧尾部（最后的 4 个字节）的 FCS 域，从而无法检测并及时丢弃发生 CRC 校验错误的数据帧。不过虽然无法立刻丢弃，但是当最后读取到某数据帧的 FCS 域并检测出错误后，还是可以更新错误帧计数器的。

图 2-9　直通转发中数据帧的读取位置

虽然直通转发交换当前几乎很少使用，但对于那些在通信量明确可计的网络中使用，每个用户都分配端口通信的交换机来说，还是非常推荐使用的。这种情况时，直通转发也可以同后文会提到的自适应交换一同应用。

有时，直通转发还可以和碎片隔离交换结合使用，这时，仅读取数据帧前 14 个字节的方式称为快速转发（Fast-forward）方式。

■ **碎片隔离**

该方式也称为修正版的直通转发（Modified Cut-through）。

碎片隔离（Fragment-free）交换方式如图 2-10 所示，首先会读取数据帧的前 64 个字节，这就防止了冲突时转发残帧（runt，也叫做冲突碎片，指因为发生碰撞而出现的小于 63 字节的废弃帧）的情况。在 IEEE 802.3 中将发送 512bit 数据所需的时间称为一个时隙（slot time，传输速率为 10Mbit/s 时，时隙为 51.2 微秒），每个时隙都可以发送数据，即将数据所代表的电气信号发送至通信对方的主机上。每发送 512bit 的数据（64 个字节）后，如果没有冲突就表明该数据帧能够准确无误地到达对方主机上。接收方在收到数据帧后，确认前 64 个字节，即可知道转发过程中没有发生冲突。

图 2-10 碎片隔离交换中数据帧的读取位置

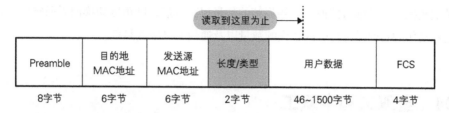

Preamble	目的地 MAC地址	发送源 MAC地址	长度/类型	用户数据	FCS
8字节	6字节	6字节	2字节	46~1500字节	4字节

读取到这里为止

在以太网中发生的通信错误大多由于冲突导致，因此碎片隔离确实能够回避大部分错误。但该方式并不读取 64 字节以上的内容，这使得当数据帧出现 CRC 错误时，只能按照和直通转发一样的方式处理数据帧。

采用碎片隔离方式在 10Mbit/s 的以太网中约有 70 微秒的通信时延，在快速以太网中的通信时延为 9 微秒。

与直通转发一样，碎片隔离采用先进先出的方式处理数据帧，通信速率不同的以太网网段之间无法进行桥接，目前也几乎不再使用。

■ **存储转发**

在存储转发方式中，设备会在读取数据帧所有内容后再进行转发。这样一来，该方式就能识别出残帧和 CRC 校验错误帧，并将它们及时丢弃。另外，设备还能对所有的数据帧进行缓存操作，因此使用该方式还能够完成不同速率以太网段的桥接工作。

该方式的通信时延与接收的数据帧尺寸有密切关系，需要另外加上从 65 微秒到 1.3 毫秒之间不等的通信时间。采用存储转发的方式在 10Mbit/s 以太网中的通信时延大约是 7 微秒，而快速以太网中大约是 3 微秒。

表 2-5 中总结了各数据帧交换方式。

表 2-5 交换机中数据帧的交换方式比较

	转发前读取的字节数	通信时延	丢弃错误数据帧
直通转发	14 字节	最短	无
碎片隔离	64 字节	短	只丢弃残帧
存储转发	全部	最长	全部

02.03.03　自适应交换

根据用户的设置，当残帧和 CRC 错误帧的数量超过一定阈值时，能够自动变更为其他传输数方式的方式，叫做自适应交换或自适应直通转发（adaptive switching）。

使用该方式时，通常采用直通转发传输数据帧。随着错误数不断累加，设备将自动切换为存储转发传输数据帧。传输方式改变，错误帧的数量也减少后，则再度切换回直通转发方式。自适应变换这些动作的目的是将传输的错误帧数量以及通信时延降到最低。

02.04 全双工和半双工

网络通信方式的种类如表 2-6 所示。

表 2-6 通信的种类

通信的种类	说明
单工通信（Simplex）	类似于电视、广播中电磁波信号的传输，一般为固定发送方（电视台、广播站）与固定接收方（接收天线）之间的通信方式，也称为单向通信
双工通信（Duplex）	通信的过程中没有明确的发送方与接收方，双方能够互换角色的通信方式
● 半双工通信（Half-duplex）	类似于无线对讲机的通信方式，通信的一方在说话时（信号发送时），另一方不能说话
● 全双工通信（Full-duplex）	类似于电话的通信方式，通信的一方正在说话，另一方也可以说话

早期的以太网（10BASE5 以及 10BASE2）采用 1 根同轴电缆连接通信双方，使用 CSMA/CD 的技术进行半双工通信，但有时会发生冲突。在 10BASE-T 标准中，使用了 UTP 中不同的绞线对来发送与接收，这使得进行全双工通信变为可能。

目前，几乎所有的交换机均配备了 10/100BASE-TX 和 10/100/1000BASE-T 标准的接口，也就是说，这些交换机不仅可以进行全双工通信，而且还支持自适应功能。只需将交换机的双工通信设置项设定为 auto，即可在工作中通过自适应方式自动选择最佳的通信种类。双工通信设置项是设置交换机通信方式的选项，可以设置为半双工通信（half）、全双工通信（full）和自动检测（auto）中任意一种方式。

新交换机在与只支持半双工通信的共享式集线器和早期交换机进行连接时，需要将网络接口上的双工通信设置项设置为 half，即采用半双工通信。而如果设备出现自身支持全双工通信，但自适应功能无法正常工作的情况，也同样需要再次将网络接口上的双工通信设置项设置为 full 才行。图 2-11 展示了一种能够在设备前方的 LED 显示上确认正在采用何种双工方式的交换机产品。

图 2-11 LED 的显示会根据通信速率发生变化的交换机示例（Buffalo 公司的 LSW3-GT-NSR 交换机）

LED 级别	说明	状态
LINK/ACT（绿色）	Link/Active 指示灯，用来表示端口的连接状态和收发状态	绿灯亮：建立连接 绿灯闪烁：收发数据 灯灭：没有建立连接
10/100/1000M（绿色 / 橙色）	速率指示灯，表示数据传输速率	绿灯亮：速率为 1000M 橙色灯亮：速率为 100M 灯灭：速率为 10M
Loop 检测	环路检测指示灯，用来通知检测环路	灯闪烁：检测环路中

交换机之间或交换机与主机之间会出现应答延迟或吞吐率低下的情况，这有可能是通信双方的端口速率或双工方式不一致造成的。比如，通信的一方将双工通信设置项设置成了 auto，而另一方却设置成了其他选项。在遇到这类情况时，观察网络接口的统计信息，会发现残帧数量或 I/O 错误数量明显上升。

MDI-X

个人计算机和路由器的接口称为 MDI（Media Dependent Interface，媒介相关接口），交换机和集线器上的接口则称为 MDI-X（Media Dependent Interface Crossover，交叉媒介相关接口）。MDI 与 MDI-X 接口连接时，需要使用直通线缆。MDI 之间相互连接或 MDI-X 之间相互连接时则需要使用交叉线缆。

目前使用的交换机或集线器均带有自动识别 MDI 与 MDI-X，并切换不同电气信号的功能，该功能称为 Auto-MDIX（Automatic Medium-Dependent Interface Crossover，自适应网线类型）功能。

多数个人计算机的网络接口也搭载了 Auto-MDIX 功能。这就使得在通信的两台计算机之间，只需一方搭载该功能或两方的网络接口均搭载该功能，即可任意使用直连线缆或交叉线缆进行连接[1]。

---

[1] 这也是当前工程上使用反跳网线在两台计算机之间进行互联的原理。——译者注

图 2-12 思科公司的 Catalyst 交换机面板标签

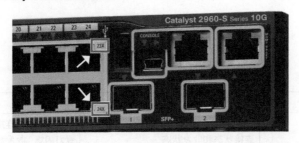

如图 2-12 所示，思科公司 Catalyst 交换机的端口在网络接口编号标签上标记了 X 记号，这就表示该网络接口的类型为 MDI-X。但由于 Catalyst 交换机本身也搭载了 Auto-MDIX 功能，而且该功能为缺省设置，因此这一标记并没有什么实际意义。由于现在越来越多的交换机厂商均默认支持 Auto-MDIX，使得 MID-X 与 MDI 的区别逐渐变得模糊，因此 X 标记几乎也不再使用了。

02.05　如何描述交换机的处理能力

交换机的处理能力也称为背板（backplane）容量或交换机容量，有的产品说明还会用"交换结构为 ×× Gbit/s"的形式来描述处理能力。

交换机容量单位为 bit/s（比特每秒），该值越大，表明交换机在单位时间内所传输的数据越多。

当整个交换结构（switching fabric）中所有端口的总带宽小于该交换结构的容量时，整个交换结构表现为非阻塞（non-blocking）形式，即带宽十分充裕，没有等待处理的情况。反之，当所有端口总带宽超过该交换结构容量时，则称为该交换结构过载（over subscription）。

在交换机只有快速以太网端口时，如果处理能力达到端口数 ×2×100Mbit/s 的数值，就可以称之为非阻塞交换结构。其中"×2"表示上行与下行均为采用 100Mbit/s 的全双工通信。以一台有 8 个端口的快速以太网交换机为例，如果其背板容量达到 8×2×100=1600Mbit/s，即达到 1.6Gbit/s 就可将其视为非阻塞。

同样，对于千兆以太网端口而言，只要处理能力达到端口数 ×2×1Gbit/s 的数值，即可将其视为非阻塞。

交换机的处理能力和在整个交换机系统内部、各个回路处理数据的传输总线速度有着密切关系（图 2-13）。

图 2-13　交换结构与背板概念图

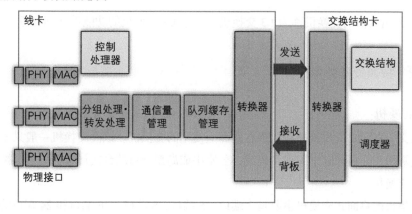

由于总线速率（背板容量）是指在 1 秒内能够处理的 bit 量，因此如果交换机内部的控制处理器等其他模块 1 秒内所处理数据的帧数量较少，就无法获得与交换机规格一致的传输速率。因此，在交换机产品规格说明中，除了会说明交换结构容量或背板容量外，还会说明 L2 能够桥接的分组数（这里的分组是指数据帧），其单位则使用 pps（packet per second）来表示。

02.06　交换机如何分类

02.06.01　按照交换机的功能分类

交换机按功能可以分为 L2 交换机和 L3 交换机两大类。

■ L2 交换机

没有 IP 路由功能和仅处理数据链路层的交换机称为 L2 交换机。根据 L2 交换机搭载功能的不同，还有如表 2-7 所示的几种分类。

表 2-7　L2 交换机的分类

种类	说明
智能交换机（Smart Switch）	拥有 VLAN、QoS、认证等功能的交换机
Web 智能交换机（Web Smart Switch）	带有 Web 管理界面、能够通过 Web 浏览器进行访问并设置管理的智能交换机
智慧型交换机（Intelligent Switch）	具有 SNMP 引擎功能，能够远程管理的交换机。没有这个功能的交换机则称为非智慧型交换机

■ L3 交换机

带有 IP 路由功能的交换机称为 L3 交换机。关于 L3 交换机的功能请详细参考本书第 4 章。

02.06.02 按照设备外形分类

■ 桌面式交换机

顾名思义，桌面式交换机是指放置在桌面上使用的交换机。该类交换机一般只能连接几台网络设备，通常用于连接家庭个人计算机或办公室中成岛型分布的台式计算机等，也被称为岛型集线器或边缘交换机。

市场上销售的桌面式交换机主要是 3 端口、5 端口、8 端口、16 端口和 24 端口的产品。

设备的外壳分为塑料外壳和金属外壳两种。

塑料外壳的交换机重量轻、价格便宜，但考虑到散热因素，端口数最多为 16，电源也一般采用外接电源的形式。

金属外壳的交换机内部芯片的散热性较好，几乎都采用内置电源。

交换机电源也分为内置和外置两种。

内置电源一般在设备上配有 AC 连接头，使用对应的电源线缆连接插座即可供电。尽管使用 AC 连接头的硬件与其他硬件相比分量较重，但该类电源也有因为电源线缆难以拔出而使插座周围较为整洁的优点。

外置电源一般使用 AC 电源适配器，也有通过 USB 供电的。能够通过 USB 供电的设备即便没有外部电源插座，也能直接通过 USB 接口从笔记本电脑获取电源。一般可以将采用外置电源的硬件的构造设计得非常紧密，桌面式交换机使用的 AC 电源适配器是类似于手机充电器的小型交换 AC 适配器（这里的交换不是网路术语，而是指电路中的整流方式），因此体积不会太大。

桌面式的交换机一般不安装额外的风扇，均采用无风扇设计，运行噪声较小。

该类中某些型号的交换机外壳上还会带有用来挂在墙上的挂孔，或用来贴在金属桌面上的磁贴。

该类交换机的价格在数千日元到数万日元（几百元至上千元人民币）不等。

图 2-14　桌面式交换机

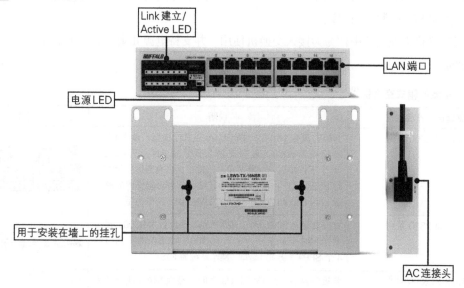

移动插座式交换机

移动插座式交换机是指和移动插座（拥有多个插口和延长线的排插）外观很像的一种交换机。该交换机背部还配有磁贴，可以贴在办公桌的表面上。一般采用无风扇散热、塑料外壳以及内置电源。该类交换机的优点是外部布线很容易整理，通过 LED 能够清楚得知工作状态。目前移动插座式交换机通常是 8 端口的硬件配置。

图 2-15　移动插座式交换机（Corega CG-SW08TXTAPR）

箱式交换机

箱式交换机能够安装在 19 英寸机架上，一般高度为 1U 或 2U[①]。

该类交换机一般采用金属外壳及内置电源，并配有冷却风扇。

该类交换机以下行 24 端口（10/100BASE-TX）或 48 端口（10/100/1000BASE-T）、上行 2 端口

① 1U 或 2U 的意思请参考 01.05 节。

（千兆以太网）或 4 端口（万兆以太网）的配置居多。其下行使用 RJ-45 的铜线接口，上行使用铜线接口或 SFP/SFP+ 槽进行连接。

这类交换机多在企业中作为为接入交换机使用，并支持电源冗余。表 2-8 介绍了主流的箱式交换机产品。

表 2-8　主流的箱式交换机 [①]

制造商、产品型号	说明	照片
Cisco Catalyst 2960 系列	背板容量有 16、32、88Gbit/s 这几个类型；最大 MAC 地址数为 8000；最多支持 255 个 VLAN；有 8、24、48 个下行端口，以及两个上行端口，也有些型号带有下行 PoE 端口[②]；操作系统为 IOS，分为功能受限的廉价版 LAN Lite 和功能不受限的 LAN Base 两个类型	
Cisco Catalyst 2360 系列	背板容量为 88Gbit/s；最大 MAC 地址数为 8000；最多支持 128 个 VLAN；48 个 10/100/1000BASE-T 端口与 4 个 SFP+（万兆）端口；操作系统为 IOS	
D-Link DGS-3120 系列 [③]	背板容量在 88~136Gbit/s 之间；最大 MAC 地址数为 16000；最多支持 4094 个 VLAN（其中动态 VLAN 为 255 个）；配有 8、24、48 的 10/100/1000BASE-T 端口以及 4 个（或 24 个）SFP（千兆）端口；堆叠数目最多可为 12 台。操作系统分为功能受限的 SI 和全功能的 EI	
日立电线 Apresia Light 系列	背板容量在 5.6~36Gbit/s 之间；最大 MAC 地址数为 8000；最多支持 4000 个 VLAN；支持 8、16、24 个下行端口以及 2 或 4 个 SFP 端口	
Juniper Networks EX2200	背板容量在 56~104Gbit/s；最大 MAC 地址数为 16000；最多支持 1024 个 VLAN；支持 24、48 个 10/100/1000BASE-T 端口以及 4 个 SFP 端口	
ALAXALA Networks AX1200S 系列	背板容量为 8.8Gbit/s；最大 MAC 地址数为 16384；最多支持 256 个 VLAN；支持 24、48 个下行端口与 4 个上行端口	

■ 机框式交换机

机框式交换机是指在机框内（chassis）组合多个接口模块进行工作的交换机。该类交换机可以根据需要选择端口数和不同类型的接口模块，扩展性非常好。

在机框中可以放置电源、风扇、交换结构等交换机组成部分，再插入管理模块与接口模块，

---

① 这里介绍的交换机仅指日本市场上的产品，全球主流交换机还有很多。——译者注
② POE (Power Over Ethernet) 指的是在现有的以太网布线基础架构不作任何改动的情况下，在为一些基于 IP 的终端在传输数据信号的同时，还能为此类设备提供直流供电的技术。——译者注
③ D-Link 为友讯集团的商标，其成立于 1986 年。——译者注

这一整体便组成了机框式交换机供用户使用。表 2-9 列举了主要的一些机框式交换机的产品。

● **线卡（line card）**

可以插入机框插槽的接口单元模块或管理单元模块。

● **背板（back plane）**

机框上构成总线的主板，配有能够插入线卡的连接口。

表 2-9   主流的机框式交换机

厂商、产品信号	说明	照片
Cisco Catalyst 4500 系列	有 3 槽、6 槽、7 槽、10 槽四种机框。线卡也根据插槽不同支持 6Gbit/s、24Gbit/s、48Gbit/s。核心管理模块称为 Supervisor Engine，负责处理 VLAN、生成树、Ether Channel[①]、巨型帧、L3 交换等。可以通过插入两个 Supervisor Engine 模块达到管理冗余的目的。操作系统为 IOS	 Catalyst 4506
Cisco Catalyst 6500 系列	有 3 槽、4 槽、6 槽、9 槽、13 槽五种机框。其中 9 槽机框中型号为 6509-NEB 的机框采用扩展模块纵向插入的结构，其余则采用横向插入结构。管理模块和 Catalyst 4500 一样管理模块称为 Supervisor Engine。操作系统采用 IOS 或者 CatOS[②]。Supervisor Engine 2T 每个插槽的最大交换容量为 80Gbit/s。在 6509 中支持最多 130 个端口的万兆以太网吞吐	 Catalyst 6506
ALAXALA Networks AX7800S 系列	有 2 槽的 AX7804S、4 槽的 AX7808S、8 槽的 AX7816S 三个型号。最大支持 768Gbit/s 的本地交换容量，最大支持 384Gbit/s 的背板交换容量。最多支持 384 个端口的千兆以太网以及 32 个端口的万兆以太网	 AX7808S
Juniper Networks EX8200	有 8 槽 的 EX8206、16 槽 的 EX8216 两 个 型 号。EX8216 最多支持 768 个千兆以太网端口和 128 个万兆以太网端口的线速处理。操作系统为 Junos。有线卡可选择 48 端口的 10/100/1000BASE-T、48 端口 1000BASE-X（SFP）、8 端 口 10GBASE-X（SFP+）、40 端口的 10GBASE-X（SFP+）这几类	 EX8206

---

① 将多条链路捆绑聚合成一条逻辑链路的技术。——译者注

② CatOS 来源于思科收购的 Crescendo 通信公司开发的 XDI 操作系统，逐步被思科自己开发 IOS 进行替代或并用。——译者注

■ 端口价格

在交换机中还有个名为"端口价格"的指标。该指标是根据交换机硬件或端口模块的总价和端口数计算出的每个端口的价格。当因模块的不同而搭载端口的数目也不同时，能够通过端口价格指标进行产品间的横向比较。

对于快速以太网、千兆以太网、万兆以太网而言，随着速率的上升，其对应的端口价格也随之提高。

世界上第一台以太网交换机 EtherSwitch 的端口价格（10BASE-T）为 1500 美元。

到 2012 年 8 月为止，桌面式交换机以及移动插座式交换机的端口价格，快速以太网的约为几百日元左右，千兆以太网的约为 500 日元左右（约合人民币 30 元）。另外企业使用的箱式以及机框式交换机，根据种类和构造的不同，端口价格为数千日元至数十万日元不等，跨度非常大。

图 2-16　端口价格（厂商建议零售价）为 280 日元的低端交换机（快速以太网）
日本 Logitec 公司的 LAN-SW05/PH

图 2-17　端口价格（厂商建议零售价）为 660 日元的中低端交换机（快速以太网）
Buffalo 公司的 LSW4-GT-8EP/WH

02.06.03　根据用途分类

根据思科公司倡导的 3 层模型[①]，交换机还可以根据其在网络中所处的位置和用途分类，具体如表 2-10 所示。

---

① 该分层模型是从使用思科公司网络产品进行布网的角度进行的网络分类，分为接入层（Access Layer）、分布层（Distribution Layer）和核心层（Core Layer）。——译者注

表 2-10　根据分层模型对交换机进行分类

名称	说明
核心交换机（核心层）	通过管理作为骨干网络的汇聚层交换机来完成高速交换任务的交换机。当企业网络分布在多个楼宇中时，通过汇聚交换机将接入交换机以楼层为单位集中，最终通过楼宇间的核心交换机完成高速交换。核心交换机可使用 L2 交换机，也可以使用 L3 交换机
汇聚交换机（汇聚层）	汇聚接入交换机的交换机，也可以称为分布交换机。使用 L3 交换机完成 VLAN 之间的交换。有时也可以省去该层，仅使用核心层和接入层构建网络
接入交换机（接入层）、边缘交换机	直接连接用户的个人计算机、IP 电话机等终端的交换机。一般配置在企业的各个楼层中，也称为楼层交换机。使用 PoE 和 QoS[①]技术。VLAN 在接入个人计算机的下行端口中进行分割，成为通往汇聚交换机和核心交换机传输链路的干线（trunk）

图 2-18　交换机的分层模型

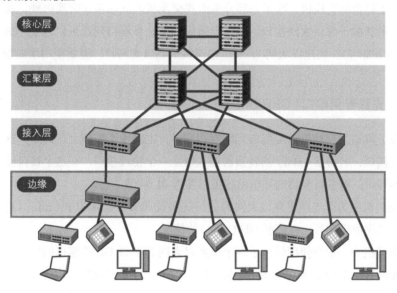

02.07　成为交换机性能指标的端口种类与数量

　　一台交换机的端口数目越多，不仅交换机能连接的硬件会增加，而且交换机的背板容量也会随之增大。因此在功能相同的产品系列中，端口数目越多的型号，价格也就越贵。

　　端口数目越多，非阻塞的背板容量也会随之变大。另外，由于外部连接的硬件数目也会增加，因此需要注意在选择交换机设备时查看设备的 MAC 地址数是否足够。

---

① 　Quality of Service，服务质量控制，指该交换拥有控制服务质量的能力。——译者注

02.07.01 快速以太网（10/100）端口

在桌面式交换机和低端箱式交换机中有的只配备了该类端口，也有的为了用于连接下行链路配置了多个该类端口。快速以太网（10/100）端口使用 RJ-45 形状的接口，使用 3 类或 5 类以上的双绞线。由于目前 Auto-MDIX 功能已经成为主流交换机的标配，因此无需关注是直连线还是双绞线，但若是老式交换机，仍需注意双绞线的类型。因为传输线缆使用的是铜线，所以该类端口和千兆以太网端口都可以被称为铜端口（Copper port），也可简称为铜口（Copper）。

02.07.02 千兆以太网端口（10/100/1000）端口

目前市场上销售的交换机，除了一部分桌面式交换机或低端箱式交换机外，还有一部分产品配备了 RJ-45 形状的千兆以太网接口。通过自适应功能，该端口同样可以连接 10BASE-T（以太网）或 10/100BASE-TX（快速以太网）。不过在连接千兆以太网时，需要使用增强型 5 类双绞线。

02.07.03 光纤专用端口（SFP/SFP+）

在箱式以上规格的交换机上会配备光纤专用端口，主要用于连接上行链路。这个端口也可以称作光电转换接口，名为槽（slot）的转换器插入口是一个物理接口，在这个接口插入可与交换机匹配的转换器即可。有关转换器的详细内容可以参考 01.04 节。

在箱式交换机中为了连接千兆以太网的上行链路通常都会搭载 SFP（mini-GBIC）转换器接口，不过较老的交换机型号也有搭载 GBIC 接口的情况。

机框式交换机中一般会使用配备了多个千兆以太网 SFP 或 GBIC 接口的接口卡，也有使用配备了万兆以太网 XENPAK、XFP 或 SFP+ 接口的接口卡，也就是说在一块接口卡中存在多个相同标准的转换器槽。

需要注意的是，即使是相同标准的转换器（如 SFP），也有可能会因为使用的光纤线缆类型或传输距离的不同，导致具体的端口产品有所差异（例如，端口是使用 1000BASE-SX 标准还是 1000BASE-LX 标准等）。

02.07.04 PoE 端口

有的交换机还会配有 PoE（Power over Ethernet）端口。该类端口使用以太网线缆连接 IP 电话设备或无线 LAN 接入点，并通过该线缆对设备进行供电。这个功能源自思科公司在 2000 年开发的面向 IP 电话供电的技术，也可称为线内电源（in-line power）技术。

一般的家用电话通过 RJ-11 接口的电话线从电话交换机 ① 得到 48V 的直流供电，因而无需外接电源（无绳电话和 FAX 电话仍需要外接电源）。与此类似，为了使 IP 电话也无需外接电源就能够简单地接入网络，通过以太网线缆给 IP 电话提供 48V 直流电的技术便是 PoE 技术。

在开发 PoE 技术的同时，无线 LAN 标准化的工作也逐渐完成了，这就使得 PoE 同样可以为无线 LAN 的接入点进行供电。无线接入点在办公室的天花板、墙壁等处都可以设置，供电难度很高，但通过 PoE 技术，即使周边没有电源的接入点，通过一根以太网线缆也可以解决供电问题。

PoE 技术作为 IEEE 802.3af 在 2003 年完成了标准化工作，从此该技术同样可以应用于网络照相机、POS 终端、IC 卡终端等连接以太网的硬件设备。

■ PoE（IEEE 802.3af）与 PoE+（IEEE 802.3at）

IEEE 802.3af 如表 2-11 所示，定义了 5 个电能级别，可以根据电阻值判断用电设备属于哪个级别。交换机会计算用电设备所需的最大电能。

当交换机不支持电能级别中的可选级时，会使用默认级 0 级。

可选级 4 在 IEEE 802.3at 中被重新定义，也可称为 PoE+。

表 2-11　IEEE802.3af 电能级别

电能级别	最大直流供电电能	补充
0	15.4W	默认级
1	4.0W	可选级
2	7.0W	可选级
3	15.4W	可选级
4	最大 50W	可选级（IEEE 802.3at）。使用超 5 类以上 UTP 线缆

表 2-12　比较 PoE 与 PoE+

	IEEE 802.3af（PoE）	IEEE 802.3at（PoE+）
直流电源的电压范围	44V~57V	50V~57V
供电电流	10mA~350mA	10mA~600mA
最大供电电能	15.4W	34.2W
使用线缆	3 类以上 UTP 线缆	超 5 类 UTP 线缆

支持 PoE 功能的交换机一般都会在产品规格说明书中指明"每个端口最大支持 ××W，设备最大供电 ×W"等可供给的电能信息。在连接具体用电硬件时，需要参考此说明考虑交换机的

---

① 这里的交换机指市话电信网络中的程控交换机。——译者注

实际负载能力。

02.07.05 上行链路端口数

接入交换机、汇聚交换机需要汇聚下行连接的所有主机流量，并将这些流量传输到上行的核心交换机或网关之中，而在这个网络拓扑中用于向核心交换机、网关传输流量的链路端口就叫做上行链路端口（反方向则叫做下行链路端口）。上行链路端口原本用于集线器的级联。在箱式交换机中一般会配备 2~4 个千兆以太网或万兆以太网的上行链路端口。比如，一台拥有 24 个下行链路端口的快速以太网交换机，上行速率必须达到 2.4Gbit/s 才能进行非阻塞（即不发生等待延迟）的下行至上行的通信。这样一来，交换机就需要配备 3 个以上千兆以太网端口或 1 个以上的万兆以太网端口才能达到预期的通信效果。但由于带有非阻塞功能的交换机硬件费用很高，从降低成本角度考虑，实际中也会使用仅有两个千兆以太网端口的交换机型号。

图 2-19　箱式交换机的上行链路端口与下行链路端口示例（以 Cisco Catalyst 2960S-48TD-L 为例）

48端口的下行链路　　　　2端口的上行链路

02.07.06 下行链路端口数

下行链路所使用的端口几乎都是铜口，也就是 RJ-45 标准的以太网接口。在核心交换机或服务供应商的网络交换机中也有使用光纤接口作为下行链路的端口，但是一般这类交换机均采用机框式交换机（图 2-20）。

图 2-20　思科公司的 48 端口光纤接口（SFP）模块卡
WS-X6748-SFP（机框式交换机的接口模块卡）

桌面式交换机的下行端口一般从 4 端口至 24 端口不等，箱式交换机下行端口数目一般在

12~48 个之间。

机框式交换机中，1 个接口模块卡中能够提供 48 个铜接口或 8~48 个光纤接口。

图 2-21 思科公司 48 端口铜接口模块卡
WS-GE-45AF（机框式交换机的接口模块卡）

02.07.07　交换机堆叠

通过堆叠（Stack）线缆能够将多台交换机进行外部连接，使多台箱式交换机在网络中成为一台逻辑交换机使用。交换机堆叠可以通过使用堆叠专用端口或 10GBASE-CX 等同轴线缆高速连接多台交换机来实现。

思科公司的 Catalyst 2960 系列交换机通过自带的 FlexStack 功能，最多可以将 4 台交换机进行堆叠连接。Catalyst 3750 系列交换机则通过自带的 StackWise Plus 功能，最多可将 9 台设备进行堆叠连接。另外，思科公司的 Catalyst 6500 系列交换机使用 VSS（Virtual Switching System，虚拟交换系统）功能，能够将两台物理的交换机虚拟成 1 台逻辑交换机使用。

将多台交换机虚拟为一台逻辑交换机的功能在不同公司有不同的叫法，Juniper 公司称之为虚拟机框系统（VCS，Virtual Chassis System）、博科通信系统公司称之为虚拟簇交换（VCS，Virtual Cluster Switching）、安奈特网络公司[1] 称之为虚拟机框堆叠（VCS，Virtual Chassis Stacking），最后 H3C 技术公司[2] 则称之为智能弹性架构（IRF，Intelligent Resilient Framework）。

---

[1]　英文为 Allied Telesis，成立于日本的一家交换机路由器生产厂商。——译者注
[2]　即华三技术公司，由原来中国的华为技术公司和美国的 3COM 公司合资成立，现为 HP 旗下全资子公司。——译者注

图 2-22 Cisco Catalyst 3750 交换机的 StackWise 端口和专用线缆

02.08　交换机搭载的其他功能

本节在比较交换机产品的基础上，说明交换机产品规格说明书（Catalog Specification）中描述的相关功能。

02.08.01　MAC 地址数

在规格说明书中记载的"MAC 地址数"是指 1 台交换机能够学习到的 MAC 地址表的实体总数。一般来说，小型交换机的数目在 1000 至 10000 之间，而 Catalyst 6500 中的 Supervisor Engine 720 能够达到 96000 个实体数。

02.08.02　巨型帧

在普通的以太网交换中，MTU（Maximum Transmit Unit，最大传输单元）尺寸为 1500 个字节。但某些通过 VLAN 封装后的以太网帧格式会增大到 1600 个字节，此时将这类数据帧称为小巨人帧（baby giant）。有时为了提高传输效率，以太网帧格式的有效载荷会变得更大，这时将这类帧称为巨型帧（jumbo frame）。

Cisco Catalyst 产品最大可以支持 9216 个字节的巨型帧，并且可以通过设置调整交换机支持的巨型帧尺寸上限。

02.08.03 生成树功能

■ 桥接环与广播风暴

如图 2-23 中的网络拓扑 1 所示，当交换机用于两个网段中继时，如果该交换机发生故障，那么两个网段之间的通信就会中断。为了避免这种情况的发生，需要像网路拓扑 2 中所示的那样，使用两台交换机对两个网段进行中继，这样一来当其中一台交换机发生故障时，另一台也能够继续进行通信处理。但采用网络拓扑 2 的话，也可能会出现桥接环（bridging loop）问题。

图 2-23 桥接环

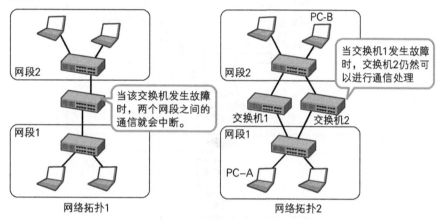

网络拓扑1　　　　　　网络拓扑2

桥接环的发生过程如下所示（所列数字与图 2-24 相对应）

① PC-A 向 PC-B 发送以太网数据帧。

② 交换机 1 与交换机 2 均从各自的端口 1 收到了该数据帧。由于之前以太网帧格式发送方的 MAC 地址（PC-A 的地址）并不曾记录于两台交换机的 MAC 地址表中，因此这次两台交换机分别在各自的端口 1 下标记了 PC-A 的 MAC 地址，并将其添加在 MAC 地址表中。

③ 由于两台交换机在各自的 MAC 地址表中都没有关于该数据帧发送目的地 MAC 地址（PC-B 的 MAC 地址的记录），所以将该数据帧向除接收端口（端口 1）以外的所有端口（本例中是端口 2）进行广播转发。

④ 这时 PC-B 从两台交换机中接收到了同一个数据帧。与此同时，交换机 1 和交换机 2 也分别从对方那里接收到同一个数据帧。

⑤ 交换机 1 从端口 2 中收到了交换机 2 发来的复制数据帧，该数据帧的发送方 MAC 地址仍是 PC-A，但由于是从端口 2 处收到的，所以又将 PC-A 的 MAC 地址标记在了端口 2 下，并记录到该交换机的 MAC 地址表中。与此同时，交换机 2 也做了同样的事情。而该数据帧的目的地 MAC 地址为 PC-B，但 PC-B 的信息尚未记录在两台交换机的 MAC 地址表

中，所以两台交换机向除接收端口以外的所有端口（此时为端口1）广播该数据帧。

⑥ 两台交换机又同时从端口1处接收到了复制数据帧，重新回到了步骤②，并永远重复这一过程。

图 2-24 桥接环的发生过程

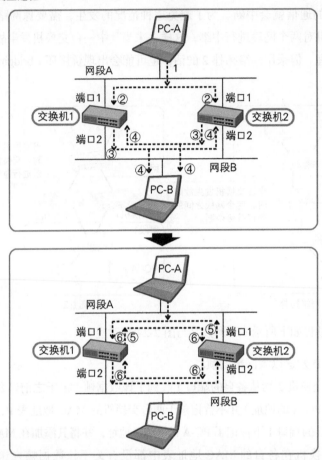

我们将这种1个以太网数据帧在两台交换机中永远相互转发的状态称为桥接环，这是一种由于两台交换机均不知道对方存在而造成的现象。当大量的广播数据帧在桥接环内持续流通，会使整个链路的带宽被大量广播数据帧占用（广播风暴），普通的单播数据帧则无法在网络中传输。

■ 生成树

为了避免桥接环问题，我们可以使用生成树协议（STP，Spanning Tree Protocol），使交换机之间相互知道对方的存在，具体的做法就是在交换机之间交换 BPDU（Bridge Protocol Data Unit，网桥协议数据单元）数据帧（图 2-25）。

由实现生成树协议的交换机所构成的，可能会发生桥接环的网络结构称为 STP 拓扑。

图 2-25 BPDU 的数据帧格式

2字节	1	1	1	8	4	8	2	2	2	2	2
Protocol ID(0)	Version (0)	BPDU Type 0x00	Flags 0x00	Root ID	Root Path Cost	Bridge ID	Port ID	Message Age	Maximum Age	Hello Time	Forward Delay

STP 拓扑内的交换机一般分为根网桥和非根网桥。（表 2-13、图 2-26）

表 2-13 根网桥与非根网桥

根网桥（root bridge）	作为生成树基准点的交换机。一般选择 Bridge ID（BID）最低的交换机。BID 由优先级值和 MAC 地址构成。当优先级值相同时，选择 MAC 地址值最小的交换机充当根网桥。根网桥每间隔 2 秒（也称为 Hello 时间）发送一次 BPDU 数据帧
非根网桥（non-root bridge）	参与生成树的交换机中，除了根网桥以外的装置

图 2-26 根网桥与非根网桥的示例

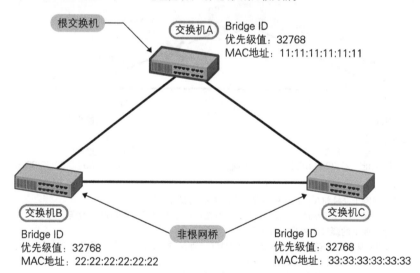

优先级值最小或相同时，MAC 地址值最小的交换机成为根网桥。

根交换机 ——交换机A Bridge ID 优先级值：32768 MAC 地址：11:11:11:11:11:11

交换机B Bridge ID 优先级值：32768 MAC地址：22:22:22:22:22:22

非根网桥

交换机C Bridge ID 优先级值：32768 MAC地址：33:33:33:33:33:33

优先级数值的标准有 IEEE 802.1D 和扩展的 IEEE 802.1t 两种方式。在 IEEE 802.1D 中，每个交换机的优先级值都可以设定为 0~65535（16bit）中的任意一个数值，默认值为 32768。而 IEEE 802.1t 中只能设定为 0~61440（需要在 32768（0x8000）前加上 VLAN 编号）这一范围中 4096 的倍数。

根网桥作为发送源，每个 Hello 时间将自身的 MAC 地址和 01:80:C2:00:00:00 的多播目的 MAC 地址通过 BPDU 数据帧发送到 STP 拓扑内的所有交换机中。若在 10 个 Hello 时间内，也就是 20 秒内没有收到 BPDU 数据帧，网络则会判断 STP 拓扑内发生了故障，将重新计算生成树信息。

Hello 时间初始值为 2 秒，但也可以将该值设置在 1~10 秒之间。

生成树中的端口类型如表 2-14 所示，每个种类的端口类型通过如图 2-27 所示的过程来选择。

表 2-14　生成树的端口类型

根端口（Root Port，RP）	在交换机所有的端口中距离根网桥最近的端口。和根网桥的距离不是通过跳数（hop）来判断，而是通过通信成本来决定的。一台非根网桥只能有一个根端口
指派端口（Designated Port，DP）	每个网段（冲突域）指派一个端口，是离根网桥最近的网段上的端口。根网桥交换机上的所有端口均是指派端口
非指派端口（Non-Designated Port，NDP）	阻塞数据帧的端口，也称为阻塞端口（Blocking Port）

图 2-27　根端口（RP）、指定端口（DP）、非指定端口（NDP）的选择

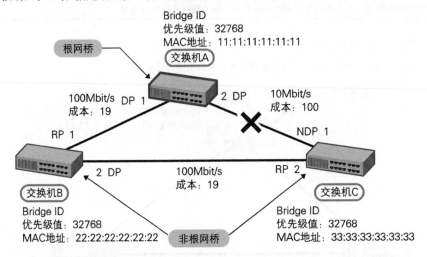

- 将根网桥（交换机A）上所有的端口均选为指派端口（DP）
- 从非根网桥（交换机B、交换机C）的所有端口中找出离根网桥最近（指连接的成本总数最低）的端口作为根端口（RP）
- 交换机C从端口1连接到根网桥的成本为100，而从端口2连接到根网桥的成本为38（19+19），因此选择端口2作为RP
- 将既不是DP也不是RP的端口作为非指派端口NDP

用于决定根端口的连接成本如表 2-15 所示，端口的连接速度越高成本就越低，也就越容易成为根端口。

表 2-15 决定根端口的成本

连接速度	802.1D-1998 中的 STP 成本	802.1t-2001 中的 STP 成本
10Mbit/s	100	2,000,000
100Mbit/s	19	200,000
1Gbit/s	4	20,000
10Gbit/s	2	2,000

在生成树中，交换机各个端口状态的迁移过程如表 2-16 所示。在默认设置下，端口状态迁移至转发（forwarding）状态（收敛）一共需要 50 秒。也就是说在交换机启动后，或者因为故障等原因导致网络拓扑变化需要重新计算生成树时，将会有 50 秒的时间无法进行数据通信工作。

表 2-16 各个端口的状态迁移

	状态	说明	发送数据帧	是否学习 MAC 地址	默认时间
1	阻塞状态（blocking）	交换机的各个端口默认进入 20 秒的阻塞状态，在该期间只能接收 BPDU 数据帧，不能发送和接收其他数据帧。在开启电源后的一段时间里所有端口以及任何时刻的非指派端口都是这个状态	不发送	不学习	20 秒（该时间段也称为 max age，范围是 6~40 秒）
2	侦听状态（Listening）	能够发送或接收 BPDU 数据帧，但不能发送接收其他数据帧的状态。是根端口和指派端口向转发状态迁移的中间状态	不发送	不学习	15 秒（该时间也称为 forward delay，范围是 4~30 秒）
3	学习状态（Learning）	能够发送或接收 BPDU 数据帧、接收其他数据帧的状态。从接收到的其他数据帧中学习 MAC 地址信息。也是根端口和指派端口向转发状态迁移的中间状态	不发送	学习	15 秒（forward delay）
4	转发状态（Forwarding）	可以发送或接收（传输）其他数据帧	发送	学习	
0	禁用状态（Disabled）	生成树功能无效时的端口状态	（发送）	（学习）	

发生故障后 50 秒内通信停止会导致几乎所有的用户应用程序超时，还可能带来其他各种通信方面的影响，因此更加高速的生成树收敛技术被开发出来。

■ 思科公司独有的生成树扩展功能

首先介绍一下思科公司产品独有的生成树扩展功能，具体内容如表 2-17 所示。

表 2-17 思科公司生成树扩展功能

功能名称	说明
PortFast	在收集用户数据的接入交换机上使用的功能。与用户的个人计算机建立了有效链路的交换机端口,通过 PortFast 功能可以立刻迁移到转发状态。若链路失效,那么从链路断开到重新建立,端口会从侦听状态迁移到转发状态,期间耗时约 30 秒
UplinkFast	同样是在接入交换机中使用的功能,当接入交换机与核心交换机通过两根冗余的链路进行直连时,若其中 1 条链路发生故障,UplinkFast 可以大大提到切换到另 1 条链路的速度。当该功能生效时,在根端口链路发生故障后,另一个端口(阻塞状态端口)立刻进入转发状态。此时,根网桥无法继续使用 根网桥　　　　　交换机 根端口→ 链路断开　　　当发生故障时, UplinkFast功能 会立刻启动阻塞 状态端口 交换机　　　交换机阻塞端口→根端口
BackboneFast	检测出间接链路发生的故障,使状态迁移的时间从 50 秒缩短为 30 秒

■ RSTP

2004 年 IEEE 802.1w 正式定义了 RSTP(Rapid Spanning Tree Protocol,快速生成树协议)。最初的生成树协议在 1998 年作为 IEEE 802.1D 就完成了标准化,而 RSTP 则在随后以 IEEE 802.1D-2004 的标准形式完成了标准化工作。

在 RSTP 中,端口状态的收敛只需 1 秒。

RSTP 中的端口类型与 STP 定义的稍有不同,STP 中的非指派端口在 RSTP 中被分为了替换端口和备用端口(表 2-18)。

表 2-18 RSTP 的端口类型

根端口(RP,root port)	交换机中离根网桥最近的端口(与 STP 相同)
指派端口(DP,designated port)	离根网桥最近的网段上的端口(与 STP 相同)
替换端口(AP,alternate port)	除了根端口以外连接根网桥成本最低的端口,用于提供连接根网桥的备用路径,一般处于阻塞状态
备份端口(BP,backup port)	指派端口所连接的网段中同时连有另一个端口,那么这个端口就可以作为指派端口的备份,一般也处于阻塞状态

图 2-28 RSTP 的端口选举范例

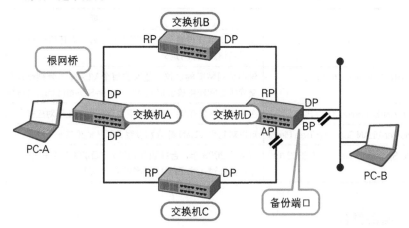

表 2-19 RSTP 端口状态

STP 端口状态	RSTP 端口状态	说明
禁用状态	丢弃状态	丢弃流入端口的数据帧，不学习 MAC 地址
阻塞状态	丢弃状态	
侦听状态	丢弃状态	
学习状态	学习状态	虽然丢弃流入端口的数据帧，但学习 MAC 地址
转发状态	转发状态	根据流入端口的数据帧以及学习的 MAC 地址信息进行转发

在 STP 协议中，根网桥生成 BPDU 数据帧，其他网桥（交换机端口）通过转发 BPDU 数据帧来进行状态迁移、完成收敛。而在 RSTP 协议中，所有的网桥均会生成 BPDU 数据帧，并同相邻的交换机进行握手（Handshake）。双方交换机通过握手，从交换的提议（Proposal）BPDU 数据帧中获取对方的 BPDU 优先级信息并进行比较，选出根网桥和根端口后由根端口发送同意（Agreement）BPDU 数据帧，至此交换机间的握手才算完成。

随后，BPDU 数据帧会以 Hello 时间（默认是 2 秒）为间隔连续发送，当对方在 3 个时间间隔内没有发送 BPDU 数据帧时，网络会判断该链路已经失效。所以在 RSTP 协议中，只需要 6 秒即可检测出链路发生故障。

另外，RSTP 可以向下兼容 STP，因此使用 RSTP 的交换机与使用 STP 的交换机能够在同一个 STP 网路拓扑中共存。但这时，RSTP 无法进行高速收敛。

■ 其他生成树

表 2-20 总结了各种 VLAN 中使用了生成树的协议。

表 2-20 STP、RSTP 以外的生成树

名称	说明
CST（Common Spanning Tree）	多个 VLAN 仅设置了 1 个 STP 生成树。由 IEEE802.1Q（根据 VLAN 标签进行链路聚集）定义
PVST（Per-VLAN Spanning Tree）	思科公司特有的协议，能够在每个 VLAN 中分别设置 STP 生成树。在交换机之间使用该公司的 ISL（Inter-Switch Link）进行链路聚集
PVST+（Per-VLAN Spanning Tree Plus）	在 PVST 与 CST 混合的环境下也可使用，能够对应多个 VLAN 的生成树
RPVST+（Rapid Per-VLAN Spanning Tree Plus）	可以对每个 VLAN 都分别设置 RSTP 的生成树
MST（Multiple Spanning-Tree，IEEE802.1s）	定义于 2003 年，合并到 IEEE802.1Q-2005 的生成树。和 RSTP 一起工作，能通过 1 个 BPDU 管理多个 VLAN

02.08.04 链路聚合

使用链路聚合（Link Aggregation）的方法能够将多条交换机物理线路（端口）汇聚成单条逻辑线路（聚合链路）在网络中使用。物理接口的聚合有多种称呼：端口聚集（port trunking）、链路捆绑（link bundling）、绑定（bonding）、组队（teaming）等等。

■ EtherChannel

在思科公司的 IOS 及 CatOS 中，EtherChannel 功能就是一种链路聚合。该功能将聚合的物理端口根据其速率情况，分为 FEC（Faster Ethernet Channel，多个快速以太网线路聚合）、GEC（Gigabit Ethernet Channel，多个千兆以太网线路聚合）、10GEC（10Gigabit Ethernet Channel，多个万兆以太网线路聚合）等多个聚合类型，每个类型可以聚合 2~8 个端口。

例如，两台交换机各有 3 个千兆以太网端口，将每台交换机的端口聚合成 1 条逻辑线路（GEC），交换机之间便可进行最大 3Gbit/s 速率的连接。这时，即使 3 条物理线路断开了任意一条，由于逻辑线路还有两条在维持，因此通信也不会中断，达到了线路冗余的效果。

如果不使用链路聚合功能，而是直接将交换机上的多个物理端口连接起来，可能会导致桥接环的发生。若是使用生成树协议，又会避开某些链路，导致只有 1 条物理链路可供使用。

如上文中提到的将 3 条物理线路聚合的例子，在交换机具体实现后，参考以太网数据帧中的 MAC 地址或数据帧有效载荷中 IP 首部内的 IP 地址信息，还可以选择使用哪根具体的物理链路来传输数据帧。

■ IEEE 802.3ad/IEEE 802.1AX

IEEE 802.3ad 是 2000 年 3 月制定的关于链路聚合的标准。该标准和之后在 2008 年制定的 IEEE 802.1X 出现了分层关系上的冲突，于是又经 802.1 工作组再度修改，最终以 IEEE 802.1AX-

2008 的形式再次发布。

该标准也被称为 LACP（Link Aggregation Control Protocol，链路聚合控制协议）。使用 LACP 协议可以完成交换机之间设备、端口状态和链路设置等信息，但有些事项需要注意，具体内容如表 2-21 所示。

表 2-21 IEEE 802.3ad 的注意事项

只能用于相同传输媒介之间	例如，只能在 1000BASE-T 中使用，而无法在 1000BASE-T 与 1000BASE-SX 线路中混用
只能使用全双工通信方式	链路聚合不支持半双工通信方式
只能使用点到点的方式	当连接多台设备时，无法适用点到多点的拓扑结构，只能在成对儿的两台机器之间通信

■ **PAgP**

PAgP（Port Aggregation Protocol，端口聚合协议）是思科公司的独有协议，通过该协议思科公司交换机之间的链路聚合能够自动生成。交换机通过那些成为聚合链路的物理成员端口来交换 PAgP 分组、识别相邻交换机和获得聚合方面的信息。

02.08.05　VLAN

将广播域分割成一个个逻辑网段的功能称为 VLAN（Virtual LAN 的简称）。关于 VLAN 的信息请参考第 4 章。

02.08.06　端口镜像

将某个端口收到的以太网数据帧复制到镜像端口（Mirroring Port）上进行发送的功能叫做端口镜像（Port Mirroring）（图 2-29），被复制的源端口称为监控端口（Monitor Port）。

为了分析网络故障或检测网络中的通信流量信息，交换机会将收到的数据帧复制一份并转发到 LAN 分析器（也称为嗅探器、分组分析器、网络分析器）或流量监控设施中。

如果使用的是中继器，在某个端口接收到数据帧时，需要将该数据帧复制并转发到其他所有端口。而交换机则会根据数据帧发送源的 MAC 地址，完成 MAC 地址表（转发表）的记录，通过学习 MAC 地址将数据帧只发送到目的地 MAC 地址所对应的端口中去。这时，如果需要侦测发送到其他端口的通信数据，就需要使用端口镜像这一功能了。

思科公司的 Catalyst 系列交换机所使用的端口镜像功能称为 SPAN（Switched Port Analyzer，交换端口分析器）。

图 2-29 端口镜像的构成

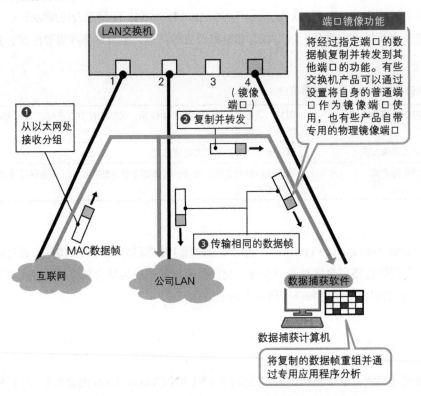

02.08.07 QoS 优先级队列

QoS 是 Quality of Service 的缩写，也称为服务质量。这是一个为了保障高稳定和低延迟的网络通信速率，当数据通过网络硬件时，根据其通信种类控制通信优先级和带宽的功能。一般而言，将主干通信业务、声音、影像等数据的通信定义为优先级较高以便它们能得到优先处理，同时将这类业务通信的时延、抖动等降至最低。

除了交换机在 L2 上进行的 QoS 控制以外，还有路由器以及 L3 交换机进行的 L3（IP）的 QoS 控制以及 TCP 进行的 L4 的 QoS 控制。

IEEE802.1p 标准完成了对 L2 的 QoS 优先级控制的标准化工作。

由于 IEEE802.1Q 标准对 VLAN 中的 VLAN 标签（扩展 MAC 首部）提供了 3bit 长度的 PCP（Priority Code Point）优先级控制符，因此 L2 的 QoS 控制同样适用于 VLAN 环境。

图 2-30　VLAN 的优先级别信息

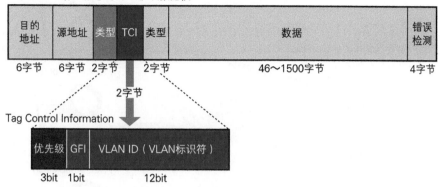

目前，IEEE 802.1p 已经被并入到 IEEE 802.1D-2004（IEEE 802.1D 是包含了生成树算法的 MAC 桥接标准）标准中。

IEEE 802.1p 支持 GARP（Generic Attribute Registration Protocol，通用属性注册协议）以及能够通过 GARP 协议将主机或网桥拥有的多播地址通知给其他网桥的 GMRP（GARP Multicast Registration Protocol，多播注册协议）协议。

通过 3bit 的优先级控制信息，可以定义从 0 到 7 的 8 个优先级（即 CoS 值，Class of Service 值，服务等级值），交换机会优先发送该值较大的数据帧。

02.08.08　MAC 地址过滤

为了网络安全，只让网络完成满足指定条件的通信过程的功能称为通信过滤[①]功能。

有的 L2 交换机可以提供基于以太网数据帧的首部信息进行通信过滤的功能。具体而言，就是事先设置一定的过滤条件，如目的地 MAC 地址、发送源 MAC 地址、类型域信息等，在通信时只让满足条件的数据帧通过，阻挡其他不满足条件的数据帧。

由于不同的个人计算机会带有不同的 MAC 地址，所以公司网络还可以通过 MAC 过滤功能，只允许在公司管理范围内的计算机访问公司的 LAN（图 2-31）。另外，考虑到可能还会有伪造 MAC 地址的情况发生，所以需要将 MAC 地址过滤和更为严格的 LAN 接入控制认证协议 IEEE 802.1X（参考 02.08.09）一同使用。

L3 交换机或路由器带有可以根据 IP 首部信息完成 IP 通信过滤的功能，不过有些 L2 交换机也同样带有 IP 过滤的功能。

MAC 地址过滤也是在无线 LAN 的接入点中经常使用的功能。

———————————
① 英语为 filtering。——译者注

图 2-31 MAC 过滤的构造

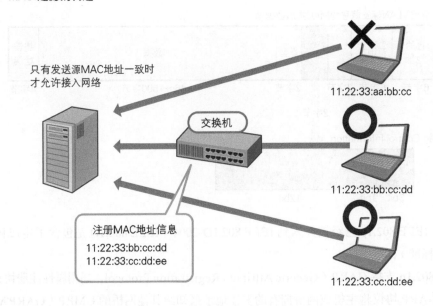

只有发送源MAC地址一致时
才允许接入网络

11:22:33:aa:bb:cc

交换机

11:22:33:bb:cc:dd

注册MAC地址信息
11:22:33:bb:cc:dd
11:22:33:cc:dd:ee

11:22:33:cc:dd:ee

02.08.09 基于端口的认证

在支持基于端口认证的交换机中，通过认证的客户端才被允许使用交换机的端口。该功能经由 IEEE 802.1X 完成了标准化。IEEE 802.1X 标准是于 2001 年以 "Port Based Network Access Control（基于端口的网络访问控制）" 为名发布的标准协议，提供了对接入 LAN 的客户端（个人计算机）进行认证的一系列机制。

该认证协议常用于客户端在接入无线 LAN 接入点时的认证工作。但在支持 IEEE 802.1X 认证的交换机上同样可以实现接入有线 LAN 的认证工作。

在有线 LAN 中，当与交换机相连的以太网线缆连接到个人计算机时，认证过程开始启动。根据发送方的 MAC 地址信息进行客户端识别，通过用户名、口令或证书等认证信息进行用户认证。对于没有认证的客户端发来的数据帧，交换机只保存包含了认证所需信息的数据帧，其余全部丢弃。而对于认证失败的客户端发来的数据帧，交换机则直接丢弃不会转发到其端口上。

表 2-22 列举了 IEEE802.1X 的 3 个构成要素。

表 2-22 IEEE 802.1X 的构成要素

要素	说明
认证请求者（supplicant）	在客户端所属的个人计算机上安装的用于 IEEE 802.1X 认证的功能实体（软件）。在 Windows XP/Vista/7 以及 MAC OS X 操作系统中内置了该功能实体。与 Windows 中的 EAP-MD5、EAP-TLS、PEAP 相对应，与 MAC OS X 中的 EAP-TLS、EAP-FAST、EAP-TTLS、LEAP、PEAP[①] 相对应
认证方（authenticator）	在 IEEE 802.1X 中对应的交换机或无线 LAN 访问接口。在认证请求方和认证服务器之间转播认证消息
认证服务器（authentication server）	对认证请求方进行认证的服务器，通常使用 RADIUS 服务器

　　若想进行基于端口的认证，客户端所属电脑与交换机双方都必须预先设置成支持使用 IEEE 802.1X 进行认证。只有客户端支持是无法使用 IEEE 802.1X 的，但仍可以以无条件使用所有交换机端口。相反，如果只有交换机支持，客户端则不能使用交换机的任何端口。

　　IEEE 802.1X 认证中使用了 PPP（Point to Point Protocol，点对点协议）的扩展协议 EAP（Extensible Authentication Protocol，可扩展认证协议），通过 EAPOL（Extensible Authentication Protocol Over LAN，局域网的扩展认证协议）协议封装 EAP 认证消息，然后在 LAN 中进行传递。认证结束之前，客户端所属的个人计算机无法进行 EAPOL 以外的通信。

图 2-32 IEEE 802.1X 基于端口认证的流程

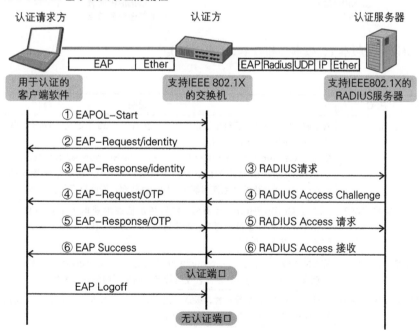

---

① 这些都是操作系统自带的用于 802.1X 扩展的认证协议，在 L2 中工作。——译者注

02.08.10 网络管理

■ SNMP

远程管理、监视和设置网络硬件可以使用 SNMP（Simple Network Management Protocol，简单网络管理协议）协议。使用 SNMP 协议能够从远处对整个网络组织结构内安装的交换机和其他网络硬件进行集中统一的管理。

被 SNMP 管理的网络设施称为代理者（agent），管理网络的设施则称为管理者（manager）[1]。能够使用 SNMP 代理和 RMON 功能的交换机称为智慧（Intelligent）交换机。

图 2-33 使用 SNMP 进行网络管理的思路

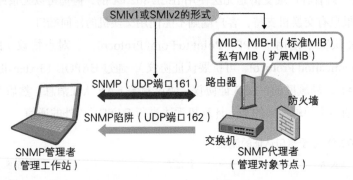

SNMP 协议分为版本 1、版本 2 和版本 3（表 2-23）。

表 2-23 SNMP 版本

版本	RFC	说明
SNMPv1	RFC1157	在 RFC1157 中定义了整个协议的内容，在 RFC1066 中定义了 MIB 信息，在 RFC1213 中定义了 MIB-II 的相关内容。 定义了 GetRequest、GetNextRequest、GetResponse、SetRequest 和 Trap 五种消息（PDU，Protocol Data Unit，协议数据单元）。该版本是最初的 SNMP 协议，community[2]信息的交互使用明文、安全性较弱，因此已经很少使用
SNMPv2	RFC1441~1452	添加了 GetBulkRequest 消息，能够更加快速地获取多个 MIB 信息。因为改善了 SNMPv1 中的安全性问题并扩展了协议而得到标准化，但由于安全功能过于复杂，也没有在大范围内使用
SNMPv2c	RFC1901~1908	和 SNMPv1 一样使用 community 进行网络管理，community 信息的交互同样也使用了明文。添加了 Inform 消息，使管理者之间可以通信并交换信息
SNMPv2u	RFC1909、1910	简化了 SNMPv2 的复杂性，采取了比 SNMPv1 更安全的基于用户的 SNMP 管理方式。SNMPv3 在安全方面继承了该版本的一部分内容

---

① 这是 SNMP 中网络管理的抽象概念。——译者注

② SNMP 协议中表示网络设备团体名称的一个数据结构，具体内容可参考后文关于"团体"的说明。——译者注

（续）

版本	RFC	说明
SNMPv3	RFC3411~3418	2002 年成为了 RFC 的标准之一。基本功能同 SNMPv2c 没有本质的差异，但是不再使用 community，而是使用了以用户为单位进行口令认证的方式，即 USM 方式（User-based Security-Model，基于用户的安全模型）。其中口令使用 MD5 或 SHA 的哈希值进行交互，协议数据同样可以使用密文存取。该版本是目前广泛使用的 SNMP 版本可以选择以下安全级别。 | noAuthNoPriv（不认证、明文）	不认证，使用明文保存数据
authNoPriv（认证、明文）	认证，使用明文保存数据
authPriv（认证、密文）	认证，使用密文保存数据	 同时还拥有 VACM（View based Access Control Model，基于视图的访问控制模型）功能，该功能定义了每个用户能够访问的 MIB 范围。在 VACM 中用户能够访问的 MIB 范围称为上下文（context），该上下文通过其在整个 SNMP 空间内的唯一命名——上下文名（contextName），和一个管理域内唯一的 contextEngineID 进行识别。在该上下文参数的交互上添加了 scoped 消息。此外，还添加了 maxSizeResponseScoped 消息用于告知 scoped 消息发送方能够发送的最大消息长度是多少

SNMP 协议使用 UDP 的 161 端口进行数据的通信 [1]，这是由于 TCP 需要建立连接才能完成通信 [2]，并不适用于紧急数据通信的情况。而 UDP 无需建立连接，可以随时发送数据，符合 SNMP 的应用要求，所以 SNMP 使用了 UDP 通信方式。SNMP 陷阱消息使用 UDP 的 162 端口进行数据的通信。SNMP 陷阱消息是指像通信设备的电源坏了 1 个或 CPU 使用率超过了 90% 这样的，即使管理者没有要求，代理者也会自动发送的警告消息。

SNMP 管理者与 SNMP 代理者之间使用的 SNMP 交互消息，包含了 SNMP 版本、community 名称、PDU（Protocol Data Units，协议数据单元）等信息。PDU 是 SNMP 的指令数据，大致内容如表 2-24 所示。

表 2-24　SNMP 中使用的 PDU

PDU	说明
Get-Request	SNMP 管理者为了获取（读取）数据向 SNMP 代理者发出的请求消息。使用 UDP 的 161 端口发送到 SNMP 代理者处。发送源端口取适当的值
Get-Response	当 SNMP 代理者收到 SNMP 管理者的 Get-Request 消息后，返回给管理者的应答消息。代理者使用 UDP 的 161 端口作为发送源端口，而目的端口则是 Get-Request 消息中携带的发送源端口号
Get-Next-Request	SNMP 管理者收到 Get-Request 消息并从中获取 MIB 信息后，想要得到下一项目信息时向 SNMP 代理者发送的请求消息。代理者同样使用 Get-Response 作为该消息的应答
Set-Request	想要更改通信设备的设置时，SNMP 管理者会向 SNMP 代理者发送 Set-Request 消息。使用 161 的 UDP 端口号作为目的端口。代理者使用 Get-Response 消息应答
Trap	SNMP 管理者从 SNMP 代理者自动收到的紧急消息，使用 UDP 的 162 号端

---

① 这里的端口是指软端口，即在传输层上使用的用于表示进程间通信的软件端口。——译者注
② 建立连接 TCP 的成本也比较高。在网络条件较好的情况下，UDP 通信的可靠性会上升很多，而且更为便捷。——译者注

- **团体**

SNMP 协议中有一个名为团体（community）的概念。只有携带同样团体名称的 SNMP 代理者与 SNMP 管理者之间才能进行 SNMP 消息交互，因此团体也可以视作是二者之间进行交互的一种口令（password）。

团体可以分为读取用（Read-Only，在 Get-Request 消息中使用）、读写用（Read-Write，在 Set-Request 消息中使用）以及 Trap 用，可以根据需要自定义团体名称。读取用团体的命名几乎都会默认使用"public"文字序列。

团体名称可以使用明文进行通信交互，但有时不仅仅是团体名称，整个 SNMP 通信信息都可以在网络中使用明文进行通信，这一点需要注意。

不过 SNMPv3 不再使用团体名称而是使用以用户为单位的口令认证。

- **MIB**

网络硬件中会使用很多类型的配置参数来完成对设备管理，如接口和协议的设置信息等。在 SNMP 中这类信息通过 MIB（Management Information Base，管理信息库）这个数据库 [①] 来进行管理。MIB 数据库采用树形结构，其中的信息来自设备制造厂商提供的相关文本文件。例如，MIB 使用下述定义的结构来表示从接口处收到的通信流量字节（用八进制表示）。

```
sysContact OBJECT-TYPE
    SYNTAX   DisplayString(SIZE(0..255))
    ACCESS   read-write
    STATUS   mandatory
    DESCRIPTION
            "The textual identification of the contact person
            for this managed node,together with information
            on how to contact this person."
    ::= { system 4 }
```

上面列出的代码是从 MIB-II 标准文件中摘出的一段，它使用了一种称为 ASN.1（Abstract Syntax Notation One，抽象语法标记 1）的定义语法 [②] 来描述，除了 SNMP 的 MIB 之外，还可以使用数字签名或 Kerberos、LDAP 等认证协议。ASN.1 在 ISO8824 标准文件中进行了标准化，编码方式（符号化）在 ISO8825 文件中可查。

MIB 的文本文件一般会按照分类进行描述，1 个通信设备一般会用到几十个 MIB 文件。MIB 文件的分类如表 2-25 所示，分为接口用、IP 用、TCP 用、BGP 用等，总体分为 RFC 定义

---

① 这里的数据库仅仅是指一种数据的管理方式，同关系型数据库没有任何关系。——译者注
② ASN.1 多用于描述异种系统之间进行通信的消息格式，也是用 BNF 符号。——译者注

的标准 MIB 和各厂商独自定义的私有 MIB 两类。

标准 MIB 文件分为由 RFC1156 定义的 MIB-I，和由 RFC1213 定义的 MIB-II，目前广泛使用的是 MIB-II。MIB 文件的格式则分为由 RFC1215 定义的 SMIv1 和由 RFC2578 定义的 SMIv2 两种（SMI 是 Structure of Management Information 的缩写，意为管理信息结构）。

表 2-25 标准 MIB

名称	说明
system	与设备有关的信息
interfaces	与接口有关的信息
at	与 ARP 有关的信息
ip	IP 信息
ipAddrTable	与 IP 地址有关的 IP 寻址表信息
ipRouteTable	IP 路由表相关信息
ipNetToMediaTable	IP 地址转换表相关信息
ipForward	IP 转发表相关信息
icmp	ICMP 信息
tcp	TCP 信息
udp	UDP 信息
egp	EGP
ppp	PPP 信息
frame-relay	帧中继信息
snmp	SNMP 信息
ospfGeneralGroup	OSPF 信息
ospfAreaTable	OSPF 中与区域有关的信息
ospfStubAreaTable	在区域边缘路由器中用于 stub area 广播的信息
ospfLsdbTable	在 OSPF 过程中表示连接状态的数据库信息
ospfAreaRangeTable	路由器连接区域内的地址范围信息
ospfIfTable	路由器连接的接口信息
ospfIfMetricTable	各个接口的服务类型信息表
bgp	BGP 信息
bgpPeerTable	bgp Peer 信息
bgpPathAttrTable	从 BGP4 中接收的路径信息
ifMIB	接口的扩展信息

在 MIB 文件中管理的信息称为托管对象（Object），其中包含了接口的 IP 地址、路由协议的设置情况等信息。

托管对象都有属于自己的分类，如接口的相关信息、OSPF 的相关信息、传感器（CPU 或温控管理）的相关信息等。

私有 MIB 一般会将各类别的 MIB 信息导入扩展名为 ".my" 的纯文本文件中，然后公布在制造厂商的 Web 站点上，一般会有像 attack.my、senser.my 这样的多个分散文件，所以会以归档文件（将所有分散的文件压缩成一个 zip 包）的形式公布。

如果使用了某厂商的路由器设备，当想要查询该路由器私有 MIB 时，就可以打开该厂商的 Web 站点，下载该路由器所使用的 MIB 信息文件（zip 格式），然后将其注册到 SNMP Manager 中，即可使用该 SNMP 文件中提到的托管对象名管理网络硬件。

● OID

MIB 是所有托管对象的集合，而托管对象使用 OID（Object ID，对象标识）进行区分。MIB 采用树形构造，OID 则采用如 1.3.6.1.2.1.1 这样数字与点的形式来描述。该记法按照从左到右的顺序阅读，如 iso（1）中的 org（3）中的 dod（6）中的 internet（1）中的 mgmt（2）中的 MIB-II（1）中的 system（1）。

命令行追踪式的 SNMP 应用程序通过消息类型和 OID 的组合来执行相关操作。例如在 SNMP 管理者中输入以下命令，

```
> snmp get 1.3.6.1.2.1.1.1
```

就能获得 SNMP 代理者返回的 1.3.6.1.2.1.1.1 的 MIB 值。

● SNMP 管理者

有很多 SNMP 管理者相关的软件产品可供使用，如 UNIX 的 SNMP daemon（snmpd）、HP 公司的 OpenView Network Node Manager、思科公司的 CiscoWorks 等。另外，在 Internet 上还有 TWSNMP、wSnmpTrap、SnmpCop 等供 Windows 使用的免费 SNMP 管理者软件。如果仅仅是用来验证，那么免费的 SNMP 管理者软件就已经足够了。

下载并安装 SNMP 管理者软件之后，输入 SNMP 代理者的 IP 地址等设置信息，并将私有 MIB 信息在 SNMP 管理者软件中进行注册。另外，也可以使用团体名将需要管理的 SNMP 代理者信息设置在 SNMP 管理者软件中。然后就可以进行各种操作了，比如从 SNMP 代理者获取信息，设立通信信息采集周期、定期获取所需的统计信息等。

● RMON

SNMP 中还带有名为 RMON（Remote network MONitoring，远程网络监控）的扩展功能。SNMP 代理者记录 LAN 上的通信流量信息，并将其保存到 MIB 数据库中。当 SNMP 管理者请求这类信息时，SNMP 代理者会在应答中返回该类信息，从而实现远程网络监控的功能。

交换机除了实现 SNMP 基本功能之外，还必须实现 RMON 探测（probe）功能（有时也会将

该功能独立到 NetScout 这类专用设备上）。RMON 探测功能就是捕获分组，解析后收集统计信息
并将其保存到名为 RMON MIB 的 MIB 数据库中。SNMP 管理者通过访问 RMON MIB 即可获取
相关的统计信息。虽然 SNMP 自身也能够在一定程度上获取流经网络硬件接口的字节数和分组
数等信息，但使用 RMON 获取的通信统计信息更为详细。

RMON 和其他收集统计信息的功能，原本是用于通过监控网络接入的通信流量，检查网络
带宽是否充足、某些网段流量是否有起落异常等情况，以便日后能够进行一些增强设备性能、优
化服务设置等稳定网络的调整。

然而最近，用于安全方面的网络监控越来越多，在网络审计记录中会记录"谁在什么时候访
问了什么站点"这类信息。"谁"一般记录的是 MAC 地址或 IP 地址，但如果连接了认证服务器
的话，甚至能够记录用户的 ID 信息。

RMON MIB 中分为 RMON-1 与 RMON-2 两个版本（表 2-26）。

表 2-26　RMON MIB

设置内容	说明	
RMON-1 （RFC1757）	收集物理层与数据链路层的通信统计信息，与 MIB-II 的接口组（Interface Group）一起使用。下面是 MIB 组信息	
	名称	**说明**
	ethernet statistics	通过探测功能收集每个以太网接口的统计信息
	history control	定期抽样调查的历史统计信息
	ethernet history	和以太网有关的历史统计信息
	alarm	在某个时间段内，当数据量超过设置的阈值时生成的告警
	host	与每个主机相关联的统计信息
	hostTopN	在交互最多的主机间生成的统计信息
	matrix	两个地址之间生成的、和通信相关的统计信息
	filter	生成作为分组捕获规则的过滤器
	packet capture	根据过滤器捕获的分组信息
	event	关于事件发生与通知的信息
RMON-2 （RFC2021）	用于获得网络层以上的统计信息，属于 RMON-1 的扩展。下面是 MIB 的组信息	
	名称	**说明**
	protocol directory	提供协议的种类
	protocol distribution	根据协议的种类提供统计信息
	address mapping	提供 MAC 地址和 IP 地址映射信息
	network layer host	各网络地址的统计信息
	network layer matrix	两个网络地址之间的统计信息
	application layer host	某台主机上各应用程序的统计信息
	application layer matrix	两个网络之间各应用程序的统计信息
	user history	管理历史信息，用户可制定管理的时间间隔和次数
	probe configuration	管理探测本身的 MIB 信息

（续）

设置内容	说明
SMON （RFC2613）	管理 LAN 交换机的 RMON 扩展标准，即交换监控（Switching Monitoring），定义了名为 SMON ProbeCapabilities 的 MIB 组信息 名称 说明 smonVlanStats 管理 IEEE 802.1Q 时使用 smonPrioStats 管理 802.1Q 中通信流量的优先级 dataSourceCaps 硬件的数据源 portCopyConfig 控制交换机的镜像端口
Interface Parameters Monitoring （RFC3144）	定义了名为 IfTopN（interfaceTopNObjects）的托管对象。If 表示 Interface，TopN 表示前 N 位的统计信息。当 LAN 交换机存在多个端口时，从中抽取负载较高的端口进行统计
DSMON （RFC3287）	差分服务监控（Differentiated Services Monitoring），能够对 DSCP（differentiated services code point，差分服务代码点）优先级控制进行分类的 RMON 扩展 MIB
HSRMON （RFC3273）	大流量远程网络监控（High Capacity RMON ），用于在大流量通信环境中获取通信统计信息的功能扩展。将 32bit 的统计信息计数器扩展为 64bit，将最大统计字节数从 2 的 32 次方（42 亿）指数翻倍扩展为 2 的 64 次方

■ NetFlow、sFlow

虽然很多交换机都采用 RFC 标准的 RMON，但是在进行基于 MIB 的监控时，如果流量超过 100Mbit/s，就会需要占用大量 CPU 或内存等资源，不仅无法实现内容全部监控，而且获取大量数据会耗时过长导致数据无法实时解析。要想实时获取所需的统计信息，就需要使用 NetFlow 或 sFlow 技术。通过这类技术可以获得 LAN 的流量内容信息，并高效管理网络性能。

● NetFlow

NetFlow 是由思科公司开发的通信流量管理技术，在 Linux 和 Unix 系列操作系统、Juniper 网络公司和 ALAXALA 网络公司的网络硬件上也可实现。该技术对通过 LAN 设备的分组进行识别，将与"发送源 IP 地址""发送目的地 IP 地址""发送源端口""发送目的地端口""IP 协议号""输入接口""IP 的 ToS 值"这 7 个参数相一致的单向传送的分组集合定义为"数据流"，并对该数据流进行统计。随后，将统计结果发送到名为 NetFlow 收集器的监控装置中，就能够以地址或协议为单位进行信息的二次统计（图 2-34）。

NetFlow 有很多版本，最新的版本 NetFlow 9 是以 RFC3954 的形式发布的。另外，除了 NetFlow 之外，其他厂商还实现了将通信流量以数据流为单位进行统计的技术 [1]，不过这些技术均是在 NetFlow 9 的基础上作为 IPFIX（IP Flow Information export）在 RFC5105 中完成了标准化。

---

[1] 如 Juniper 公司的 Jflow 和 cflowd、3Com 公司 / 华为公司的 NetStream、阿尔卡特朗讯公司的 Cflowd、爱立信公司的 Rflow、Citrix 公司的 AppFlow 等。

图 2-34 **图 2-34** NetFlow 的概念图

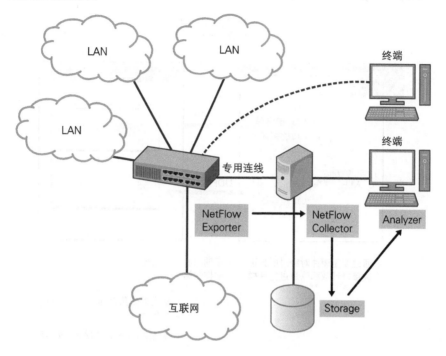

● sFlow

sFlow 是由 InMon 开发的一种在分组（packet）抽样基础上管理通信流量的技术。该技术版本 4 的细节在 RFC3176 中发布，并在 Foundry 公司、日立公司、HP 公司以及 Force10 Networks 公司（以下简称为 Force10 公司）[①] 的 LAN 交换机产品上得到了具体的实现。

sFlow 技术可以监控交换机上通过的分组，并在一定周期内对其进行抽样，获得分组首部与监控到的分组的统计信息（如分组总数、字节总数等），然后通过交换机内置的 sFlow 代理向 sFlow 收集器上报（图 2-35）。sFLow 收集器将得到的信息按接收发方地址类型、协议类型等进行分类处理，能够统计不同类型的通信信息。在交换机中，sFlow 的监控功能与 RMON 相比更为简单一点，因此能够嵌入到 ASIC 硬件中，也能够进行高速通信。

---

① 该公司于 2010 年被戴尔公司收购。

图 2-35 sFlow 的概念图

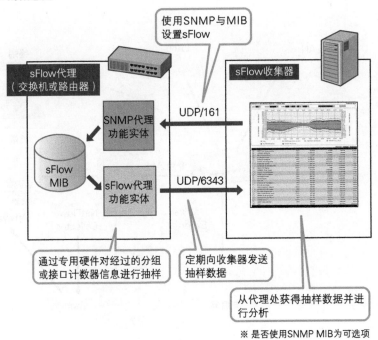

- Syslog

Syslog 是在加利福尼亚大学伯克利分校的伯克利软件套件（BSD，Berkeley Software Distribution）的 TCP/IP 系统 [①] 上实现的，用于获取网络日志的应用程序，一般占用 UDP 的 514 端口。

该机制虽然没有通过 IETF 组织进行标准化，但符合业内的事实标准（De facto standard），所以在很多操作系统上都进行了移植，而且在 RFC3164 协议中的 Information 一节也有对于该机制的介绍。

Syslog 的运行方式同 SNMP 的 Trap 相似，仅仅由通信设备单方面向 Syslog 服务器发送事件消息（图 2-36）。

图 2-36 Syslog 的结构

[①] 即 BSD Unix 操作系统。——译者注

Syslog 消息根据其重要程度分成不同的级别，最重要的级别为 0，不重要的级别为 7，一共分成 8 级（表 2-27）。

表 2-27 Syslog 消息的级别划分

级别	重要程度（Severity）	说明
0	Emergency（致命）	系统无法使用
1	Alert（告警）	需要及时应对
2	Critical（危急）	出现危险状况
3	Error（异常）	出现异常状态
4	Warning（注意）	出现需要注意的事项
5	Notice（通告）	在正常范围内允许的特殊状态
6	Informational（信息）	告知某个信息的消息
7	Debug（调试）	用于调试的消息

在实际的产品中可以设置 Syslog 日志从哪个级别开始记录，当设置完毕后，该级别以上的所有日志信息均会告知服务器。

例如在 Cisco IOS 中进行以下设定，从级别 0 至级别 6 的所有日志信息均会送到 Syslog 服务器。

```
router (config)# logging trap 6
```

Syslog 除了级别以外，还有一个名为设施（facility）的设置项，用来告知系统在何处生成日志。Facility 能够定义内核、邮件系统、FTP 守护进程、NTP 和内部使用的 local0~local7 等值，详细内容可以参考 RFC3164 协议。

Syslog 的消息格式如下所示。

```
mm/dd/yyy:hh/mm/ss:facility-severity-MNEMONIC:description
（月/日/年/时/分/秒: facility-level-event 类型: 说明）
```

举个具体的例子。

```
12/26/2003,16:00:15:SYS-5-MOD_INSERT: Module 5 has been inserted
```

其中 "12/26/2003,16:00:15" 表示日期与时间，SYS-5-MOD_INSERT 中通过 "-" 分割信息，SYS 表示 facility 名称，5 表示级别，MOD_INSERT 表示事件类型（mnemonic code，助记符），最后的 "Module 5 has been inserted" 表示事件描述。

Syslog 和 SNMP 同属于管理类型的协议，考虑到实时性的要求，一般采用 UDP 来实现。但在某些硬件中也有采用 TCP 来实现的例子，这时就需要在 Syslog 服务器以及发送事件的硬件上配置必要的 Syslog 端口。

在 FreeBSD 以及 Linux 中一般使用 syslogd 这一守护进程来实现 Syslog 的相关功能。

02.09 交换机架构

交换机的基本架构是由带有多个 RJ-45 接口、PHY、MAC 等模块的网络接口控制器（Network Interface Controller，简称 NIC）和管理由各个 NIC 分配的收发帧缓存、转发表的软件（或 ASIC）组成，通过参考转发表信息，在 NIC 之间进行数据帧交互。

图 2-37 展示了交换机的基本架构。

图 2-37 交换机的基本架构

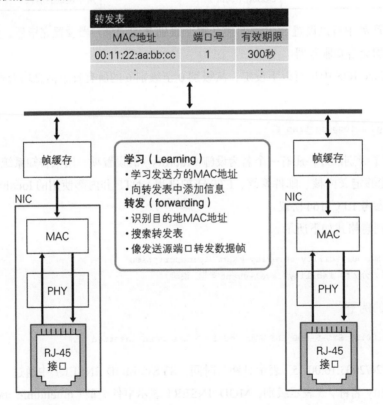

02.09.01 网络控制器（LAN 控制器）

在个人计算机和网络硬件内部，均有一种叫做网络控制器（或称为 LAN 控制器，缩写为 NIC）的模块。该控制器能够将数据转换成以太网数据帧，以 10/100/1000BASE-T 标准通过接口进行数据传输。网络控制器的概念图如图 2-38 所示，控制器有多个端口（或多个端口模块单元）。

网络控制器一般由网络接口、PHY 模块、MAC 模块和总线接口构成。

图 2-38 网络控制器概念图

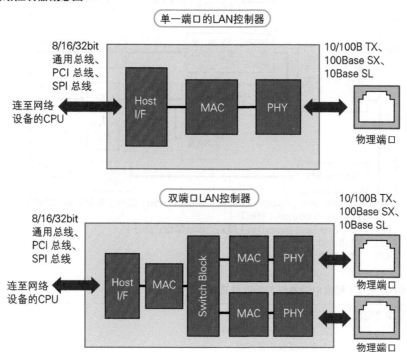

02.09.02 PHY 模块

以太网物理层与数据链路层的 MAC 子层相关协议功能的实现一般会使用对应标准的处理芯片（集成电路）来完成。

负责对以太网进行编码等物理层处理的模块就叫做 PHY。

图 2-39 是 PHY 的逻辑图，展示了 PHY 中有哪些功能以及这些功能是按什么顺序进行处理的。表 2-28 中则展示了 100BASE-TX 标准中 PHY 模块内部的处理流程。

图 2-39　10/100BASE 以太网的 PHY IP[1] 核心

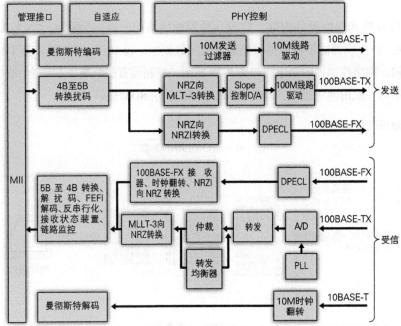

DPECL：　Differential Positive Emitter-Coupled Logic（差分正射极耦合逻辑电路）
PLL：Phase-locked loop（锁相环）
FEFI：　Far End Fault Indication（链路远端故障指示信号）
D/A：　数模转换
A/D：　模数转换

表 2-28　100BASE TX 标准中的发送与接收处理概要

100BASE-TX 的发送处理	1. 控制器接收数据
	2. 发送至 4B5B 编码器格式化
	3. 发送至扰码器编码
	4. 转发至 TP 发送器，转换为 MLT-3 格式
	5. 形成输出信号在双绞线上传输
100BASE-TX 的接收处理	1. 从双绞线上接收到 MLT-3 数据
	2. 排除高频噪声，使输入的信号平整
	3. 使用 Squelch algorithm 算法控制接收数据，完成 MLT-3 编码信号的数字化
	4. 在时钟与数据恢复区内完成 NRZ 格式的转换
	5. 在 Descrambler 中完成解扰码，并完成 4B5B 解码
	6. 在以太网控制器上输出

　　如表 2-29 所示，PHY 负责 L1（物理层）的处理，分成三个子层完成 L2（数据链路层）中 MAC（Media Access Control，媒介访问控制层）以下的处理（图 2-40）。

---

① 这里的 IP 是指 Intellectual Property，为芯片行业支持产权设计。——译者注

表 2-29 PHY 的地位

OSI 层		处理内容
MAC（L2）		生成 MAC 数据帧
PHY（L1）	PCS （Physical Coding Sublayer）	完成 MAC 数据帧的编码。在 100BASAE-TX 中完成 4B/5B 编码、标明数据首部与结尾、插入 12 字节（96bit）的数据帧分割标识 IFG（Inter-Frame Gap）
	PMA （Physical Medium Attachment）	在数据发送前将并行转换为串行（将从并行链路获得的数据序列变换为单个串行的比特流）以及在接收数据后将串行转换为并行
	PMD （Physical Medium Dependent）	在数据发送前调制串行比特流信号，使信号适合在双绞线或光纤等媒介上传输。另外，在接受数据之后还负责放大信号。在 100BASE-TX 中，将 2 值信号转变成 MLT 的 3 值信号

图 2-40 PHY 与 MAC 的处理

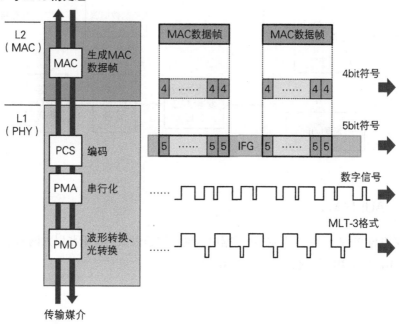

02.09.03 MAC 模块

MAC 模块负责生成 MAC 数据帧等在数据链路层 MAC 子层中进行的工作，该模块也简称为 MAC。

MAC 模块负责 MAC 数据帧发送和接收的处理工作，拥有发送缓存和接收缓存。在接收 MAC 数据帧是，从通信线缆上接收的数据在通过 MAU（10Mbit/s 以太网）或 PHY（快速以太网）时，会被保存在接收缓存中，因此这里的 MAU 和 PHY 也可称为接收器。随后，这些数据会通过数据总线接口被送到硬件（DTE）内部进行处理。而在发送 MAC 数据帧时，数据则走与上述截然相反的路径。图 2-41 给出了在千兆以太网中 MAC 模块的逻辑结构图。

图 2-41 千兆以太网中 MAC 的 IP 核心逻辑结构图

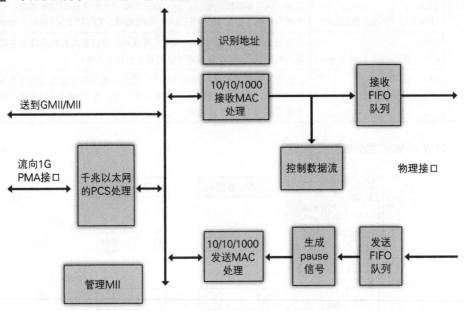

02.09.04 AUI 与 MII

MAC 模块与 PHY 模块之间的接口根据以太网、快速以太网、千兆以太网的不同，分别可以称为 AUI、MII 和 GMII（如图 2-42、表 2-30）[1]。

---

① 早期以太网传输媒介众多，PHY 相对独立，MAC 则相对通用，二者可能分别位于不同硬件中。——译者注

图 2-42 MAC 与 PHY 之间的接口

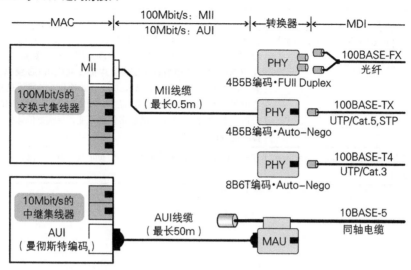

表 2-30 MAC 与 PHY 之间的接口术语

术语名称	说明
AUI（Attachment Unit Interface，附加接口单元）	在 10Mbit/s 以太网中 MAC 与 MAU 的共同接口，采用 15pin 的连接头（DB-15）。某些早期的路由器和集线器设备会外置该 AUI 端口（也称为 10BASE5 接口），但目前的硬件几乎都采用了内置的形式 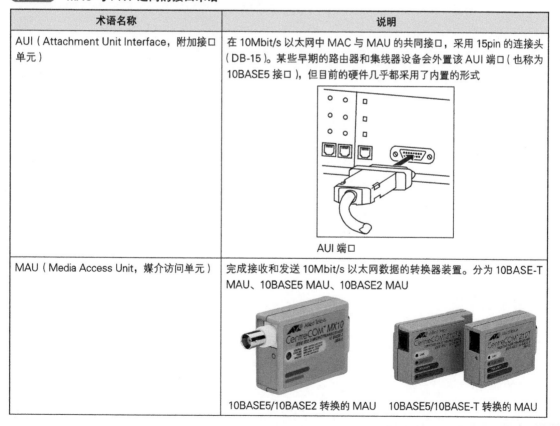 AUI 端口
MAU（Media Access Unit，媒介访问单元）	完成接收和发送 10Mbit/s 以太网数据的转换器装置。分为 10BASE-T MAU、10BASE5 MAU、10BASE2 MAU 10BASE5/10BASE2 转换的 MAU　　10BASE5/10BASE-T 转换的 MAU

（续）

术语名称	说明
MII（Media Independent Interface，媒介独立接口）	快速以太网中的 MAC 与 PHY 之间的接口，相当于 10Mbit/s 以太网中 MAC 与 MAU 之间的 AUI。在 100BASE-T4 中需要完成 8B6T 编码，在 100BASE-TX 和 100BASE-FX 中需要完成 4B5B 编码（即根据传输媒介的不同转换不同的编码方式），因此使用 MII 将设备接入以太网并不依赖于传输媒介。在实际产品中，NIC（网络接口控制器）上 MAC 与 PHY 的接口部分，MAC 层通常保持不变，只根据传输媒介的不同替换掉物理接口部分即可
GMII（Gigabit Media Independent Interface，千兆媒介独立接口）	在千兆以太网和万兆以太网中，和 MII 作用相同的接口

第 **3** 章

路由器和它庞大的功能

本章将介绍路由器的历史、种类、功能、架构等内容。

希望大家可以通过本章的内容理解路由器产品目录中列出的条目。

另外，本章还会复习一些 IP 寻址、路由的内容。

以及介绍以太网之外的路由器特有的物理层和链路层的相关标准。

03.01 何为路由器

路由器是指主要负责 OSI 参考模型中网络层的处理工作，并根据路由表信息在不同的网络之间转发 IP 分组的网络硬件（图 3-1）。这里的网络一般是指 IP 子网，也可以称为广播域。此外，现在的路由器还会搭载其他各种各样的功能。

图 3-1 OSI 参考模型与所对应的网络硬件

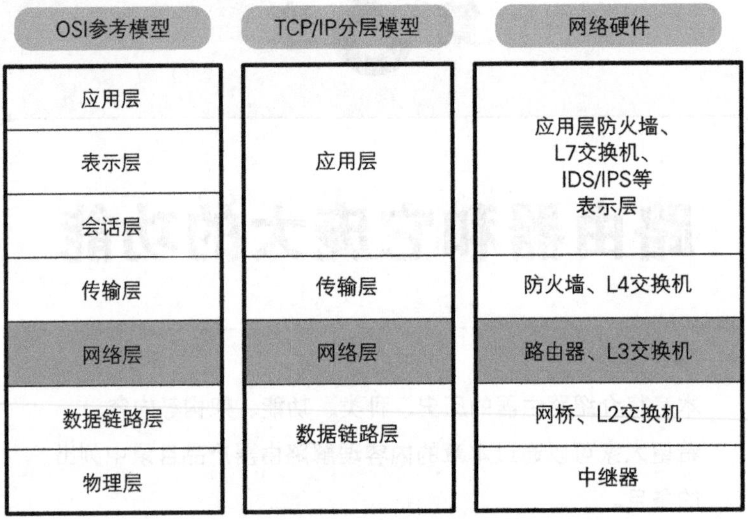

OSI参考模型	TCP/IP分层模型	网络硬件
应用层	应用层	应用层防火墙、L7交换机、IDS/IPS等 表示层
表示层		
会话层		
传输层	传输层	防火墙、L4交换机
网络层	网络层	路由器、L3交换机
数据链路层	数据链路层	网桥、L2交换机
物理层		中继器

03.01.01 路由器的必要性

在某个组织的内部网络中，如果其中的一个 LAN 希望连接另一个 LAN，就需要使用路由器设备。另外，构建大型的 LAN 时虽然可以不用路由器，但需要使用交换机或主机等设备来管理大量的 MAC 地址信息，不过，当频繁进行广播通信时，设备的负担就会非常大。这种情况下，为了减轻设备的负担，需要将 LAN 划分成一个个子网，而每一个子网之间的通信就需要依靠路由器进行了。

在为了连接互联网而与互联网服务供应商建立连接时，也同样需要用到路由器设备。

03.01.02 什么是路由选择

路由器进行 IP 分组路径选择的处理即为路由选择（routing）。

路由器从输入接口处收到 IP 分组后，根据其首部包含的发送目的地址信息进行路径选择，并按照选择结果将 IP 分组转发到流出接口处。其中转发的路线叫做路径，而路由器在路由选择处理时所参考的信息叫做路由表（routing table）（表 3-1）。路由器通过这些信息可以决定将收到的 IP 分组转发到哪个网络。路由表由多个路由表表项构成，其中每个表项都可以由管理者手动设置（即静态路由），也可以根据路由协议自动生成（即动态路由）。

表 3-1 和路由有关的术语

术语	说明
路径（route）	路由器转发分组的路径
路由选择（routing）	路由器进行 IP 分组路径选择的处理。在完成路径选择后，将分组发送出去，这一过程称为转发（forwarding）
路由表表项（routing table entry）	路由器在进行路由选择时参考的路径信息，由目的网络与下一跳（Next Hop）构成
路由表（routing table）	路由表表项的集合体，路由器进行路由选择处理时需要参考该表内容

路由选择处理在网络层中完成，其过程如图 3-2 所示。

图 3-2 OSI 参考模型中路由选择发生的位置

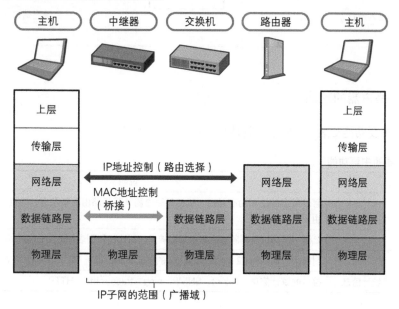

03.01.03 转发

路由选择的处理需要根据目的地 IP 地址中的信息，判断将分组转发到哪个网络。发送至不同网络就是指在路由器中的某个流入接口处接收分组，然后将其发送到其他的某个流出接口。

将分组从流入接口发送到流出接口的物理发送过程叫做转发（图 3-3）。

图 3-3 转发的组成结构

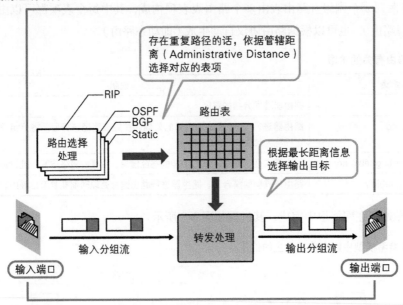

03.01.04　路由器的功能

路由器的主要功能如表 3-2 所示。具体功能请参考 03.06 节。

表 3-2　路由器的主要功能

功能	说明
路由信息管理	管理静态路由和动态路由。从相邻路由器处获得路由更新信息，向相邻路由器发送路由更新信息
对分组进行分类	处理、队列以及判断分组是否可以转发。对比比较列表和分组，执行相关控制操作
L3 交换	封装用于输出的 L2 数据，计算 L3 的校验总和，更新 TTL[1]以及 HOP 数
管理、计费、收集统计信息	接口的统计信息、Telnet、SNMP、ping、trace route、HTTP

---

[1] TTL 是 IP 协议包中的一个值，是网络判断分组在网络中的时间是否太长、是否应被丢弃的依据。——译者注

03.02　路由器是如何诞生的

路由器的诞生与互联网的诞生有着密切的关系。1962 年，保罗・巴兰[①]接受了美国空军的委托，开始研发一个项目。这个项目旨在研发美军在遭受核打击后能够迅速组织反击的通信网络系统，而该项目也成为了互联网研究的开端。

该项目所研发的通信网络系统并没有使用当时较为流行的、应用于电话系统中的线路交换方式，而是采用了现在互联网依然使用的分组交换方式。该交换方式以分组为单位分割信息，并不断地向通信的另一方发送，直到对方收到为止，在当时这是一个非常可靠的通信手段。

1969 年 4 月 7 日，首个 RFC[②]——RFC1 发布。该文件的第一项内容记录了 A Summary of the IMP Software（IMP 软件的总结），其中的 IMP（Interface Message Processor，接口信息处理器）[③]是指由美国 BBN 公司[④]开发的分组交换设备，也就是路由器的原型。同年 10 月，加利福尼亚大学洛杉矶分校与斯坦福研究所之间使用 IMP 完成了首次数据传送。同年 12 月，随着加利福尼亚大学圣巴巴拉分校和犹他大学的加入，4 所学校的网络成功实现了互联，阿帕网（ARPANET）[⑤]诞生。

1971 年，阿帕网的连接节点达到了 15 处，1972 年达到了 23 处。其中，无论是美国的大学还是研究机构等，所有的连接均通过 IMP 实现。

1972 年，在 ARPA 任职的鲍勃・卡恩[⑥]开始构思一种仅用于分组转发的特殊计算机，他把这种计算机称为 Gateway。随后，他和斯坦福大学的温顿・瑟夫[⑦]共同在 1974 年发表了 TCP（Transmission Control Protocol，传输控制协议）协议全文。当时的 Gateway 即现在的路由器，TCP 协议几经修订，已成为 TCP/IP 的重要组成部分。

在 TCP 出现以前，是使用 NCP（Network Control Protocol，网络控制协议）协议将计算机互联的，但由于没有 TCP/IP 那样完备的地址体系，因此仅适用于小型网络。1982 年，使用 NCP 进行互联的主机被 TCP/IP 取代[⑧]。

---

① Paul Baran，当时他就职于美国 RAND 公司。——译者注
② RFC 是制定互联网相关技术标准的团体 IETF 正式发布时使用的文件，某种程度上来说该文件也是建议书。
③ 如果计算机的型号和绑定的软件类型不统一，即使将计算机连接在一起也是无法进行互联的，因此必须按照计算机类型制作相应的软件。但为了帮助计算机互联而编写数量庞大的软件显然也是不现实的。这时，如果每个计算机都有和 IMP 连接的软件，并且 IMP 之间也有相互连接的软件的话，通过 IMP 这一设备就可以完成网络的扩容。
④ 现为美国著名军火商雷神公司的子公司。——译者注
⑤ 美国国防部中的 ARPA（高级研究计划署）以军事为目的构建的 ARPANET，含义为 ARPA 的网络，因此称为 ARPANET（阿帕网或 ARP Network）。1973 年时连接的所有主机信息可以参考 RFC597 中的记录。
⑥ 罗伯特・埃利奥特・卡恩（Robert Elliot Kahn，1938 年 12 月 23 日—），多称为鲍勃・卡恩（Bob Kahn）。——译者注
⑦ 温顿・瑟夫（Vinton G. Cerf）博士是谷歌公司副总裁兼首席互联网专家，同鲍勃并称为"互联网之父"。——译者注
⑧ 目前的 PPP 协议也包含了称为 NCP 的协议，但是与这里的 NCP 是截然不同的概念。

需要补充的是，此时计算机的互联不仅局限于使用 IMP，DEC 公司的 PDP-11、HP 公司的 HP-3000 和 VAN 等小型计算机上通过 UNIX（C 语言）实现的网关也被投入使用。

03.02.01 世界上最早的商用路由器

1986 年 1 月，美国的 Proteon 公司[①] 发布了首款商用路由器 ProNET p4200（图 3-4）。同年 3 月，美国的思科公司发布了 AGS 多协议路由器（图 3-5）。这些产品均是作为专用硬件（网络设备）出现在市场上。

图 3-4 世界上第一台商用路由器 ProNET p4200

图 3-5 思科公司的 AGS

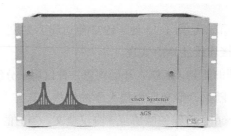

1993 年，思科公司发布了处理能力达到 270kpps 的 Cisco 7000 系列，并将其作为高端产品推向市场。该路由器配备了冗余电源、支持热交换的线卡、使用闪存来存放操作系统来进行设备的管理，所支持的协议也不再仅仅局限于 IP 协议，还能支持 SNA[②]、IPX[③]、DECnet[④]、AppleTalk 等非 IP 协议。

之后，随着互联网的快速普及，市场对能够高效处理通信流量路由器的需求也越来越迫切。思科公司在 1997 年发布了 Cisco 12000 系列，该系列产品能够支持 OC-48[⑤]（2.4Gbit/s）以及千兆以太网接口，IP 通信流量的转发能力也达到了 25Mpps。该路由器产品没有使用以往共享总线的

---

① 目前有关该公司的资料极少，但领英（LinkedIn）宣称它曾是最大的路由器市场份额占有者。——译者注
② SNA 是 IBM 公司开发的网络体系结构，在 IBM 公司的主机环境中得到广泛的应用。——译者注
③ IPX（Internetwork Packet Exchange protocol）是一个专用的协议簇，主要是 Novell NetWare 操作系统使用。——译者注
④ DECnet 是美国数字设备公司推出并支持的一组协议集合。——译者注
⑤ 即光学载波 48。——译者注

交换方式,而是采用了交叉总线交换,使得多块线卡可以并行、高速地转发通信流量。

1998 年,Juniper 网络公司开始销售 M40 系列路由器,该路由器搭载了能够高速处理分组转发的 ASIC 芯片,处理能力达到 40Mpps。同年,日立制作所也开始研发使用交叉总线交换的分布式转发架构路由器 GR2000。

2004 年,思科公司开始销售面向电信运营商的路由器 CRS-1。该产品在 1 个机框内搭载 16 块线卡,处理能力达到 1.2Tbit/s。而且如果在机框内进行集群,甚至能使单一系统的处理能力达到 92Tbit/s(表 3-3)。

表 3-3　**商用路由器的历史**

年份	事件	标准化等进程
1969	贝尔实验室开始开发 UNIX 操作系统	发布最早的 RFC 文档
1970	ARPANET 项目启动	
1974	温顿・瑟夫发布最初的 TCP 协议版本	TCP(RFC675)
1976		UUCP(Unix to Unix Copy Protocol)
1979	美国开始启动 USENET	
1980		发布 DIX 以太网标准 发布 UDP 协议(RFC768)
1981	美国开始建立 BITNET 与 CSNET[①]	发布 IP 协议(RFC791) 发布 TCP 修订版(RFC793)
1982	欧洲开始了启动 EUnet	
1983	ARPANET 开始引入 TCP/IP	IEEE 802.3(10BASE5) Telnet(RFC854) DNS(RFC882)
1984	JUNET(Japan University Network)开始建设 引入互联网中的域名系统	
1985		发布 FTP 修订版(RFC959)
1986	美国开始建立 NSFNET Proteon 公司发布世界上第一台商用路由器 ProNET p4200 思科公司发售 AGS(Advanced Gateway Server)路由器产品	
1987		发布 DNS 修订版(RFC1034、RFC1035)
1988	IANA(互联网数字分配机构)[②]建立	IEEE 802.3a(10BASE2) RIP(RFC1058)
1989	CERN(欧洲核子研究组织)开创了 Web 概念	

---

① 同属美国早期用于科研和高校资源共享的全国性骨干网络。——译者注

② 互联网域名系统的最高权威机构,掌握着互联网域名系统的设计、维护及地址资源分配等方面的绝对权力。——译者注

（续）

年份	事件	标准化等进程
1990	Kalpana 公司发售世界上第一台交换式集线器 EtherSwitch	IEEE 802.3i（10BASE-T） SNMP（RFC1157）
1991		OSPF 版本 2（RFC1247）
1992	Windows 3.1 开始销售	NTP（RFC1305）
1993	思科公司发布高端路由器 Cisco7000 系列 NFS（美国国家基金会）设立 InterNIC 日本设立 JPNIC 开发 Web 浏览器 Mozaic	DHCP（RFC1531）
1994	Bay Networks 公司发售搭载 VLAN 功能的以太网交换机 28115 思科公司发售面向小规模办公用的路由器产品 Cisco2500 系列。 开始应用 IP 多播技术。此后的路由器开始使用 QoS 的相关技术。 发售 Web 浏览器 Netscapte Navigator 1.0	
1995	YAMAHA 发售 ISDN 远程路由器 RT100i 思科公司发售首个搭载了多块千兆以太网背板和 POS（Packet Over SONET）接口的 Cisco7500 系列路由器 思科公司发售首个 L3 交换机 Catalyst 5000 系列产品 Windows 95、Internet Explorer 开始在市场上销售	IEEE 802.3u（100BASE-TX） BGP 版本 4（RFC1771） IPv6（RFC1883）
1996	思科公司开始发售使用交叉总线交换技术的 Cisco12000 路由器 Juniper Networks 公司创立	POP3（RFC1939）
1997	思科公司的 Cisco2500 系列路由器销售量达到 100 万台 开发 MPLS（Multiprotocol Lable Switching，多协议标签交换） 开发 L3 交换机	发布 DHCP 修订版（RFC2131）
1998	Juniper Networks 公司开始销售 M40 路由器 Melco 公司（现 Buffalo 公司）开始销售低价交换式集线器 LSW10/100-8	IEEE 802.3z（10BASE-X） OSPF 版本 2 修订版（RFC2328） IPSec 版本 2（RFC2401） RIP 版本 2（RFC2453） IPv6 修订版（RFC2460）
1999		IEEE 802.3ab（1000BASE-T） HTTP1.1 修订版（RFC2616） OSPF for IPv6（RFC2740）
2000	Juniper Networks 公司开始销售 M160 产品	发布 RADIUS 修订版（RFC2865）

（续）

年份	事件	标准化等进程
2001		MPLS（RFC3031）
2002	YAMAHA 发售 VPN 路由器 RTX1000/RTX2000 Juniper Networks 发售路由器 T640 系列	SIP 修订版（RFC3261） SNMP 修订版（RFC3411~RFC3418）
2003		IEEE 802.3ae（10GBASE-R） RTP 修订版（RFC3550）
2004	思科公司发售高端路由器 CRS-1 思科公司发售集成多业务路由器 ISR（Cisco1800/2800/3800 系列） 日立制作所和日本电气成立合资公司 ALAXALA，开始销售高端路由器 AX7800R 系列	
2006	YAMAHA 公司开始销售 RTX3000	IEEE 802.3an（10GBASE-T） BGP4 修订版（RFC4271） TLS1.1（RFC4346）
2007	Juniper Networks 发售 T1600 路由器	
2008		SMTP 修订版（RFC5321）
2009	思科公司发售集成多业务路由器 ISR G2（Cisco1900/2900/3900 系列）	
2011	Juniper Networks 公司发售 T4000 路由器	

03.02.02　路由器性能的进化

路由器性能的演进过程如表 3-4 所示。其中的 pps 是指分组 / 每秒的单位，表示在 1 秒内，路由器能够转发多少个 IP 分组。

表 3-4　路由器性能的演进

年份	产品	性能	吞吐量[注1]	1 秒内能够转发的高清画面 数据量[注2]
1976 年	IMP	100pps	1.14Mbit/s	0.08 秒
1986 年	AGS	10kpps	117.18Mbit/s	9 秒
1993 年	Cisco 7000	270kpps	3.09Gbit/s	4 分钟
1997 年	Cisco12000	10Mpps	117.18Gbit/s	2 小时 30 分钟
1998 年	Juniper M40	40Mpps	468.75Gbit/s	10 小时
1998 年	日立 GR2000	40Mpps	468.75Gbit/s	10 小时
现在	日立 GR4000-320E	240Mpps	2.74Tbit/s	60 小时
现在	Juniper T640	3Gpps	35.16Tbit/s	1 个月
现在	Cisco CRS-1	36Gpps	421.88Tbit/s	1 年

注 1：1 packet 按照 1500 个字节换算，1M=1024k，1k=1024。
注 2：是指 12.9Mbit/s 的高清画面。

03.03 路由器的分类

03.03.01 路由器设备

路由器的功能是以编译 CPU 上运行程序的软件为形式提供的。在普通的个人计算机、服务器上运行的通用操作系统，如 Windows、MacOS、UNIX、Linux 等也安装有路由器运行的软件，这就使个人计算机或服务器设备通过运行这些软件也能作为一台路由器来使用。例如，UNIX 操作系统配备了标准链路控制程序 routed，该程序使用 RIP 协议并提供了路由选择功能。

但通常所说的路由器还是指安装了路由器专用的操作系统并配有专用硬件的设备，这样的设备也可以称为硬件设备。

使用专用的硬件设备和在个人计算机或服务器的通用操作系统上运行路由选择软件相比，有以下优点。

- 提供更为容易使用的用户接口。
- 操作简单。
- 即使不精通技术也能进行简单的设置。
- 能够在短时间内完成加载。
- 由于功能定制化，系统能够较为轻松地提供高吞吐率（throughput）。
- 可靠性更高。
- 由于内置搭载了路由器功能，使得满足最低需求的成本降低。

除了路由器以外，交换机和防火墙也算是网络设备。

路由器网络设备的产品构成如图 3-6 所示。每个部件的详细信息请参考 04.01 节。

图 3-6 路由器设备的构成部件结构图

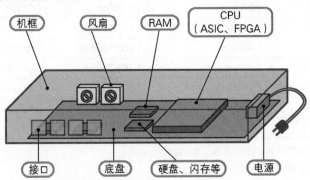

作为专用设备的路由器可以根据用途和规模分成下面几类。

03.03.02 根据性能分类

目前，市场上由不同厂商生产的各种类型的路由器产品，根据性能可以分为高端路由器（high end router）、中端路由器（middle range router）和低端路由器（low router）三种，再加上家电专卖店中也有销售的、价格低廉的家用宽带路由器（broad band router），共可以分成四种类型（表 3-5）。

由于网络互联是世界通用的技术，因此只要电源规格合适，不管是哪国生产的路由器均能立刻投入使用。从整个日本的路由器市场来看，家用宽带路由器和低端路由器占有较高的份额，而在高端、中端路由器中，海外设备厂商尤其是思科公司和 Juniper 公司的产品的市场占有率非常高。几乎所有的厂商都是没有工厂的企业[1]，实际产品是通过 EMS（Electronics Manufacturing Service，电子制造服务或专业电子代工服务）代工企业制造的。

路由器根据种类的不同，硬件规格也大相径庭。而从操作系统的角度来看，和相同制造厂商同类产品配套的软件虽然基会提供统一的基础功能，但是。也会有一部分功能得不到不支持，一些可用性的对象（参数）不太一致的情况。

表 3-5 根据路由器性能的分类

路由器分类	用途	价格区间
高端路由器	电信运营商、数据中心、大型企业的核心路由器	几百万 ~ 几亿日元
中端路由器	企业的中心（核心）路由器、电信运营商的边缘路由器	100 万 ~300 万日元
低端路由器	中小企业数据中心路由器、大型企业分支机构使用的路由器	几万至 100 万日元
宽带路由器	小规模机构、家庭使用	几万日元

■ 高端路由器

高端路由器的性能最好，主要作为骨干网络中的核心路由器使用，在数据中心、IX（Internet Exchange）、电信运营商网络中完成网络互连等任务。

例如，思科公司的 Cisco 12000 系列、CRS-1，Juniper 公司的 T 系列、E 系列、M 系列和 ALAXALA 公司的 AX7800R 系列就属于高端路由器，其价格在几百万日元到几亿日元[2]之间。

该类路由器一般称为机框（chassis）式路由器，带有可以插入多块扩展卡的插槽。扩展卡一般有多种类型，其中主要有路由引擎（routing engine）、交换结构（switch fabric）、线卡等。

---

[1] 即无生产线（Fabless）企业，厂商只负责相关产品的设计工作。——译者注
[2] 约十几万至上千万人民币。——译者注

表 3-6 展示了机框式路由器的主要组成要素，这些组成要素一般被称为模块（module）。

表 3-6　机框式路由器的组成要素

要素	说明
路由引擎（Routing Engine）	主要负责路由表的维护以及路由协议的控制。Cisco 公司的产品将该要素称为路由处理器（route processer）
交换结构（Switch Fabric）	负责在多块线卡之间进行通信的内部总线结构。该结构性能的不同，决定了路由器转发数据量（路由交换容量）的大小
线卡（Line Card）	配备了数据输入输出接口的扩展卡
背板（Backplane）	提供插入路由引擎、线卡连接插槽的底部主板，并通过串行线路连接各个线卡

图 3-7　机框式路由器的架构

详细请参考 03.08。

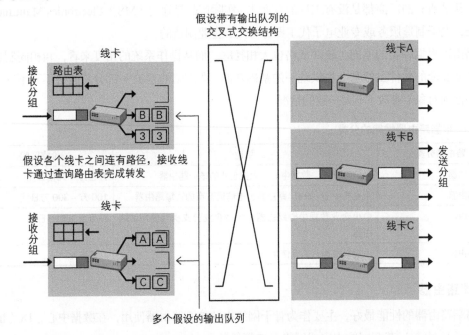

机框式路由器不仅可以控制接口的数量，还可以增强设备的交换容量，具有引擎冗余功能。

当某一模块发生故障时，无需关闭路由器电源，在其他模块仍处于工作的状态下，只替换发生故障的扩展卡即可修复。这种对处于工作状态的路由器进行替换线卡或其他模块的操作，也称为热插拔（hot swapping）或在线插拔。

图 3-8　高端路由器实例

思科公司（CRS-1）　　　　　　　Juniper公司（T640）

■ 中端路由器

一般作为企业的中心路由器（center router），是整个企业网络的中心。

中端路由器一般分为两类。一类是在机框上配备固定数量接口的机型，该机型无法额外添加端口，称为"固定式"或"箱式"路由器；而另一类是能够插入可选模块进行扩充。因此可以根据所需的接口类型添加对应端口数量的机型，称为"模块式"路由器。

中端路由器没有像高端路由器那样提供路由引擎的冗余功能，但是配备电源冗余的产品，即所谓的高可靠性路由器。

中端路由器的价格区间在 100 万 ~300 万日元之间，在日本国内市场占有一定份额的制造厂商有 ALAXALA 公司、思科公司、Juniper 公司、富士通、古河电气工业公司等。

图 3-9　中端路由器实例

Juniper公司（MX系列3D Universal Edge Router）

■ 低端路由器

该类路由器属于在中小企业或大型企业营业部、或分支机构里配置的路由器，也称为普及型路由器。该类路由器同样可以分成两类，即可以改变接口类型或添加端口数的模块式路由器和无法改变接口类型和端口数的箱式路由器。

该类路由器中还有一类产品无法插入机架使用，叫做桌面式路由器。

从主要使用目的来看，该类路由器多作为运行 IPsec-VPN 的终端来构建虚拟通信网络。

该类路由器价格区间在 100 万日元以下，在日本国内市场上占有一定份额的制造厂商有 Allied Telesis 公司（以下简称为 Telesis 公司）、NEC 公司、思科公司、富士通、古河电气工业公司、YAMAHA 等。

图 3-10 低端路由器实例

Telesis公司（CenterCOM AR570S）　　　　　　　　YAMAHA（RTX-3000）

■ 宽带路由器

一般小规模分支机构和家庭在连接宽带时使用的路由器，也可以称为远程路由器或 WAN 路由器。

2012 年销售的该类路由器产品类型，已经能够提供 IEEE 802.11n 无线标准（最大吞吐量达到 300Mbit/s）和 1000BASE-T 双绞线接口（千兆以太网的有线 LAN 标准）等，这使得产品的实际吞吐量达到了数百 Mbit/s 到 1Gbit/s 不等。

该类路由器产品的价格区间从几千日元到 15000 日元不等。其中 NEC 公司、Corega 公司、Buffalo 公司、IOData 公司等设备公司均有产品在日本市场上销售。

图 3-11 宽带路由器示例

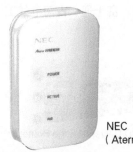

NEC
（ Aterm PA-WR8165N-ST ）

03.03.03　面向电信运营商的路由器产品分类

NTT、KDDI 这类电电信运营商在面向企业和个人消费者提供构建网络服务时，需要提供的网络结构规模比企业自身构建的更大，对路由器产品功能与性能的要求也就更加复杂。从电信运营商的角度分类，可以将这些路由器归类于面向网络服务供应商的路由器（Service Provider Router）[①]，而根据路由器在网络内的位置可以分成以下几类。

---

① 这里的 Service Provider 可以简单地理解成中国电信等运营商的宽带网。——译者注

■ 核心路由器

核心路由器（Core Router）位于骨干网（backbone）中，用来构成核心网络（core network）。核心网络用于各个业务网络（service network）的互联，承担着高速转发各个网络之间通信流量的任务。

■ 边缘路由器

边缘路由器（Edge Router，供应商之间的边界路由器）是指在骨干网边缘配置的路由器。承担着容纳用户网络线路、连接骨干网的任务。由于需要容纳众多用户的网络线路，因此该路由器不仅要做到分组的高速中继转发处理，还要完成控制分组的优先级、分组过滤、认证、加密等多项重要的处理。

■ 用户边缘路由器

用户边缘路由器（subscriber edge router）是在用户（订阅者）网络处配置的路由器，用于连接服务供应商的边缘路由器。

图 3-12 服务供应商的网络与路由器的位置

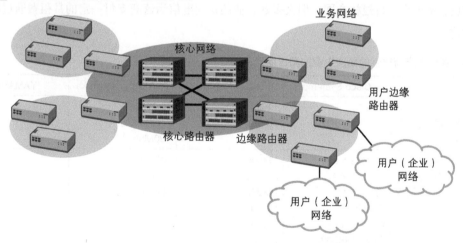

03.03.04 面向企业的路由器产品分类

在大型企业和网络公司管理的大规模网络中，存在很多作为网络构成要素的路由器。根据网络内所处位置与分工的不同，这些路由器可以分为如下几类。

面向企业的路由器也可以称为企业级路由器（Enterprise Router）。

■ 接入路由器

距离用户最近位置的路由器称为接入路由器（Access Router），意思就是保障用户接入所需网络的路由器，通过接入路由器构成的网络也称为接入网。接入路由器提供认证、接入控制等功能，一般部署在企业的分支机构或下属部门中。

有时为了在自己家中或出差时能够接入公司的网络而使用远程接入路由器，这也是接入路由器的一种，这类网络使用拨号连接、PPTP、IPsec、SSL 等协议通过 VPN 完成整个接入过程。

■ 汇聚路由器

在规模很大的网络中，往往会在核心网络和接入网络之间构建一个汇聚网络（Distribution Network），形成 3 层网络结构。汇聚路由器（Distribution Router）负责在汇聚网络中汇聚接入网的路由选择信息，完成分组过滤等工作，从而进行多个网络或 VLAN 之间的连接。

■ 核心路由器

核心（core）表示位于中心，核心路由器（Core Router）也就是配置在网络中心位置的路由器。使用核心路由器构建起来的核心网主要负责高速传送与接入网或汇聚网之间的通信数据。虽然目前也有不少企业自建核心网，但大多数企业还是向电信运营商支付一定的月租费通过租用线路来构建。

表 3-7　各个生产商提供的面向企业的路由器产品[注1]

	Cisco Systems	Juniper Networks	ALAXALA Networks	YAMAHA
面向网络服务供应商的核心路由器产品（高端路由器）	CRS-1	T1600 T640 T320	AX7800R （768Gbit/s/ 480Mpps）	–
面向网络服务供应商的边缘路由器产品（高端路由器、中端路由器）	Cisco12000 Cisco10000 Cisco7600 Cisco7300 Cisco7200 Cisco ASR9000 CiscoASR1000 Cisco XR 12000	MX960 MX480 MX240 MX80 M320 M120 M40e M10i M7i	AX7702R （96Gbit/s/ 30Mpps）	–
面向中小企业的路由器（中端路由器、低端路由器）	Cisco ISR 3800 Cisco ISR 2900 Cisco ISR 1900 Cisco ISR 800	J6350 J4350 J2350 J2320	–	RTX3000 RTX1500 RTX1200 RTX1100

注 1：思科公司的路由器名称为产品系列名称，其余公司的为产品型号名称。

■ 拨号路由器 [1]

　　个人计算机等设备通过电话线路接入网络的方式称为拨号连接（dial-up）。在20世纪80年代个人计算机普及时，以及20世纪90年代中期商业互联网服务开始时，拨号连接非常流行，只要有电话线路的地方就能连入互联网。

　　目前，由于光纤、ADSL等宽带接入技术占据主导地位，家里几乎不再使用拨号上网。

　　拨号路由器（Dial-up Router）配备了WAN侧线路连接的ISDN动态适配器，可以用64kbit/s或128kbit/s的速率连接互联网。也有配备了多个SOHO [2] 所需的LAN侧接口，可以直接连接终端的产品。

　　与目前使用的长时间在线网络服务不同，拨号上网需要和电话一同使用，并根据使用时间的长短来计费。因此该类路由器会配备一种功能，即仅在需要连接互联网时自动连接，如果在一定时间内没有通信则自动断开网络，节省通信费用。

　　从1994年Bekkoame Internet公司 [3] 开始向个人提供互联网接入服务后，逐步开始有了固定费用的、拨号上网的IP接入服务。

图 3-13　YAMAHA 的 NVR500

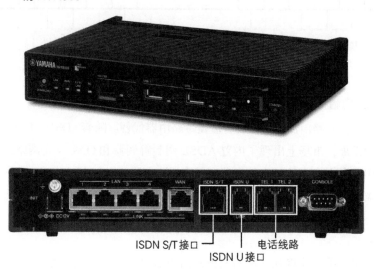

ISDN S/T接口　　ISDN U接口　　电话线路

---

[1]　在国内，由于该类产品采用了ISDN等宽带接入技术费用高昂，存在时间很短，因此消费者很难见到。——译者注
[2]　即Small Office Home Office，家居办公。大多指那些专门的自由职业者。——译者注
[3]　在日本面向个人提供互联网接入服务的公司，类似于中国的长城宽带等网络公司。——译者注

图 3-14 拨号路由器的架构

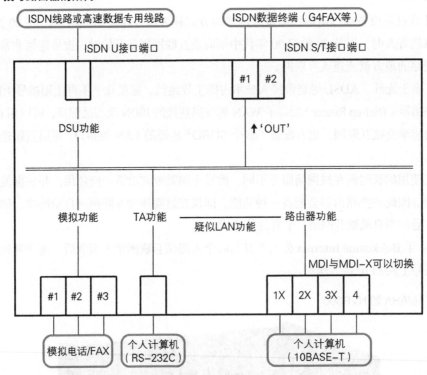

■ 宽带路由器、内置 ADSL 调制解调器的路由器

2000 年前后，拨号路由器的名称逐步被宽带路由器代替。随着 xDSL、FTTH（光纤到户）等宽带接入技术的发展，市场上出现了内置 ADSL 调制解调器和 ONU（光网络终端装置）、使用 PPPoA 或 PPPoE 协议就可以连接电信运营商网络的路由器。

该类路由器在家电专卖店的售价为几千至 1 万日元左右。

■ 移动路由器

在出差或外出时用于连接互联网的便携式路由器也可以称作移动路由器（Mobile Router）。该类路由器外形小巧便捷，有的产品配备了有线 LAN 端口和无线 LAN 接入点，有的产品可以通过 USB 接口或数据通信卡连接移动电话网、PHS[①]、WiMAX 等无线网络的调制解调器，还有的产品集成了数据通信卡和路由器的两种功能。

---

① 在国内称为小灵通。——译者注

03.04 路由器产品目录说明

　　路由器硬件产品的相关规格介绍如表 3-8 所示。另外，宽带路由器的产品目录说明书可参照表 3-9。

表 3-8 路由器产品目录的主要规格说明

规格要素	说明	范例
尺寸（高 × 宽 × 深）	路由器机框的大小	8.9×44.1×37.6cm
机架高度	机架插入式路由器的高度，即占用多少个 Unit	2U
重量（满配时）	产品的重量，会告知是否包含了接口卡等可选模块的重量	10.2kg
装载方法	说明整机是否能够载入（配置安装于）19 英寸或 23 英寸的机架	装载 19 英寸机架
物理端口组成	说明路由器配备了多少个物理端口（接口）和类型	2x10/100/1000BASE-T 2xBRI
接口卡插槽	插入可选接口卡的插槽数目。一般一块接口卡带有 1 个或多个物理端口	1 组
电源规格	电源一般分为 AC（Alternating Current，交流电）和 DC（Direct Current，直流电）两类。也有小型路由器会配备 AC 电源适配器	
AC 输入电压	AC 电源在规格范围内输入的电压额定值或额定范围。日本一般使用的电压为单相 100V，但是为了与世界接轨，AC 输入电压的范围普遍是 100~240V[①]	100~240VAC
AC 输入频率	AC 电源对应的输入频率。日本东部采用的是 50Hz，西部采用的是 60Hz[②]	47~63Hz
AC 输入电流	AC 电源中的电流数值。可以通过公式计算：消耗电能 ÷（输入电压 × 功率 × 转化率）	3A（110V） 2A（230V）
DC 输入电压	DC 电源对应的输入电压	−48VDC（额定）
DC 输入电流	DC 电源中的电流数值。可以通过公式计算：消费电能 ÷ 输入电压	最大 15A（额定 −48VDC）
输出功率		
消耗电能	表示产品消耗的电能。有时会分别标明平均消费电能和最大消费电能	52W（177 BTU/hr）
环境规格		
运行温度	产品运行时需要保证的温度	0℃~40℃
非运行时的温度	保管非运行状态的产品所需要的温度	−40℃~70℃
运行湿度	产品运行时需要保证的湿度	5%~85%（不会结露）

---

① 我国使用的是 220V。——译者注
② 我国使用的是 50Hz。——译者注

（续）

规格要素	说明	范例
噪音	产品运行时发出的噪音强度	50dBa
认证		
安全认证	显示硬件通过的安全认证	• UL 60950 • CAN/CSA • C22.2 No.60950 • EN 60950 • AS/NZS 60950
EMC（Electromagnetic Compatibility，电磁兼容性）	保证产品没有电磁辐射或有电磁辐射但不会影响操作以致造成失误的认证信息	• 47 CFR,Part 15 • ICES-003 Class A • EN55022 Class A • CISPR22 Class A • AS/NZS 3548 Class A • VCCI V-3 • EN 300386 • EN 61000
Telcom	表示符合电气通信和无线通信的相关规范	• 47 CFR,Part 68 • TIA/EIA/IS-968 • CS-03 • R&TTE Directive

表 3-9 宽带路由器规格的说明

项目	内容范例	说明
规格	IEEE 802.3ab（1000BASE-T） IEEE 802.3u（100BASE-TX） IEEE 802.3（10BASE-T）	表示有线 LAN 使用的标准名称。如果是以太网的话，这里内容基本相同，一般支持到千兆以太网为止
对应协议	TCP/IP	表示能够处理 TCP/IP 协议标准的分组
传输信号的编码方式	8B1Q4/PAM5（1000BASE-T） 4B5B/MLT-3（100BASE-TX） 曼彻斯特编码（10BASE-T）	表示有线 LAN 中线路传输的编码方式。以太网时表示的内容如范例所示（参考 01.03 节）
传输速度	10M/100M/1000Mbit/s（自适应）	通过自适应功能自动选择适合的传输速度
接入方式	CSMA/CD	采用 CSMA/CD 方式接入有线 LAN
WAN 处 IP 的获取方式	手动 /DHCP/PPPoE	能够通过手动设置、DHCP 或 PPPoE 协议从 WAN 端口处获得 IP 地址
端口数	WAN 侧 1 个端口（对应 AUTO-MDIX） LAN 侧 4 个端口（对应 AUTO-MDIX）	表示端口数目。一般 LAN 侧提供四个端口。会标明是否对应 Auto-MDIX
接头形状	RJ-45 类型 8 极接头	表示使用的是 8pin 的 RJ-45 接头
安全	Stateful Packet Inspection（SPI）、分组过滤（Packet Filtering）、VPN Multi-Passthrough（即 PPTP）	参照第 5 章

（续）

项目	内容范例	说明
电源	AC100V 50/60Hz	AC100V 表示内置型电源，DC5V 中出现的 DC 字样表示通过 AC 电源适配器供电
消耗电能	最大 14W	表示设备在启动时和 NDR（参考 07.04 节）分组处理时消耗的电能最大
外形尺寸	W165×H158×D30mm	表示路由器的尺寸
重量	338g	表示路由器的重量
运行环境	温度 0℃~40℃ 湿度 20%~80%	表示路由器在该温度、湿度范围内能够正常工作。在此范围之外，无法保证路由器能够正常工作

　　宽带路由器一般在 WAN 侧有 1 个端口，在 LAN 侧有 3~5 个 RJ-45 端口。LAN 侧的多个端口之间可以像交换机那样进行桥接，因此也可以在多个端口之间仅分配一个 IP 地址。

03.05　IP 路由选择的基础知识

03.05.01　IP 地址管理

■ 复习 IP 地址

　　IP 协议存在 IPv4 和 IPv6 之分，二者没有互换性，地址的表示方式也大相径庭。

　　IPv4 地址是采用类似 192.168.0.12 的形式，用点 "." 将地址分成 4 个部分，并使用十进制数字表示的 32bit 的值。因此每个部分的长度都是 8bit，可以用 0~255 的数字来表示。

● 地址分类与自然掩码

　　IPv4 地址中前三类地址网络部分与主机部分的 bit 位数是分配好的。A 类地址的范围是 0.0.0.0~127.255.255.255，其中 8bit 表示网络部分，剩余 24bit 表示主机部分。B 类地址的范围是 128.0.0.0~191.255.255.255，其中使用 16bit 表示网络部分，16bit 表示主机部分。C 类地址的范围是 192.0.0.0~223.255.255.255，其中使用 24bit 表示网络部分，8bit 表示主机部分。

　　另外还有用于多播的、范围是 224.0.0.0~239.255.255.255 的 D 类地址，和用于研究的、范围是 240.0.0.0~255.255.255.255 的 E 类地址。

● CIDR 与子网掩码

　　CIDR（Classless Inter-Domain Routing，无类别域间路由）不再采用以往的地址分类，而是基于可变长子网掩码进行任意长度的 IP 地址前缀，即网络部分的分配（可变长子网掩码在 RFC950 标准中定义了详细内容）。以往的地址分类只能将网络部分分成 24bit、16bit 或 8bit 三种，而通过 CIDR 进行任意长度的分配后，主机部分也可是任意长度，于是出现了新的子网掩码。IP 地址的网络部分也可以称为前缀（prefix），网络部分的长度通常以"前缀长度为 Nbit"的形式来表述，而前缀则通过子网掩码来表示。子网掩码和 IP 地址一样分成 4 个部分、由十进制表示，如果网络部分的长度为 24bit，子网掩码则为 255.255.255.0。和 IP 地址不同的是，当使用二进制表示时，子网掩码一定是以连续的 1 开始，以连续的 0 结束。另外，使用 CIDR 的表示法时，还可以在 IP 地址后面添加斜线"/"和表示子网的 bit 数。例如 IP 地址为 10.1.1.1，子网掩码为 255.255.0.0 时，可以记为 10.1.1.1/16。

不使用 CIDR，A 类地址到 C 类地址仍然使用 8bit、16bit 和 24bit 来表示网络部分的子网掩码，也称为自然掩码（natural mask）。

使用分类地址称为有类路由选择（classful），使用无类地址则称为无类路由选择（classless）。网络部分相同的 IPv4 地址可以认为它们归属同一子网。

● **私有地址与全局地址**

由于 IPv4 中地址枯竭的问题，出现了只在组织内部网络（intranet）中使用的 IP 地址，即私有地址（private address）。私有地址在 RFC1918 中定义了详细信息，并针对每个地址分类提供了不同的地址范围，以供不同规模的内部网络选择（表 3-10）。

表 3-10 私有地址范围

地址分类	私有地址范围
A 类地址	10.0.0.0~10.255.255.255（10.0.0.0/8）
B 类地址	172.16.0.0~172.31.255.255（172.16.0.0/12）
C 类地址	192.168.0.0~192.168.255.255（192.168.0.0/16）

A 类地址到 C 类地址中，除了私有地址外的所有地址都称为全局地址（global address）。如果要在互联网上使用全局地址，需要在 ICANN 下属的 Internet Registry[①] 机构中注册。

● **单播、广播、多播、任播**

IP 地址也可以按照拓扑结构分类，如表 3-11 所示。

---

① 可以理解为互联网登记处。——译者注

表 3-11 IP 地址的拓扑结构分类

单播（Unicast）	向特定 IP 地址的 1 台主机发送数据	IPv4 地址中使用 A 类、B 类、C 类地址	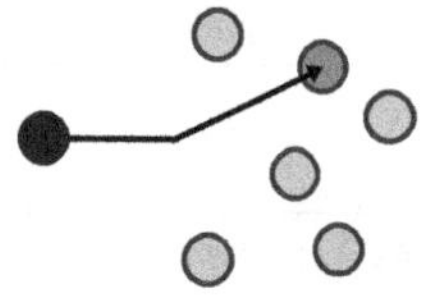
广播（Broadcast）	向网段内不定的多个通信对端发送数据	使用 255.255.255.255 或主机部分全为 1 的地址（如 192.168.1.255/24）	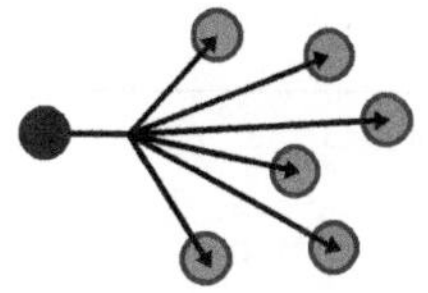
多播（Multicast）	使用专用 IP 地址向多个通信对端发送相同的数据	IPv4 中使用 D 类地址	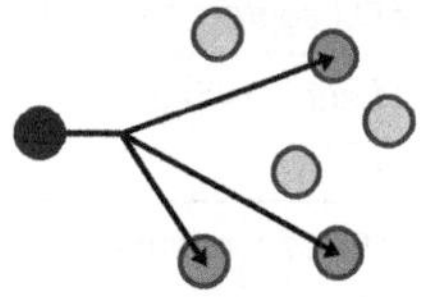
任播（Anycast）	只在最初发送多份数据，随后仅和最近（响应时间最快）的主机继续通信。	只在 IPv6 中存在	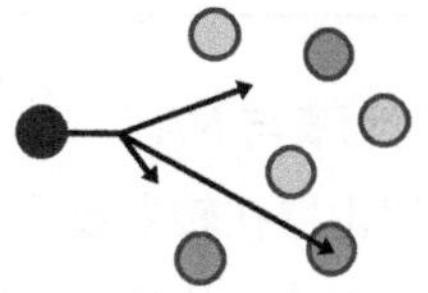

IPv6 地址的值增加到了 128bit，用冒号"："将地址分成八个部分，每个部分长 16bit，使用十六进制数字（从 0000 到 FFFF）表示。IPv6 地址有条简写规则，即前导并连续的 0 可以省略。

图 3-15 IPv6 的全局地址、私有地址、广播地址、多播地址和任播地址

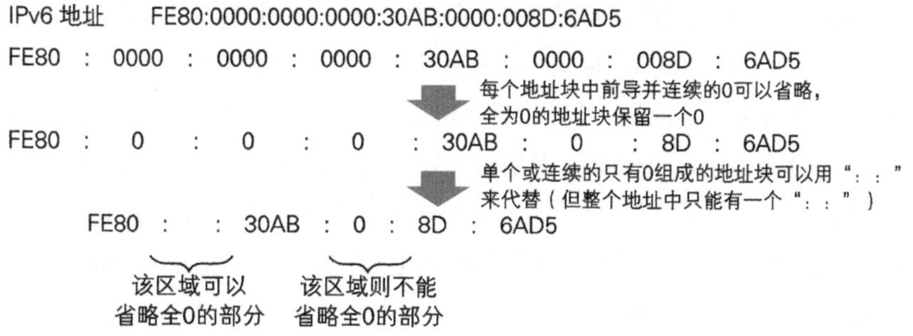

IPv6 地址　　FE80:0000:0000:0000:30AB:0000:008D:6AD5

FE80 : 0000 : 0000 : 0000 : 30AB : 0000 : 008D : 6AD5

⬇ 每个地址块中前导并连续的0可以省略，
全为0的地址块保留一个0

FE80 : 0 : 0 : 0 : 30AB : 0 : 8D : 6AD5

⬇ 单个或连续的只有0组成的地址块可以用"：："
来代替（但整个地址中只能有一个"：："）

FE80 : : 30AB : 0 : 8D : 6AD5

该区域可以　　该区域则不能
省略全0的部分　省略全0的部分

● **能够设置 IP 地址的接口**

IP 地址是在 OSI 参考模型的网络层上使用的逻辑地址。从管理接口能够手动设置表 3-12 所列的接口类型。MAC 地址属于数据链路层使用的物理地址，该地址与每个物理接口一一对应，因此无法变更，也不会存在重复的地址。

表 3-12 能够设置 IP 地址的接口

名称	说明
L3 接口	能够进行 L3 处理的物理接口。在交换机端口中，1 个交换机虽然能够携带多个物理端口，但也可以仅分配一个 IP 地址。当链路没有连通时，该 IP 地址不可达
环回接口（loopback interface）	路由器用来表示自己本身的虚拟接口。个人计算机中 IPv4 一般记为 "127.0.0.1"，IPv6 记为 "::1"。另外，也可以设定多个环回接口。一般在链路联通时，该虚拟接口到路由器所带的任意一个物理接口均是可达的
VLAN 接口	在可以进行 VLAN 间路由选择设置的路由器中，为每个 VLAN 分配 IP 地址时所使用的虚拟接口。思科公司的路由器将该接口称为 SVI（Switched Virtual Interface，交换虚拟接口）
汇聚接口（aggregate interface）	将多个物理接口进行链路汇聚（参考 02.08 节）而形成的逻辑接口
子接口（sub interface）	使用 VLAN ID 将一个物理接口分割成多个带标签的逻辑接口时，这些逻辑接口就称为子接口，表述方式如 ethernet1/1.1，用点 "." 来分隔主接口和子接口
辅助地址（secondary address）	当在路由器中可以配置 IP 地址的接口存在 2 个（或 2 个以上）时，可以同时分配不同的 IP 地址，这时第 2 个地址称为辅助地址。该地址可以用于网络迁徙或网络管理

● 访问列表与 NAT

路由器在转发或丢弃分组时会使用访问列表（access list）来进行分组的过滤（filtering）操作。而将分组从私有地址转发到全局地址，进行地址转换操作时，则会使用 NAT 技术。这两个功能的详细信息可参考 05.07 节。

● ARP 表管理

ARP 是通过 IPv4 地址获取 MAC 地址的网络协议。路由器在发送 IP 分组时，会用 ARP 解析以太网数据帧所需要的目的地 MAC 地址。负责使用 ARP 解析的路由器在收到该请求后，会向网络内其他的路由器或主机发出类似这样的询问消息："谁有 IP 地址 192.168.1.254？"而持有该 IP 地址的设备会做出如 "192.168.1.254 是 00:00:00:0f:12:34:56" 这样的应答。由于在转发 IP 分组时执行 ARP 的话效率会很低，因此一旦 ARP 解析完成，会将解析结果以表项的形式保存在设备的 ARP 表中。但是表项不会永久保存，而是有一定的时限，该时限称为 Age Time（老化时间或生存时间），超时后会再次解析 ARP。另外，ARP 表是以每个网络接口为单位保存的。

对于无法使用 ARP 的硬件或那些经常使用相同 IP 地址的服务器而言，由于无法通过广播的方式完成 ARP 解析，因此也可以由网络管理人员在 ARP 表中手动添加对应 ARP 表项。

● DHCP

DHCP（Dynamic Host Configuration Protocol，动态主机配置协议）协议在 RFC2131 与 RFC2132 中定义，是为主机（客户端）自动配置 IP 地址、子网、域名、DNS 服务器、默认网关等信息的网络协议。

　　路由器的 DHCP 功能主要分为三个方面。首先是作为 DHCP 服务器为客户端分配 IP 地址的"DHCP 服务器功能"。其次是作为 DHCP 客户端从其他 DHCP 服务器中获取 IP 地址的"DHCP 客户端功能"。最后是在 DHCP 服务器和客户端之间完成中继广播消息的 DHCP 中继代理功能（Relay Agent）。

　　使用路由器的 DHCP 服务器功能时，个人计算机（DHCP 客户端）可以通过图 3-16 的流程自动从路由器（DHCP 服务器）处获取 IP 地址。如果手动设置每台计算机的 IP 地址，过程会非常麻烦，而且必须考虑到不能分配重复的 IP 地址。而使用 DHCP 则可以指定分配的 IP 地址所在的范围 <?>，自动完成在该范围内的地址分配，同时也可以自动为默认网关分配地址。几乎所有类型的路由器都支持 DHCP 服务器功能，其中也包括家用的宽带路由器。

图 3-16　DHCP 连接流程

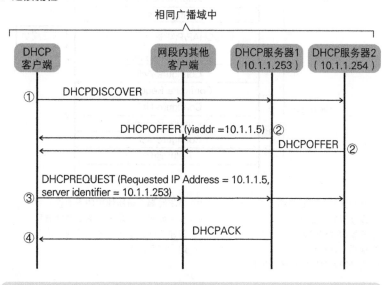

　● PPPoE

　　PPPoE（PPP over Ethernet）即以太网上的点对点协议，是在 LAN 上完成用户认证并分配 IP 地址的网络协议。另外，使用 PPPoE 协议也能提供网络接入服务，使设备接入互联网服务供应商的网络、享受 FTTH、ADSL 等长时间在线网络服务。

　　该协议由 RFC2516 定义，图 3-17 列出了处理流程。

　　有些路由器能够提供多 PPPoE 会话功能，即能够使用多个 PPPoE 实例。这时，用户可以通过路由器同时接入两个以上的互联网服务供应商网络，从而使连接互联网的线路负载均衡、双线冗余（multi-homing，也可称为多重连接）。

图 3-17　PPPoE 连接流程

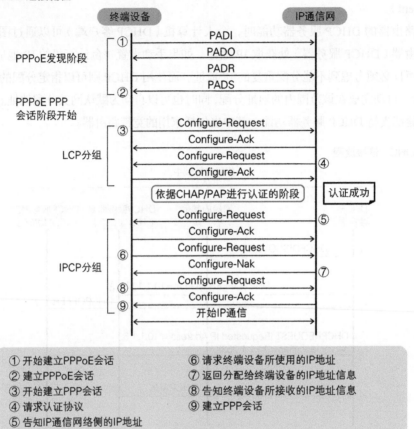

① 开始建立PPPoE会话　　　　　⑥ 请求终端设备所使用的IP地址
② 建立PPPoE会话　　　　　　　⑦ 返回分配给终端设备的IP地址信息
③ 开始建立PPP会话　　　　　　⑧ 告知终端设备所接收的IP地址信息
④ 请求认证协议　　　　　　　　⑨ 建立PPP会话
⑤ 告知IP通信网络侧的IP地址

03.05.02　IP 路由选择

路由器根据接收到的 IP 分组中目的地址信息，从路由表中选择最适合的路径，并选择从哪个网路接口转发，这一系列过程称为路由选择，对 IP 分组进行路由选择操作就称为 IP 路由选择。

IP 路由选择可以分为针对单播通信的单播 IP 路由选择和针对多播通信的多播 IP 路由选择。

03.05.03　路由表

路由表（routing table）包含了路由选择的必备信息，主要由以下各项组成。

1. 目的地 IP 地址（Destination Address）：IP 分组的目的地址。
2. 子网掩码（Subnet Mask 或 Network Mask）：表示目的地 IP 地址中有多少 bit 表示网络部分。1 与 2 组合起来能够表示目标子网络信息。
3. 网关（Gateway）：分组下一步需要转发到的 IP 地址。包含转发接口的子网 IP 地址，通常是相邻路由器的网络接口 IP 地址。网关也可称为下一跳（next hop）。
4. 网络接口（Interface）：转发该分组路由器上的接口。
5. 度量值（Metric）：当有多条路径可以到达相同目的地（目的 IP 地址与子网掩码的值相同）时不同路径的优先级。该值越小表示优先级越高。

以上 5 个项目汇总组成一条路由表的表项，也称为路由选择表项（routing entry）。

03.05.04　最长匹配与默认网关

当 IP 分组到达路由器时，路由器会参考 IP 的目的地址信息，从路由表中找到包含网络地址的路由表表项。

如果路由表中存在该表项，则根据该表项记载的网络接口信息，转发该分组到对应的网关（相邻路由器的 IP 地址）。若路由表中出现多条表示同一个目的网络地址的表项时，则选择子网掩码最长、度量值最小的表项。这种选择最长子网掩码表项的方式也称为最长匹配（longest match）。

如果路由表中不存在满足条件的表项，则根据路由表中默认的表项信息转发分组。默认路径的 IP 地址表示为 0.0.0.0，子网掩码为 0.0.0.0，使用 CIDR 时记为 0.0.0.0/0。经默认路径的转发也称为默认网关转发。如果路由表中不存在默认路径，路由器会告知转发错误并丢弃该分组。

■ 默认网关的范例

例如，图 3-19 中路由器 A 将端口 3 设置为了默认网关。

这时，个人计算机 A 向计算机 C 发送分组，路由器根据分组中 192.168.3.0/24 的网络地址信息开始检索路由表，寻找需要从哪个端口转发。由于路由表中没有该表项，因此适用 0.0.0.0/0 表项，将数据表从端口 3 转发出去。

由于端口 3 和互联网相连，而且除了子网 A 与子网 B 之外，所有发向其他目的地址的分组均从端口 3 转发，因此个人计算机 A 就可以完成互联网的接入了。

图 3-18 最长匹配的范例

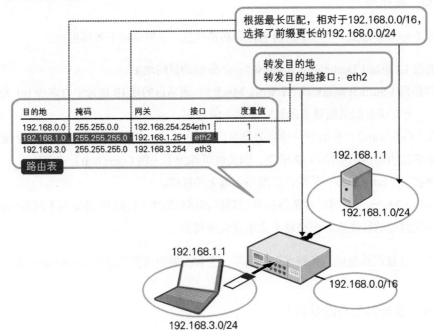

根据最长匹配，相对于192.168.0.0/16，选择了前级更长的192.168.0.0/24

转发目的地
转发目的地接口：eth2

目的地	掩码	网关	接口	度量值
192.168.0.0	255.255.0.0	192.168.254.254	eth1	1
192.168.1.0	255.255.255.0	192.168.1.254	eth2	1
192.168.3.0	255.255.255.0	192.168.3.254	eth3	1

路由表

192.168.1.1
192.168.1.0/24
192.168.1.1
192.168.0.0/16
192.168.3.0/24

图 3-19 默认路径与默认网关

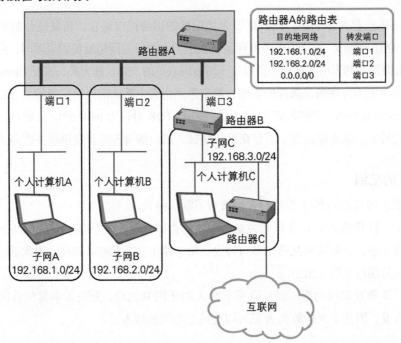

路由器A的路由表

目的地网络	转发端口
192.168.1.0/24	端口1
192.168.2.0/24	端口2
0.0.0.0/0	端口3

路由器A

端口1   端口2   端口3

路由器B

子网C
192.168.3.0/24

个人计算机A   个人计算机B   个人计算机C

路由器C

子网A
192.168.1.0/24

子网B
192.168.2.0/24

互联网

03.05.05　静态路由选择

网络管理员在路由器中手动设置路由表表项信息的方式称为静态路由选择（static routing），手动设置的路由表表项也称为静态路径（static route）。静态路由选择可以在配置默认路径或定义末稍网络（stub network）时使用。

所谓末稍网络是指仅通过 1 台路由器连接，与外部网络之间只有一个出入口的网络。

图 3-20　末稍网络

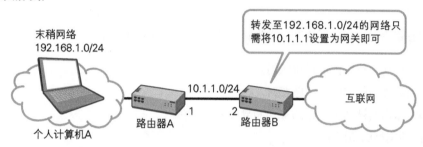

■ **使用静态路由的基本路由选择流程**

1. 个人计算机 A 发出分组。
2. 路由器 A 接收到该分组，计算 IP 首部校验总和，确认结果是否正确。
3. 路由器 A 参考路由表，获取下一跳的接口信息（图 3-20 中下一跳的地址为 10.1.1.2）。
4. 路由器 A 将 IP 首部的 TTL 值减 1。
5. 路由器 A 参照 ARP 表，获取下一跳的 MAC 地址信息，如果无法得到该信息则进入 ARP 流程。
6. 路由器 A 根据下一跳的 MAC 地址信息生成以太网数据帧，并将数据帧从接口转发至网络。

03.05.06　动态路由选择

当网络规模很大、连接的路由器数量很多时，从物理层面上来说，通过管理员手动设置路由表表项信息是不可能的，这时就需要用到动态路由选择（dynamic routing）的方式，即在路由器之间交换信息自动生成路由表表项信息。路由器之间进行信息交换需要用到路由选择协议（routing protocol，也可简称为路由协议）。路由选择协议定义了路由器之间如何交换及存取路由信息的一系列规则，在路由器之间进行交互时，如果使用（进行处理）的路由选择协议不匹配，则无法交换正确的路由信息。

有时网络中会同时使用静态路由和动态路由混合的路由选择方式。这时在路由表表项中会清晰地记录下哪条路径属于静态路由，哪条路径属于动态路由以及后者是使用何种路由选择协议等信息。

如果网络使用动态路由，需要耗费一定的时间通过交互的方式从其他路由器中获取路由信息，因此路由表会形成逐渐增大的态势，最终整个网络上所有的路由器都会携带完成形态的路由表，该过程称为收敛，有时也称为汇聚（convergence）。路由表从初始形态到收敛完成形态花费的时间称为汇聚时间（convergence time），汇聚时间越短，路径越稳定。一般而言，参与收敛的路由器数目越多，路径的汇聚时间越长，不过该时间的长短还和路由算法相关，算法不同，时间的长短也不同。

使用动态路由时，在以下情况会发生路由器之间的路由信息交互。

● 网络内首次运行路由选择协议时。

● 网络内添加新的路由器或链路时。

● 网络内路由器被卸下或链路被切断导致发生故障时。
（目的地网络的角度）

■ 动态路由的分类

路由选择协议可以分为在自治系统（AS，Autonomous System）内部运行的 IGP（Interior Gateway Protocol，内部网关协议）和在 AS 之间运行的 EPG（Exterior Gateway Protocol，外部网关协议）两类。这里 AS 是指 ISP 或学术科研网等在大规模机构中使用的独立网络，用 AS 编号识别。

其中，作为 EPG 的代表在业内广泛使用的是 BGP（Border Gateway Protocol，边缘网关协议，具体内容见本节后文）。

而 IGP 根据用途不同，也分为不同的种类，最常用的是 RIP（Routing Information Protocol，路由信息协议）和 OSPF（Open Shortest Path First，开放式最短路径优先）。表 3-13 列出了主要的 IGP 协议。

根据不同的最优路径算法，IGP 协议可以细分为距离矢量型（distance vector）、链路状态型（link state）和混合型（hybrid）三类。

距离矢量型是指仅根据距离（distance）和方向（vector）两个因素进行路由选择。方向是指从哪一个接口转发，距离是指分组经历的跳数。路由选择时，直接选择距离目的地跳数最少的路径。

链路状态型会先制作整个网络的路径地图，然后依据该地图中的路径不断地进行路由选择。区别于距离矢量型 IGP 协议中每个路由器仅握有各自的路由信息，在链路状态型 IGP 中所有的路由器均持有同一份网络路径地图。

混合型是路由选择时在混合使用距离矢量型同链路状态型 IGP 协议。

表 3-13 主要的 IGP 协议

协议名称	标准	类型	度量值	规模
RIP	RFC1058	距离矢量	跳数	规模较小的网络
RIPv2	RFC2453	距离矢量	跳数	规模较小的网络
RIPng（IPv6）	RFC2080	距离矢量	跳数	规模较小的网络
OSPF	RFC2328	链路状态	带宽（成本）	规模较大的网络
OSPFv3（IPv6）	RFC2740	链路状态	带宽（成本）	规模较大的网络
IS-IS	ISO10589	链路状态	成本（手动设置每个网络接口）	规模较大的网络
IGRP	思科公司独有	距离矢量	复合度量值（带宽、时延、可靠性、负载、MTU 大小共 5 项）	规模较小的网络
EIGRP	思科公司独有	混合	复合度量值（带宽、时延、可靠性、负载、MTU 大小共 5 项）	规模较大的网络

■ RIP

RIP 路由信息协议是动态路由选择中历史最悠久的路由协议，应用于小规模网络中。路由器使用该协议与相邻的路由器交换链路信息，通过贝尔曼 – 福特算法[①] 找到最短路径。

RIP 使用的度量值（metric）是到达目标网络需要经过的跳数（需要经过多少个路由器转发）。一般而言，RIP 在每 30 秒会更新一次路由信息，因此当距离目的地 2 跳时，路由信息的获取需要 30 秒；当距离目的地 5 跳时，则需要 30 秒 ×4，即 120 秒。这样一来，当网路规模很大时，必然会出现路径无法收敛的情况，因此 RIP 定义了 16 跳 "无限" 距离。当某个网络节点从相邻节点收到度量值为 16 跳以上的表项信息时，则该表项源地址的网络不可达（unreachable）。

RIP 协议标准文本除了有单纯表述 RIP、由 RFC1058 定义的 RIP 版本 1（RIPv1）以外，还有 RFC2453 定义的 RIP 版本 2（RIPv2）和 RFC2080 定义的、IPv6 使用的 RIPng。

RIPv1 和 RIPv2 都使用 UDP 协议的 520 端口完成路由器之间的路由信息交换。不同的是，RIPv1 使用广播通信而 RIPv2 使用目的地址为 224.0.0.9 的多播通信。另外，RIPv1 还是有类路由协议，使用了固定分配 A 类地址、B 类地址、C 类地址位数的自然掩码。

RIPv2 支持无类路由选择，另外还带有仅从特定的路由器上获取路由信息的认证功能。

RIPng 使用 UDP 协议的 521 端口和 FF02::9 多播地址完成路由器之间的路由信息交换。由于 IPv6 协议自带了对通信发起方和对方的认证与加密功能，因此 RIPng 不再携带认证功能。

由于 RIP 的实现非常简单，因此即使是内存较小的宽带路由器也有很多能同时支持静态路由和 RIP 的产品。另外，虽然 RIPv1 和 RIPv2 可以混合工作，但此时仅有 RIPv1 生效，所以在使用时需要事先确认路由器支持的 RIP 版本，尽量使用同一版本工作。

---

① 即 Bellman-Ford，由美国著名数学家 Richard Bellman 和 Lester Ford, Jr 提出，该算法在图论中和迪杰斯特拉的最短路径算法齐名。——译者注

图 3-21 距离矢量型路由选择概要

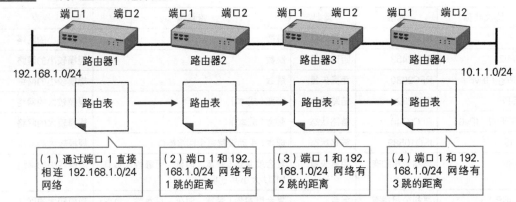

由于无法了解整个网络的结构，距离矢量型路由协议只能依靠来自于相邻路由器的信息进行路由选择，因此会发生路由环路问题。为了防止路由环路，就需要使用水平分割（split horizon）技术避免同一条路由信息回流到产生该信息的端口处，或采用毒性逆转（poison reverse）方法，给无效的路由信息设置一个通信实体不可达的"无限大"度量值（也称为路由破坏，route poisoning）。

在 RIP 协议中，默认每 30 秒更新一次路由信息，但如果网络中新发现了某条度量值很小的新路径，也会立刻自主触发路由更新（triggered update）。这一机制能够缩短网络路径的收敛时间。

• OSPF

OSPF（Open Shortest Path First）和 RIP 一样，同属于 IGP 协议。尽管早在 1989 年就发布了 OSPF 第一版的 RFC1131 标准，不过现在所说的 OSPF 一般是指 1998 年在 RFC2328（1998）中更新的版本 2 的第四次修订版。OSPF 是用于大规模网络的 IGP，因此成为电信运营商和普通企业首选的路由选择协议。另外，还有使用多播的 MOSPF（RFC1585）和对应 IPv6 的 OSPFv3（RFC2740，OSPF for IPv6）作为 OSPF 扩展的路由选择协议。

表 3-14 OSPF 的特征

等价多路径（ECMP，Equal-Cost Multipath）	能够同时使用多条等价（度量值相同）的路径，也称为等价负载均衡（Equal-cost load balancing）
认证	与 RIPv2 类似，能够使用明文（clear text）或 MD5 散列完成路由器的认证
路由的瞬时更新	OSPF 属于链路状态型路由协议。RIP、RIPv2 等距离矢量型路由协议虽然能够迅速应对自身以及相邻路由器的路径变更，但距离自己较远的路径发生变化时，路由器本身的收敛时间也会变长。而在 OSPF 中，各个路由器承担不同的角色，会同时更新路由信息，从而达到缩短收敛时间的效果
支持 CIDR 与 VLSM	和 RIPv2 一样，能够使用子网掩码以及应用于使用无类网络地址的网络
根据带宽选择路径	在 OSPF 中，度量值因网络带宽的不同而异。例如，即使距离目的地的跳数（相隔的路由器数量）相同，与 10Mbit/s 的以太网相比，100Mbit/s 的快速以太网会获得较高的路由选择优先级

OSPF 属于位于 IP 层之上工作在传输层的路由协议，该协议的协议号为 89。表 3-14 总结了 OSPF 协议的特征。

在 OSPF 中，网络分割为多个区域（area），最终形成一级级连接到骨干区域 0 的层级结构。通过以区域为单位进行管理，能够将网络变化限制在在区域内，缩短收敛时间。只有区域 0 构成的 OSPF 网络称为单一区域 OSPF，由多个区域构成的网络则称为多区域 OSPF（图 3-22）。

图 3-22　OSPF 的区域与路由类型

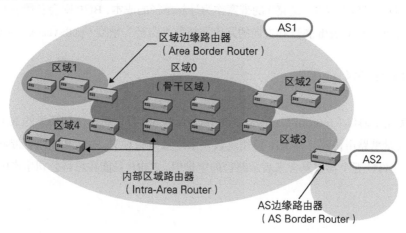

表 3-15　比较 RIP 与 OSPF 的特征

	RIP	OSPF
方式	距离矢量型	链路状态型
路由算法	贝尔曼–福特	迪杰斯特拉
交互数据量	多	少
链路信息发送方式	广播（RIPv1） 多播（RIPv2）	多播 单播
网络规模	小规模	中～大规模
路由器实现	简单，小型路由器也能采用	主要是中型规模以上的路由器采用
路由器处理量	少	多
收敛时间	长	短

● BGP

BGP（Border Gateway Protocol，边缘网关协议）是在 AS（Autonomous System，自治系统）之间进行路由选择的 EGP 协议。IPv4 所使用的是在 RFC1771 中定义的 BGP4（BGP 版本 4），而在 IPv6 中使用的则是由 RFC2545 定义的 BGP4+（BGP for Plus）协议。由于 BGP 需要获取非常可靠的大量交互网络信息，因此数据传输采用 TCP 协议的 179 端口进行。

在日本，AS 由 JPNIC[①] 进行管理，包含 IIJ、BIGLOBE、So-net 等互联网服务供应商，KDDI、NTT 等运营商和大学、政府机关等 700 多个机构 [②]。

AS 之间通过 AS 编号识别，编号为 1~65535 的 16bit 值。其中 64512~65535 为私有 AS 编号，与私有 IP 地址一样，可以在不与互联网相连的私有网络中使用。

BGP 使用的路由信息和 IGP 的路由信息一般不在一起管理。也就是说，运行 BGP 的路由器会同时拥有 IGP 和 EGP 两张路由表。

OSPF 一般会以传输媒介（链路）的带宽作为计算路径的成本，BGP 则会利用 path 属性（path attribute）来计算。基于 path 属性和方向的路由选择称为路径矢量型（path vector）路由协议。

■ 其他路由选择协议

● IGRP

内部网关路由协议（Interior Gateway Routing Protocol）是由思科公司研发的 IGP，和 RIP 一样同属距离矢量型路由协议。与 RIP 使用跳数表示度量值相对应，IGRP 使用了带宽、时延、可靠性、负载、MTU 五个参数复合来表示路径的度量值。IGRP 只能在思科公司生产的路由器之间使用。

● EIGRP

和 IGRP 一样，增强型内部网关路由协议（Enhanced Interior Gateway Routing Protocol）也是由思科公司开发的 IGP，是 IGRP 的改良版（enhanced 版本），所以命名为 EIGRP。该路由选择协议集合了距离矢量型和链路状态型的优点，用于大规模网络中。

● IS-IS

IS-IS 也是用于大规模网络的 IGP，与 OSPF 同属于链路状态型的路由协议，不过在 AS 之间也可以使用，甚至可以用于 IP 网络协议之外的网络。

IS-IS 是经过 OSI 标准化的路由协议。IS（Intermediate System，中间系统）是指转发分组的系统，也就是路由器。与 IS 对应的是 ES（End System，终端系统），指的是无法进行路由选择的主机。

与 RFC 标准化的 TCP/IP 协议簇不同，IS-IS 是提供了 OSI 环境下路由选择功能的 ISO 标准。ISO 8473 定义的 CNLP（Connectionless Network Layer Protocol，无连接的网络层协议）和 ISO 9542 定义的 ES-IS（End System to Intermediate System，终端系统到中间系统）协议。

---

① 该机构相当于我国的 CNNIC。——译者注

② 通过下面的站点可以查阅到机构所属的 AS 编号。
http://www.nic.ad.jp/ip/as-numbers.txt
http://www.iana.org/assignments/as-numbers

IS-IS 与 IP 网络中的 OSPF 类似，使用迪杰斯特拉的 SPF 算法计算最短路径。

■ 路由重分发

当网络中运行着多个路由协议时，在路由器内部设置路由重分发（redistribution），就能够在多个路由协议之间共享路由信息。例如，可以将通过 BGP 获取的外部 AS 相关路径信息加入 OSPF 获取的路由选择信息中，也能够以静态路由的方式向其他各类路由选择协议分发相关的路由信息。在执行路由重分发时，需要预先设置与分发目标路由协议相匹配的种子度量值（seed metric）。

需要注意的是，Cisco IOS 中的种子度量默认值会使 OSPF 在路由重分发时，由于反复分发而导致路由环路的发生，还会因为错误的度量值设置以及不同路由协议之间收敛时间的不同导致最短路径计算失败。

■ 管理距离

管理距离（administrative distance）用来表示路由选择信息发送方的可信度，数值越小可信度越高。在路由选择中通常会使用三种路径，一种是与路由器直连的网络目的地路径，一种是静态路径，还有一种是根据各种路由协议获取的路径。表 3-16 列举了这三种路径的管理距离示例。比如，路径 192.168.1.0/24 与路由器端口 1 直接相连（直接连到网络接口上）时，由于该路径确实存在，可信度可以理解成无限大，使用 0 表示管理距离最远并在路由表中添加该项。这时在相同的路由器中，通过 RIP 协议获取了端口 2 的输出目的地为 192.168.1.0 的路径。由于 RIP 协议比网络接口直连的可信度要低（管理距离数值变大），因此通过 RIP 协议得到的路径不及在路由表中直连的表项，所以无法添加到路由表中。

表 3-16 Cisco IOS 中主要的管理距离（默认值）

路由协议	管理距离值
网络接口直连	0
静态（设置网络接口）	0
静态（设置的下一跳）	1
eBGP	20
OSPF	110
IS-IS	115
RIP	120
EGP	140
iBGP	200
不明路径	255

表 3-17 各厂商支持的路由协议

产品（操作系统）	RIP	OSPF	BGP	IGRP/EIGRP	IS-IS
Cisco IOS 路由器	○	○	○	○	○
Juniper JUNOS	○	○	○	×	○
Alaxala	○	○	○	×	△[注1]
CenterCOM	○	○	○	×	×

注 1：需要有许可证方能使用。

03.05.07 IP 隧道与 VPN

　　某个通信协议被其他通信协议封装后进行转发传输的技术称为隧道技术。在处于网络上的两台路由器之间设置隧道的话，就可以在路由器之间根据隧道协议构建一条虚拟的通信链路。如图 3-23 所示，路由器 A 接收到的原始分组以封装后的形态（encapsulation）通过隧道协议被转发到目的地路由器 B 中。路由器 B 随后进行解封装（decapsulation），还原分组形态，并以原始形态再次转发到实际的目的地。

　　由于该技术架设直连通信两地的隧道（虚拟的），因此也称为隧道技术。

　　隧道协议有类似 L2F、PPTP、L2TP 这样将数据链路层数据帧封装于 IP 分组中的 L2 隧道协议，还有类似 GRE、IPsec 这样将网络层分组封装于 IP 分组中的 L3 隧道协议。

　　隧道技术多用于构建 VPN（Virtual Private Network，虚拟私有网）网络，尤其是使用 IPsec（参考第 5 章）构建加密的 VPN 提供给用户。这时，PC-A 和 PC-B 之间分配的私有地址处于一个网络中，而路由器 A 和路由器 B 之间则使用全局地址，在互联网上相连并负责数据的传输。

图 3-23 IP 隧道技术的运行机制

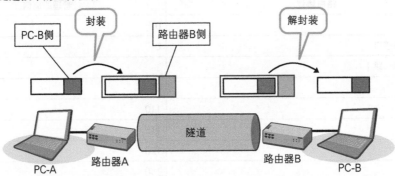

■ GRE

　　GRE（Generic Routing Encapsulation，通用路由封装）是由思科公司开发的隧道协议之一，协议编号为 47，在 RFC2784 中定义。

该协议主要应用于路由选择协议等多播分组的隧道传输。

GRE 隧道能够将任意协议封装到 IP 分组中（图 3-24）。

由于 GRE 没有自带加密功能，因此无法保障封装数据的安全性，可能会被窃听。如果需要保障封装数据的安全性，可以使用 GRE over IPSec。

图 3-24　普通 IP 分组与 GRE 封装后的分组的不同

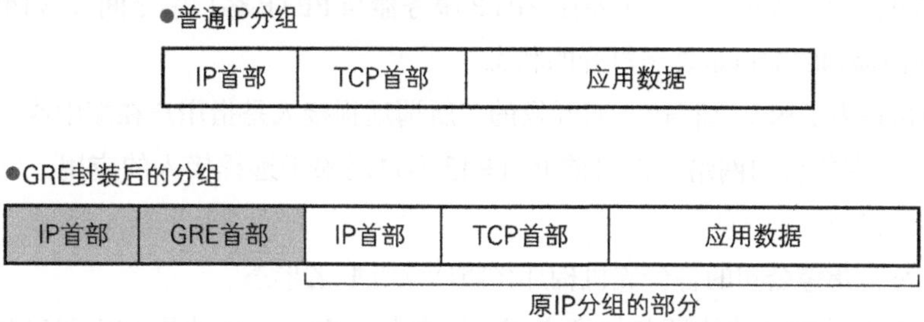

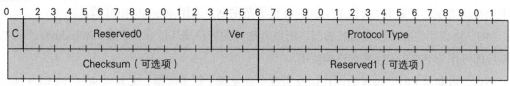

图 3-25　GRE 首部

C		: Checksum Present比特位。当该位置为1时，表示Checksum域和Reserved1域的值有效。
Reserved0（1bit~12bit）		: 接收方如果没有RFC1701且1~5bit在非0时，丢弃该分组。6~12bit预留以便将来使用。
Ver		: 版本号（Version Number），一般填0。
Protocol Type		: 协议类型。作为有效载荷数据的协议种类定义在RFC1700的ETHER TYPES中，填入对应的值。
Checksum		: 校验总和。C标志位为1时，填入GRE首部与有效载荷的IP校验总和。
Reserved1		: 预留以便将来使用。

■ PPTP

PPTP（Point to Point Tunneling Protocol，点对点隧道协议）是由微软公司、Ascend 公司[1]、3Com 公司等共同开发设计的 VPN 协议。Windows 操作系统从 Windows NT4.0 开始支持该协议，在 Windows XP/Vista/7 中同样可以使用。由于该协议设置简单，因此即使是购买于家电专卖店的廉价宽带路由器也提供了 PPTP 服务器功能。该协议通常用于需要远程接入小规模网络的情况。

PPTP 使用 PPP（Point-to-Point Protocol，点对点）数据帧封装 IP 分组，在 IP 网络上通过隧道进行传输。与 RAS（Remote Access Service，远程访问服务）服务器进行 PPP 连接。

---

[1] 擅长 ATM 等数通技术的公司，也有容错计算机业务，于 1999 年被当时的朗讯科技收购。——译者注

在以前使用电话线拨号上网时，连接的接入点中会有提供用户认证、IP 地址分配、接入互联网等服务的服务器，类似这样的服务器被称为 RAS 服务器。RAS 服务器狭义是指 Windows 终端使用 PPTP 进行连接的 PPTP 服务器，广义上则包含了能够接受远程终端通过各种隧道协议进行访问的 VPN 集线器和终端服务器。

在隧道中 PPTP 协议使用改良版的 L3GRE 隧道协议，和 GRE 同样使用 47 号协议，建立、监控隧道时使用 TCP 协议的 1723 端口。

在运行 PPTP 隧道协议的设备中（即在 PPTP 服务器与 PPTP 客户端之间），如果设置了防火墙，需要保证前面提到的端口是处于打开的状态。

PPTP 在最初是为了用于远程接入而开发的。所谓远程接入是指用户在家中或出差途中通过互联网接入用户所在的公司网络。但目前 PPTP 已不再局限于远程接入的应用，也可以应用在 LAN-to-LAN 的连接中。

LAN-to-LAN 是指像公司的各分支机构那样将网络互联的形态。

PPTP 仍旧使用了 PPP 的认证与加密方式。需要加密时，首先使用 MS-CHAP（Microsoft Challenge Handshake Authentication Protocol，挑战握手认证协议）进行认证，然后再进行加密。其中加密算法在北美采用 128 位的 RC4，在世界范围则是采用 40bit 的 RC4 算法。

PPTP 协议因为有微软公司的参与，所以可选择的客户端环境非常丰富，Windows 系列的操作系统即可作为 PPTP 的标准客户端使用。

不过，目前从 PPTP 协议的设计以及实现中也发现了很多问题，尤其是 40bit 的 RC4 加密强度过低，使得该协议的安全性令人担忧。因此在互联网中使用 VPN 时，若考虑到加密安全性，还是使用 IPsec-VPN 或 SSL-VPN 更有保障。

■ L2TP

L2TP（Layer 2 Tunneling Protocol，L2 隧道协议）定义于 RFC2661 标准。

L2TP 协议充分结合了微软公司基于 PPP 的 PPTP 隧道技术和思科公司独有标准 L2F（Layer 2 Forwarding，L2 转发协议）这两者的优点。

L2TP 是属于 VPDN（Virtual Private Dialup Network，虚拟专用拨号网）的网络协议，用于拨号用户接入私有网络。

图 3-26 L2TP 的接入方式

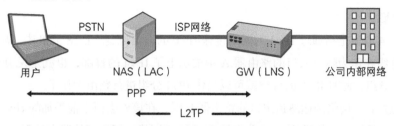

PSTN ： Public Switched Telephone Network（公共电话网，即固定电话网络）
NAS ： Network Access Server（帮助用户从电话线路以及ADSL线路连接到互联网的
         接入点服务器）
ISP ： Internet Service Provider（互联网服务供应商）
GW ： Gateway（网关、路由器）

用户在家中通过电话线路连接到公司网络时的网络拓扑逻辑如图 3-26 所示。NAS（Network Access Server）意为网络接入服务器，L2TP 中则将其称为 LAC（L2TP Access Concentrator，L2TP 接入集线器）。用户使用 PPP 连接工具开始 PPP 连接后，NAS 会收到连接请求，并在 ISP 内的认证服务器完成简单认证。与此同时，NAS 将接入 GW，公司内部网络认证服务器也会完成对 NAS 的认证。当认证均通过后，就完成了 L2TP 隧道的建立。

图 3-26 中的 GW 属于公司的网关（入口路由器），该网关在 L2TP 中称为 LNS（L2TP Network Server，L2TP 网络服务器）。PPP 协议封装在 L2TP 隧道协议中，用来完成终端和 GW 的连接。

以 FLET's[①]ADSL 为例，ISP 是 NTT 东西地区公司，公司内部网络则是各供应节点（provider），想要从自己家中接入到互联网的用户可以通过 PPP 协议接入各供应节点，再从供应节点连入互联网（图 3-27）。

图 3-27 FLET'sADSL 中的 L2TP

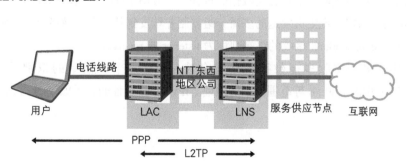

① 日本某电信品牌，和中国电信的"我的 e 家"类似。——译者注

■ **IPv6 隧道**

● **IPv6 over IPv4 隧道**

　　IPv6 over IPv4 隧道是指通过 IPv4 的网络传输 IPv6 的通信机制。在图 3-28 中，从发送方路由过来的 IPv6 分组在作为隧道入口的路由器 A 中被加上了 IPv4 的首部，也就是说 IPv6 的分组被封装成了 IPv4 分组，此时 IPv6 的分组就可以当作 IPv4 分组进行路由操作了。

　　当该分组通过 IPv4 网络到达隧道出口的路由器 B 时，在该处去掉之前添加的 IPv4 首部，完成 IPv4 的解封装，并将解封装后的 IPv6 分组转发到 IPv6 网络进行后面的路由过程。

图 3-28 **IPv6 over IPv4 隧道的连接方式**

　　IPv6 over IPv4 有多种实现方式，有使用地址 6to4 的 6to4 封装技术，也有通过在 NAT 环境下也可使用的 UDP 来进行封装的 Teredo 技术，还有用于将 IPv6 数据导入使用私有地址的 Intranet 中的 ISATAP 技术。

● **IPv4 over IPv6 隧道**

　　使用 IPv6 网络进行 IPv4 分组的通信机制。像 FLET's 光 Next[1] 那样需要在 IPv6 网络中进行 IPv4 通信时，必须将 IPv4 的分组封装到 IPv6 的分组中进行传输。

03.05.08　IP 多播

■ **什么是多播**

　　多播是向多个接收者同时发送相同数据的过程，一般用于同时传输动态画面等情况。构成多播网络的路由器可以将特定主机发送的多播分组复制并转发到其他多个网络节点。多播分组发送源主机称为 source 或 sender，接收的终端则称为 listener 或 receiver。

　　在多播中，多个接收多播数据的终端会被分组，每个多播组的识别号使用 IPv4 的 224.0.0.0/4、IPv6 中的 ff00::/8 等范围的多播地址。IPv4 多播地址的分类如表 3-18 所示。

----

① 同为日本某电信品牌。——译者注

表 3-18　IPv4 多播地址分类

名称	IP 地址范围	说明
Local Network Control Block	224.0.0.0~224.0.0.255（224.0.0/24）	常用于 OSPF、RIPv2、VRRP 等内部网络中的通信控制协议
Internetwork Control Block	224.0.1.0~224.0.1.255（224.0.1/24）	常用于在 NTP 等跨互联网的通信控制协议
AD-HOC Block	224.0.2.0-224.0.255.255，224.3.0.0-224.4.255.255，233.252.0.0-233.255.255.255	常用于没有包含在 Local Network/Internetwork Control Block 中的应用程序
SDP/SAP Block	224.2.0.0-224.2.255.255（224.2/16）	用于使用 Session Announcement Protocol 作为通信地址的应用程序
Source-Specific Multicast Block	232.0.0.0-232.255.255.255（232/8）	用于 SSM
GLOP Block	233.0.0.0~233.255.255.255（233/8）	与 16bit 的 AS 编号关联使用

图 3-29 中，在 232.0.0.1 与 232.0.0.2 两个多播组中正在传输分组。左侧两个 listener 接收 232.0.0.1 多播组的分组，右边两个 listener 接收 232.0.0.2 组的分组，而位于中央的 listener 能够同时接收两组的分组。

图 3-29　多播数据转发的流程

在接收终端通过应用程序对多播进行设置，就可以设置 NIC（Network Interface Card，网卡），使得终端能够获取发向接收多播 IP 地址对应的、多播 MAC 地址的以太网帧格式，从而完成多播分组的接收。

■ 多播的 MAC 地址

● IGMP 与 MLD

在 IPv4 协议中使用 IGMP（Internet Group Management Protocol，Internet 组管理协议）协议来管理各终端是否加入（或退出）多播组以及加入（或退出）哪个多播组。这个协议如表 3-19 所示，存在多个版本。

MLD 是 ICMPv6 的附属协议，IGMPv2 对应 MLDv1，IGMPv3 对应 MLDv2。

表 3-19 IGMP 与 MLD 版本

IPv4	IPv6
IGMPv1（RFC1112）	
IGMPv2（RFC2236）	MLDv1（RFC2710）
IGMPv3（RFC3376）	MLDv2（RFC3810）

■ 多播路由选择协议

● PIM-SM 与 PIM-DM

在对多播分组进行路由的协议中还有 PIM。

PIM-SM（Protocol Independent Multicast Sparse Mode，RFC2362）属于路由器动态生成路径信息的协议。由于 PIM 是基于单播路由选择运行的多播路由协议，因此 PIM 在实际实现时需要与 RIP 或 OSPF 等路由协议协同工作。

SM（Sparse Mode，稀疏模式）用于 listener 处于游离分散状态时进行高效通信。DM（Dense Mode，稠密模式）用于 listener 处于密集状态时进行高效通信。

● PIM-SSM

PIM-SSM（Source Specific Multicast，源特定多播）是 PIM-SM 的扩展协议，将多播源信息通知上一级 PIM 路由器以提高安全性，与 SSM 相对的是源不特定的 ASM（Any Source Multicast，任意源多播）方式。

SSM 在实现时需要使用 IGMPv3 并指定源 IP 地址。

● DVMRP

DVMRP（Distance Vector Multicast Routing Protocol，距离矢量多播路由选择协议）协议是在 RFC1075 中定义的距离矢量型的路由选择协议，其中具体考虑了 DV（Distance Vector）的应用。该协议最早开发于 20 世纪 90 年代，是最早的多播路由选择协议，从 1992 年开始，在多播实验网 MBONE（Multicast Backbone，多播主干网）中得到具体应用（现在的 MBONE 已使用 PIM-SM）。运行 DVMRP 的路由器之间会交换发往目的地的单播路径信息，并使用这些路径信息通过 RPF（Reverse Path Forwarding，逆向路径发送）进行转发。当在进行 RPF 的过程中遇到不支持

DVMRP 协议的路由器时，使用 IP 隧道技术即可解决问题。在早期的 MBONE 中由于存在很多不支持 DVMRP 的路由器，因此不得不大量使用 IP 隧道构成整个 MBONE 网络。

桌面式路由器几乎都不支持多播路由，不过会支持表 3-20 中列出的与多播相关的功能。

表 3-20 桌面式路由器支持的多播相关功能

功能名	说明
Multicast Snooping（多播侦听）	用于管理和侦听多播分组，阻止无用 IP 多播分组的泛滥（flooding）
Multicast 隧道传输模式	与 Snooping 功能组合使用，用于提高在无线 LAN 中 IP 多播分组的可靠性

03.06 了解路由器搭载的各种附加功能

尽管路由器是执行路由选择的网络硬件，但也同时提供了其他各种各样的功能。

03.06.01 路由器功能的分类

路由器是位于网络层并主要提供路由选择功能的网络硬件，但也能够完成在路由器以太网接口处理以太网数据帧等属于数据链路层和物理层的相关操作。另外，最新的路由器甚至还提供了安全保障功能、涉及 IP 电话的 VoIP 功能等属于传输层和应用层的相关功能。

尽管路由器厂商提供的功能各不相同，但大致可以分为以下几个类型，如表 3-21 所示。

表 3-21 路由器的主要功能

OS 参考模型	功能
管理型	操作系统管理、冗余化等
会话层 ~ 应用层	安全保障（IPS、代理、SSL-VPN 等）、VoIP
网络层、传输层	TCP/IP（NAT、路由选择等）、TCP/IP 以外的协议簇、IPsec-VPN、QoS
物理层、数据链路层	LAN 交换、LAN 以外的物理层与数据链路层协议、WAN、无线 LAN

LAN 交换功能请参考本书第 2 章，安全保障与 VPN 请参考本书第 5 章，无线 LAN 等内容可以参考本书的第 6 章。

03.06.02 支持 TCP/IP 以外的协议簇

■ AppleTalk

AppleTalk 是指 Apple 公司在 Mac 操作系统中提供的专用网络功能，也可以指实现该网络功能时用到的一系列协议。随着 TCP/IP 的普及，Apple 公司最近的产品也已开始逐步剥离 AppleTalk，从 Mac OS X 10.6 开始就不再支持 AppleTalk。不过 Cisco IOS 以及 CentreCOM[①] 依然提供对其的支持。

■ DECnet

DECnet 是美国 DEC 公司（现属 HP 公司）[②] 于 1975 年发布的网络产品集合的总称。该网络协议用于 DEC 公司小型机之间的互连，目前 Cisco IOS 提供对其的支持。

■ Novell IPX

Novell IPX 是 Novell 公司开发的网络层和传输层协议。IPX（Internet Packet Exchange，互联网分组交换）一般用于 Novell 公司开发的 NetWare 操作系统，网络层中使用 IPX 地址。直至 20 世纪 90 年代初，Novell IPX 都是在企业 LAN 中使用，但是现在已经很少使用了。

Cisco IOS、CentreCOM、YAMAHA RT 系列提供了对该协议的支持。

表 3-22 各厂商对各个协议簇的支持情况

产品（操作系统）	IP	IPX	DECNet	AppleTalk
Cisco IOS 路由器	○	○	△	○
Juniper JUNOS	○	×	×	×
ALAXALA Networks	○	○	×	×
CenterCOM	○	○	×	○
YAMAHA	○	△	×	×
桌面式	○	×	×	×

03.06.03 LAN 交换

大多数宽带路由器都有一个 WAN 端口和若干个 LAN 端口。家庭以及小规模办事处可以将多台个人计算机连接 LAN 端口，并通过 WAN 端口接入到互联网。与此同时，各个 LAN 端口之间也能够交换数据。

除了宽带路由器之外，其余类型的路由器也能够在多个接口之间交换 LAN。

有关 LAN 交换的详细内容可以参考本书第 2 章。

---

① Allied Telesis 公司的网络操作系统。——译者注
② 该公司是小型机的先驱，PDP 系列小型机曾创下一代辉煌，后由于 PC 的兴起被康柏公司收购，随后康柏又被 HP 收购。——译者注

03.06.04　支持 LAN 以外的物理层和数据链路层协议

如今大多数互联网均是通过以太网完成互连的。以太网原本是用于局域网（LAN）的技术，但自从万兆以太网出现之后也开始逐渐应用于广域网（WAN）了。

除以太网之外，主要在广域网中使用的数据链路层协议如表 3-23 所示。

表 3-23　数据链路层协议

协议名称	说明
HDLC	High-Level Data Link Control（高级数据链路控制）的简称，属于 ISO 标准的数据链路层协议，以 IBM 公司在 20 世纪 70 年代中期提出的、用于 SNA（Systems Network Architecture，系统网络体系结构）环境[①]的 SDLC（Synchronous Data Link Control，同步数据链路控制）协议为原型改进而成。以 HDLC 协议进行通信的分组称为 HDLC 数据帧 8bit　　　8bit或16bit　　　　　　16bit 〔标志位〕〔地址〕〔控制〕〔信息〕〔FCS〕〔标志位〕 　8bit　　　0或者8bit的倍数（长度可变）　8bit（可选）
PPP	由 RFC1661 定义，HDLC 协议是 PPP 的基础，即在物理链路上进行数据封装要以 HDLC 为依据。PPP 协议数据链路层中的 LCP 完成链路的建立、设置、认证和检测，NCP 完成 IP、IPX、AppleTalk 等网络层协议的选定与设置 网络层 数据链路层　NCP（Network Control Protocol） 　　　　　　LCP（Link Control Protocol） 　　　　　　HDLC（High-Level Data Link Control） 物理层 PPP 还提供下面这些功能。 ● 多种网络协议的链路复用（MP，Multilink PPP）　● 链路配置 ● 链路质量测试　　　　　　　　　　　　　　　　● 用户认证（PAP 或 CHAP） ● 首部压缩（Predictor、Stacker、MPPC）　　　　● 出错检测（Magic Number）
ATM	Asynchronous Transfer Mode（异步传输模式）的简称。属于数据链路层的通信协议，可以使用逻辑链路进行异步数据交换。数据单元信元（cell）采用 53 字节的固定长度，其中 5 字节为首部，48 字节为有效载荷。原计划用于扩展普通电话线路的 B-ISDN 中，截至 2000 年左右速率提升到 OC-12（622Mbit/s），但最近已经不太使用。在高速 WAN 传输线路中取而代之的是 POS（Packet over SONET）或者基于 MPLS 的、以太网数据帧和 IP 分组的传输
帧中继 （Frame Relay）	分组通信方式的一种。通信方式比 X.25 网络更简单，但整个通信网络的可靠性较差。该协议的错误纠正在上层进行，通过使用品质优良的线缆，能够降低噪音带来的影响以及线路本身发生故障的概率。可以提供 1.5Mbit/s 速率的通信业务。NTT 通信提供过一个名为 super relay-FR 的通信业务，即使用了该类协议技术，不过该业务于 2011 年 3 月终止
MPLS	Multiprotocol Label Switching（多协议标签交换）的简称，在 RFC3031 中进行了标准化。参与通信的分组不再像 IP 路由那样根据地址信息进行路由选择，而是为一个路由器分配一个标签，并以此为依据选择下个转发的路由器。由于路由器不再进行路由选择，仅仅负责转发分组，因此该协议可以用在需要高速转发分组的情况。MPLS 主要应用于电信运营商的路由器，构建电信运营商或大型企业的大规模网络

① 该环境用于 IBM 大型机、中型机等之间的互联，属于封闭网络系统，目前也已向开放的 TCP/IP 过渡。——译者注

（续）

协议名称	说明
RPR	Resilient Packet Ring（弹性分组环）的简称，在 IEEE 802.17 标准中定义。使用光纤构成带宽共享的环形链路，拥有发生故障时能够在 50 毫秒内折回的 RPR 保护技术。物理层支持以太网以及 SONET/SDH
POS	PPP over SONET 的简称，在 RFC1662（PPP in HDLS-like Framing）和 RFC2615（PPP over SONET/SDH）中定义。该协议使 PPP 分组可以无需使用 ATM，直接封装成 SONET/SDH 数据帧的形式在网络上传输

表 3-24 中总结了除以太网以外，路由器使用的物理层协议 SONET/SDH 的详细内容。

表 3-24　物理层协议

协议名称	说明
SONET/SDH	由 Bellcore 公司（现在的 Telcordia 公司）[1]以 SONET（Synchronous Opitical NETwork）的名称提出，ITU-T[2]以 SDH（Synchronous Digital Hierarchy）的名称进行了国际标准化。在北美地区一般称为 SONET，在欧洲地区则大多称为 SDH，因此记为 SONET/SDH。该标准定义了光进行多模传输的数据帧格式，该格式中包含了传输速度以及控制信号等信息。SONET 使用 OC-n（Optical Carrier）来表示传送速率

SONET/SDH 名称与带宽				
SONET 传输速率系列	SONET 数据帧格式	SDH 系列与数据帧格式	有效载荷带宽（kbit/s）	线速
OC-1	STS-1	STM-0	50,112	51.840Mbit/s
OC-3	STS-3	STM-1	150,336	155.520Mbit/s
OC-12	STS-12	STM-4	601,344	622.080Mbit/s
OC-24	STS-24	-	1,202,688	1.244160Gbit/s
OC-48	STS-48	STM-16	2,405,376	2.488320Gbit/s
OC-192	STS-192	STM-64	9,621,504	9.953280Gbit/s
OC-768	STS-768	STM-256	38,486,016	39.813120Gbit/s

SONET 的数据帧格式

---

[1] Telcordia 公司在 2012 年 1 月被瑞典爱立信公司收购。——译者注
[2] 即著名的国际电联组织，其发布的规范往往有着很高的权威。——译者注

IP 分组以 SONET/SDH 数据帧格式进行传输时，路由器内会进行如下处理。

● 发送时

```
IP → PPP → FCS generation → Byte stuffing → Scrambling → SONET/SDH framing
```

● 接收时

```
SONET/SDH framing → Descrambling → Byte destuffing → FCS detection → PPP → IP
```

■ Cable Network（DOCSIS、缆线调制解调器等）

通过使用有线电视网络（CATV），CATV 局端也能够为用户提供互联网接入服务[①]。在 ADSL、FTTH 普及之前，CATV 网络就曾向用户提供速率为几 Mbit/s 的宽带接入服务。

这种互联网接入需要在 CATV 局端到用户住宅的前半段路程使用光纤线路，通过 OE（Optical/Electronic signal converter）即光纤 / 电气信号转换器将光信号变为电气信号，后半段路程再使用同轴电缆完成数据的交互。

而在用户住宅一端则使用同时带有 WAN 侧同轴电缆接口和 LAN 侧以太网接口的缆线调制解调器（cable modem），将个人计算机与 CATV 网络相连。（图 3-30）

图 3-30　缆线调制解调器

在 CATV 局端所配置的路由器称为缆线路由器（cable router）或中心调制解调器（center modem）。

连接缆线路由器和缆线调制解调器的通信方式在早期随厂商的不同而不同，但目前使用的设备基本都符合 1997 年美国 CATV 同业协会 MCNS（Multimedia Cable Network System Partners）制定的 DOCSIS（Data Over Cable Service Interface Specifications）标准。

使用同轴电缆和光纤混合组网时，90~600MHz 带宽供有线电视业务使用，10~55MHz 带宽中 1.6~6.4MHz 作为上行带宽（从接入用户到 CATV 局端）、600~770MHz 带宽中的 6MHz 作为下行带宽（从 CATV 局端到接入用户）提供给互联网接入业务。表 3-25 总结了 DOCSIS 各个版本之间频率带宽和速率的不同之处。

---

① 与中国上海地区的"有线通"业务相似。——译者注

表 3-25　DOCSIS 各版本之间的差异

版本	功能	上行	下行
DOCSIS 1.0 （1997 年）		频率带宽：0.2~3.2MHz 调制方式：QPSK、16QAM 最大速率：10.24Mbit/s	频率带宽：6MHz 调制方式：64QAM、256QAM 最大速率：42.88Mbit/s
DOCSIS 1.1 （1999 年）	安全性、QoS 扩展、支持 IP 多播	频率带宽：0.2~3.2MHz 调制方式：QPSK、16QAM 最大速率：10.24Mbit/s	频率带宽：6MHz 调制方式：64QAM、256QAM 最大速率：42.88Mbit/s
DOCSIS 2.0 （2002 年）	提高通信速率	频率带宽：0.2~6.4MHz 调制方式：QPSK、8/16/32/64/128QAM 最大速率：30.72Mbit/s	频率带宽：6MHz 调制方式：64QAM、256QAM 最大速率：42.88Mbit/s
DOCSIS 3.0 （2006 年）	信道绑定、IPv6、AES 加密	频率带宽：0.2~6.4MHz 调制方式：QPSK、8/16/32/64/128QAM 最大速率：m×30.72Mbit/s[注1]	频率带宽：6MHz 调制方式：64QAM、256QAM 最大速率：m×42.88Mbit/s

注 1：DOCSIS 3.0 的信道绑定（channel bonding）能够提高同时使用多个信道时的通信速率。m 表示信道的数量，假定上行中 m=4，下行使用 m=4 或 m=8 的情况比较多。

■ xDSL

日本从 1999 年开始在商用宽带领域使用 ADSL 技术。因为在那之前使用的拨号或 ISDN 均属于按量收费的窄带系统，因此可以说是 ADSL 使定额付费的高速互联网接入服务得到了普及。

ADSL 是通过在双绞线的固定电话线缆（金属线路）上复用数字信号来接入互联网的 DSL（Digital Subscriber Line，用户数字线路）线路之一。由于该线路下行（从 NTT 局端[①]至用户侧）和上行（从用户侧到 NTT 局端）的速率不同，因此称为非对称数字用户线路（Asymmetric DSL）。

在 ADSL 中，用户和 NTT 局端之间使用固定电话线缆连接，用户家中使用的 ADSL 调制解调器和运营商局端使用的宽带远程接入服务器（Broadband Remote Access Server，被称为 BRAS 的路由器）之间使用 L2TP 隧道相连（图 3-31）。而用户家中的个人计算机或路由器与互联网服务供应商的 RAS（Remote Access Server）之间则通过 L2TP 隧道封装，使用 PPPoE 协议完成连接。

BRAS 的路由器是适用于电信运营商的高端路由器。用户则可以使用 ADSL 调制解调器与路由器（或个人计算机）两台设备组网，也可以使用内置 ADSL 调制解调器的宽带路由器。在路由器或个人计算机中，需要设定互联网服务供应商在签约时提供的、用于连接 PPPoE 的用户名和密码，并以此作为 RAS 的认证信息。用户名大多是类似 user@example.co.jp 这种，在用户名与 ISP 域名之间使用 @ 符号分割，类似电子邮件的格式[②]。

---

① NTT 局端指运营商的局端。——译者注
② 在我国，中国电信 ADSL 宽带接入业务提供的用户名不是这个格式，而是类似 ADxxxxx 的形式。——译者注

图 3-31 ADSL 拓扑图

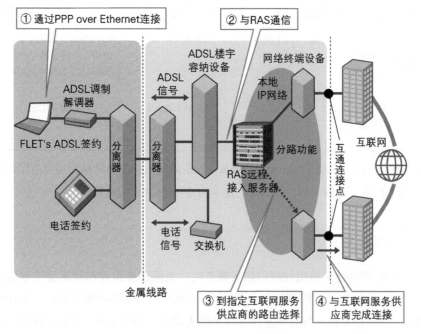

表 3-26 列出了 xDSL 的分类信息。

表 3-26 xDSL 的种类

名称	线路	距离	速度	说明
ADSL （Asymmetric Digital Subscriber Line，非对称数字用户线路）	1 对 2 线 （可与电话线路通用）	5.4km 左右	上行 512k~4Mbit/s 下行 1.5~52Mbit/s	也称为全速 ADSL，使用 ITU-T G.992.1 标准（也称为 G.dmt）的 DMT 调制方式（Discrete MultiTone，离散多音调）。日本使用 G.992.1 Annex C 标准
UADSL （Universal Asymmetric Digital Subscriber Line，通用非对称数字用户线路）	1 对 2 线 （可与电话线路通用）	5.4km 左右	上行 512kbit/s，下行 1.5Mbit/s	也称为简易版 ADSL 或半速 ADSL，组网无需分离器，使用 ITU-T G.992.2 标准（也称 G.lite）。日本使用的标准是 G.992.2 Annex C
VDSL （Very High Bitrate Digital Subscriber Line，超高速数字用户线路）	1 对 2 线 （可与电话线路通用）	300m~1.4km	上行 1.5~2Mbit/s，下行 13~52Mbit/s	使用最大 30MHz 的高频信号，最大传输距离比 ADSL 短，一般在公寓等住宅处与 FTTH 线缆配合使用
HDSL （High-bit-rate Digital Subscriber Line，高速率数字用户线路）	2 对 4 线 （或 3 对 6 线）	3.6km	2Mbit/s （或 4.6Mbit/s）	上下行采用相同速率的对称型 DSL。推荐使用 ITU-T G.991 标准。使用 200kHz 带宽

（续）

名称	线路	距离	速度	说明
SHDSL（Single-pair High-speed Digital Subscriber Line，单对线高速数字用户线路）	1 对 2 线	6km	2.3Mbit/s	和 HDSL 一样是上下行对称的 DSL。使用 1 对线缆而不是两对。推荐使用 G.991.2（也称为 G.shdsl）标准
SDSL（Symmetric Digital Subscriber Line，对称数字用户线路）	1 对 2 线	2.4~6.9km	160k~2Mbit/s	上下行对称的 DSL（速率相同）。推荐使用 G.992.1 Annex H 标准

另外还有称为 LRE（Long Reach Ethernet，长距离以太网）的思科公司独有协议，同 VDSL 类似，使用 UTP 线缆，支持半径为 1.5km、速率为 5~15Mbit/s 的通信。

03.06.05　拨号接入

1993 年日本在开始提供商用互联网接入服务时，是采用模拟调制解调器通过电话线路拨号接入互联网。当时的模拟调制解调器，通信速率在 300bit/s~14.4kbit/s 左右。个人计算机连接模拟调制解调器，在操作系统的互联网连接选项中输入接入点 ISP 的电话号码、用户名、密码等信息，即可完成接入[1]。接入点配有支持 RAS（Remote Access Server）功能的路由器或服务器作为拨号连接的服务终端。

使用数字业务线路 ISDN（Integrated Services Digital Network，综合业务数字网）时，可以使用终端适配器来取代模拟调制解调器连接个人计算机。

1995 年，日本的 NTT 东日本和 NTT 西日本两大运营商开始提供深夜电话费固定的收费方式，而且市场上开始销售廉价的终端适配器，以这两件事为契机拨号接入互联网的方式迅速普及开来。

拨号接入互联网时，数据链路层使用 PPP 点对点协议连接个人计算机和 ISP 的 RAS。当 RAS 作为路由器使用时，大多数需要将 RADIUS 服务器作为认证服务器协同使用（图 3-32）。RADIUS（Remote Authentication Dial In User Service）即远程认证拨号用户服务，定义于 RFC2865/2866 中。在 RAS 和 RADIUS 服务器之间采用 RADIUS 协议完成认证和计费管理。

图 3-32　拨号接入流程

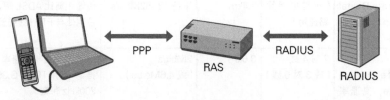

---

[1]　20 世纪 90 年代末期至 2000 年初期，拨号上网在中国很流行。——译者注

随着手机的普及，手机和PHS[①]专用的调制解调器出现了，它使用户可以像固定电话网络那样使用移动网络拨号接入互联网。即使当前FTTH已成为主流接入线路，但在移动环境下还是有大量的用户通过拨号接入互联网。

另外，还有不少在路由器中进行使用ISDN或固定电话线路的拨号连接设置，以此作为常用接入线路备用方案的情况。此时，即使主线路接口断路，路由器也会自动拨号接入互联网。

03.06.06 冗余

■ 路由器冗余

互联网最初是基于军事目的开发的，即使一部分路由器发生故障，也能够通过链路的转换来继续通信过程，即具有不间断通信的机制。但是企业网络与互联网之间的网关所在——路由器或适用于电信运营商的核心路由器等一旦发生故障，也往往会造成很大的麻烦。故障无法完全杜绝，而且在定期维护时同样需要将路由器与网络断开，为了在这些情况下依旧能够向用户提供持续不断的业务，就需要将路由器冗余。

● 冷备份和热备份

冷备份（cool standby）是指配备平时不运行的备用设备，当运行设备发生故障时，使用备用设备替换。备用设备一般不放入电源也不接入网络，存放在用户处或销售公司、制造公司的仓库中。由于在发生故障时，只需将故障设备进行物理替换即可，因此该类产品设计与使用非常简单，但需要花费一定的时间进行设备的替换与启动，在这期间将会中断用户的业务。另外，自动同步设置和连续会话也无法进行。

热备份（hot standby）是指在设备运行的同时运行备用设备，当运行设备发生故障时，能够自动替换备用设备。如果速度够快，这一切换过程可以在发生故障的几秒后完成。

● 替换与回退

在冗余结构中，停止运行设备，使用备用设备进行工作的过程称为替换，英语中称为fail-over或switch-over。switch-over有手工切换的意思，但是作为路由器功能之一，使用冗余协议进行替换的过程也可称为switch-over。

替换后再次恢复到原来的运行设备，也就是从处于运行状态的备用设备再切换到原来的运行设备的过程称为回退，英语中称为fail-back或switch-back。

由两台路由器组成的热备份机制中，使其中1台路由器处于优先运行状态的操作叫做先占（preempt）操作。如果执行了先占操作，当恢复由于故障导致当机的路由器时，即使当时处于运

---

① 与中国电信的小灵通制式一致。——译者注

行状态的备用设备并没有发生任何问题，也会强制切换到原来的运行设备。

● **路由器冗余的种类**

路由器冗余的种类如表 3-27 所示。

表 3-27 路由器冗余的类型

种类	功能	说明
硬件内部的冗余结构	路由引擎冗余化	在高端路由器中，一般会在机框中安装主备两块路由引擎。当主路由引擎发生故障时，立刻将业务切换到备路由引擎上，该过程可以在不丢失分组的前提下继续提供路由服务
	根据链路汇聚情况使物理接口冗余化	将多个物理网络接口汇聚成逻辑接口，当组成逻辑接口的某个物理接口发生故障时，其他物理接口可以继续收发通信数据
使用多个机框组成的冗余结构	主备方式（Active-Standby）	准备两台路由器，其中一台作为正常运行业务的活跃设备（active），也可以称为主设备（master）或首要设备（primary）。另一台作为发生故障时替换的备用设备（standby），也可以称为备机（backup）、从设备（slave）或次要设备（secondary）。活跃设备和备用设备必须共享关于设备的设置信息
	双活方式（Active-Active）	准备两台路由器，其中一台作为首要设备（primary），另一台作为次要设备（secondary），二者同时运行来组成冗余结构。这种方式可以通过与负载均衡设备并用或者设置 DNS、客户端一侧的路由信息来达到负载均衡的目的
	集群方式（Cluster）	在主备方式或双活方式中，使用 3 台以上的硬件协同组成冗余结构的方式

在实行主备方式（Active-Standby）时，会使用类似 VRRP 的冗余协议。尽管也存在像思科公司的 HSRP 这样的厂商独有冗余协议，但如果想在不同厂商生产的路由器之间构成冗余结构，还是需要参考 RFC 标准的 VRRP 冗余协议。

主备方式是将两台物理路由器组成 1 台虚拟的路由器，这时虚拟路由器的 IP 地址以及 MAC 地址由两台物理路由器分担。

双活（Active-Active）方式还有如下特点。

● 使用负载均衡（load balancer）技术
● 适用于两组主备结构
● 运用等成本多路径路由或 DNS 轮询等技术

由 1 台活跃设备和 1 台备用设备组成的冗余结构称为 1+1 冗余结构，是最常用的热备份方式，通常用于企业网络的数据中心以及互联网网关中。

而在集群中则是由 N 台活跃设备和 1 台备用设备组成 N+1 冗余结构。在电信运营商等需要处理大流量通信的情况下，路由器大多采用 N+1 集群的冗余形式。例如，如果使用 1 台路由器能够处理 3 分之 1 总业务，那么就需要采用 N=3、即共 4 台设备组成集群。

除此以外，由 N 台活跃设备和 N 台备用设备组成的冗余结构称为 2N 冗余结构。

■ VRRP

VRRP（Virtual Router Redundancy Protocol，虚拟路由冗余协议）是 RFC5798 中定义的协议，用于路由器的冗余与复用。通过该协议，可以将多台路由器组成 1 个群组，其中 1 台为活跃设备，其余为备用设备。与此同时，1 台路由器既可以属于多个群组，也可以通过设置成为双活方式，组成 N+1 的冗余结构。

位于同一群组的路由器之间使用 224.0.0.18 的组播地址进行通信，交互协议号为 112 的 VRRP 控制分组。

每个群组都可以视作 1 台虚拟路由器（virtual router），与各个物理路由器的 MAC 地址不同，虚拟路由器中的虚拟 MAC 地址是按照群组分配的，并由主设备（master）来使用。虚拟 MAC 地址值的形式一般为 00-00-5E-00-01-XX，其中 XX 部分由群组固有的 VRID（Virtual Router Identifier，虚拟路由器标示符）来分配。

虚拟路由器接口使用的 IP 地址也称为虚拟 IP 地址，该 IP 地址是否被物理路由器实际使用这一点并不重要，但必须保证与路由器物理接口地址处于同一子网中。

同一个群组内的物理路由器会被分配 1~255 范围的优先级（priority）数值，优先级值最高的物理路由器会被选择为主设备。

在默认状态时，主设备每隔 1 秒向群组内的成员发送 VRRP 通知消息，如果在 3 秒内群组没有收到来自主设备的消息则判断主设备已经发生故障。

一旦主设备发生了故障，优先级最高的备用机将升级为主设备。同时还会给发生故障的原主设备分配到一个较低的优先级，以便在快速切换状态时避免切换带来的抖动。

■ HSRP

HSRP（Hot Standby Router Protocol，热备份路由协议）协议是 VRRP 协议的前身，由思科公司完成标准化工作之后成为该公司的独有协议，分为版本 1（HSRPv1）和版本 2（HSRPv2），只能在运行可思科公司 IOS 系统的设备上使用，无法与其他协议替换。另一方面，VRRP 则是由 RFC 完成了标准化，各个厂商的路由器只需支持该协议皆可互联互通。

两个协议的对比如表 3-28 所示。

表 3-28 比较 VRRP 和 HSRP

名称	VRRP	HSRPv1	HSRPv2
标准	RFC 标准（在 RFC5798/3768/2338 文档中以标准的形式记载）	思科公司独有标准（在 RFC2281 文档以信息介绍的形式记载）	思科公司独有标准
处于运行状态设备的称呼	Master	Active	Active
处于备用状态设备的称呼	Backup	Standby	Standby
组群数目	0~255（VRID）	0~255（HSRP ID）	0~4095（HSRP ID）
定时器精度	秒	秒	毫秒
认证	MD5	明文	MD5
先占	默认生效	默认无效	默认无效
消息 IP 地址	224.0.0.18	224.0.0.2	224.0.0.102
消息端口号	协议号 112	UDP 1985 端口	UDP 1985 端口
虚拟 MAC 地址	00:00:5e:00:01:XX（XX=VRID）	00:00:0c:07:ac:XX（XX=HSRP ID）	00:00:0c:9f:fX:XX（XXX=HSRP ID）
优先级数值	1~255。默认值为 100。优先级数值高的成为主设备	1~255。默认值为 100。优先级数值高的成为活跃设备。优先级相同时，IP 地址值大的成为活跃设备	
存活维持（Keep Alive）	使用多播地址 224.0.0.18 发送 VRRP 通告（advertisement）。以 1 秒为间隔（通告间隔值）发送消息，如果接收方在 Master_Down_Interval 间隔（默认为 3 秒）内没有收到该消息，则视为主设备当机	使用多播地址 224.0.0.2 发送 Hello 消息。默认每 3 秒（hello 间隔值）发送一次，如果接收方在 Holdtime 间隔（默认 10 秒）内没有收到该消息，则视为主设备当机	
IPv6	VRRP 版本 3（RFC5798）中支持	不支持	支持

■ GARP

在使用主备方式的冗余结构中，网络接口会分配到一个虚拟 IP 地址。这个 IP 地址在进行路由选择时会被提供给路由器使用，也就是说主设备 A 和备用设备 B 会带有同一虚拟 IP 地址。虽然两台设备共用一个 IP 地址，但设备 A 和设备 B 的 MAC 地址却是不同的。当 A 发生故障时，设备 B 会切换到主设备状态，这时就需要路由器向所连接的交换机发送一条"虚拟 IP 地址对应的 MAC 地址已变更"的消息，这一过程称为 GARP（Gratuitous ARP，无故 ARP）。这就使交换机能够将原本发送至设备 A 的数据帧及时更正为向设备 B 发送（图 3-33）。

另外，当设备处于先占状态时或者向网络接口插入电缆时，也会触发 GARP，并通知交换机对 MAC 地址表进行更新。

需要补充的是，GARP 还可以用于检测在 DHCP 的过程中 IP 地址是否有重复分配的问题。

图 3-33 不使用虚拟 MAC 时，通过 GARP 更新交换机中的 ARP 表

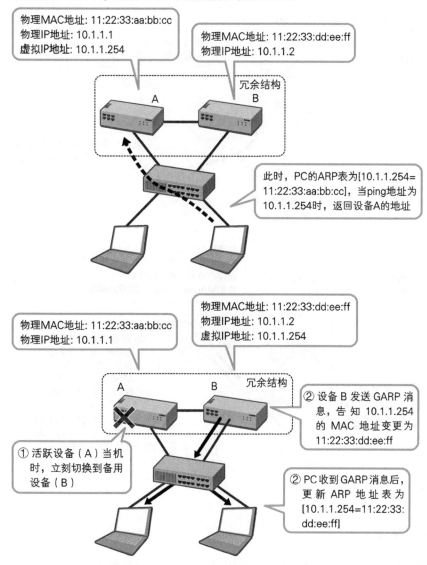

物理MAC地址: 11:22:33:aa:bb:cc
物理IP地址: 10.1.1.1
虚拟IP地址: 10.1.1.254

物理MAC地址: 11:22:33:dd:ee:ff
物理IP地址: 10.1.1.2

冗余结构

此时，PC的ARP表为[10.1.1.254=11:22:33:aa:bb:cc]，当ping地址为10.1.1.254时，返回设备A的地址

物理MAC地址: 11:22:33:aa:bb:cc
物理IP地址: 10.1.1.1

物理MAC地址: 11:22:33:dd:ee:ff
物理IP地址: 10.1.1.2
虚拟IP地址: 10.1.1.254

冗余结构

② 设备 B 发送 GARP 消息，告知 10.1.1.254 的 MAC 地址变更为 11:22:33:dd:ee:ff

① 活跃设备（A）当机时，立刻切换到备用设备（B）

② PC 收到 GARP 消息后，更新 ARP 地址表为 [10.1.1.254=11:22:33:dd:ee:ff]

图 3-34 在 VRRP 中发送虚拟 MAC 地址已向备用设备转移的消息并告知交换机更新 MAC 地址表的 GARP

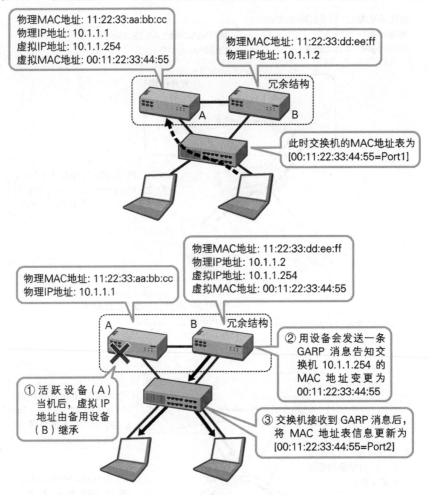

03.06.07 认证

认证是指用户在接入网络时,网络要求用户出示设备的认证信息(用户名以及密码)、验证用户输入的认证信息是否正确、确认正确后允许用户接入网络这一系列过程。认证信息不正确时,网络将拒绝用户的接入请求。认证功能有很多种,例如管理员身份认证、拨号上网接入认证以及 VPN 等用户认证。

■ RADIUS

RADIUS 是远程认证拨号用户服务(Remote Authentication Dial In User Service)的简称。

　　路由器可以和外部 RADIUS 服务器协同完成路由器管理员身份认证或客户端用户的账户认证。

　　例如，通过路由器拨号上网或进行 PPP 连接时，如果在客户端登陆界面输入用户名和密码，连接时这些信息就会与路由器进行交互。这时路由器会将从客户端接收到的信息中继到 RADIUS 服务器，RADIUS 服务器认证成功后才允许用户接入。

　　RADIUS 使用 1645 和 1812UDP 端口将用户的密码散列后发送。由于该协议由 RFC 标准化，因此各个设备厂商的产品均提供了对该协议的支持。

■ TACACS+

　　TACACS+ 是终端访问控制器控制系统（Terminal Access Controller Access-Control System）的简称，由 RFC1492 文档定义 [①]。该系统在 20 世纪 80 年代作为 UNIX 远程接入认证协议使用，随后由思科公司在 1990 年扩展开发为 XTACACS（扩展 TACACS），并逐步发展成了 TACACS+。

　　TACACS+ 和 TACACS 的名称几乎完全相同，功能却有很大的差别。

　　与 RADIUS 只对应 IP 协议不同，除了 IP 协议以外 TACACS+ 还能够支持多种 L3 协议，如 AppleTalk、NetBIOS、Novell（NASI）、X.25 等。

　　另外，该协议使用 TCP 49 号端口，能够对分组的有效载荷进行加密，因此具有高安全性的特点。但只有思科的路由器和一部分 UNIX 系统使用该协议，RFC 也没有对其进行标准化。

03.06.08　QoS

　　QoS（Quality of Service，服务质量）是保障通信质量的功能，主要分为带宽控制和优先级控制两类。不过也有根据通信量的优先级来控制带宽的情况。使用优先级对通信量进行分类的过程称为类别（classification），根据通信量的每一个类别进行带宽控制或优先级控制的过程则称为 CoS（Class of Service，服务类别）。

■ 优先级与标记

　　RFC791 定义的 IP 首部中有一个称为 ToS（Type of Service，服务类型）的数据域，该数据域在控制 IP 分组优先级时使用。IP Precedence、DSCP 以及 ToS 域中的参数会随着不同年份的不同标准而变化（图 3-35）。

---

① 历史上是在思科公司的帮助下，由美国明尼苏达大学在该 RFC 文档中描述了思科对 TACACS 的扩展，并没有对之进行标准化定义。——译者注

图 3-35 IPv4 首部 ToS 数据域的变化

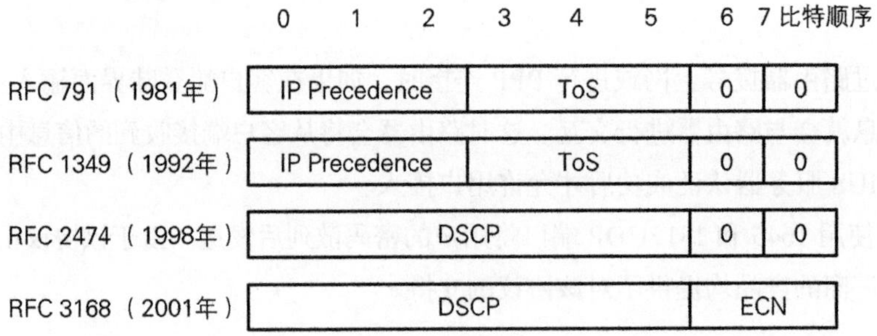

对于拥有相同 IP Precedence 以及 DSCP 值的分组将采用同一优先级进行转发控制（表 3-29）。比如，将拥有某个优先级数值的分组全部放到 PQ[1] 优先队列中。

根据发送源、发送目的、端口号、协议等各种信息，在 IP 首部的 ToS 数据域中填入或变更某值的功能称为优先级标记（Marking）。

表 3-29 IP Precedence 与 DSCP 的种类

IP Precedence			DSCP		
数值	二进制	服务类型	值	二进制[注1]	类别
0	000	Routine	0	000xxx	尽力服务（Best Effort）
1	001	Priority	8	001xxx	AF（Assured Forwarding）类别 1
2	010	Immediate	16	010xxx	AF 类别 2
3	011	Flash	24	011xxx	AF 类别 3
4	100	Flash override	32	100xxx	AF 类别 4
5	101	Critical	40	101xxx	EF（Express Forwarding）
6	110	Internetwork control	48	110xxx	Control
7	111	Network control	56	111xxx	Control

注1：二进制数值中的 x 表示可以填入 0 或 1。

■ 保持缓存与队列处理

分组从路由器网络接口转发时，会暂存于内存中的数据缓存（buffer）中。每个网络接口均有缓存，在缓存中存放数据的过程称为保持缓存（buffering）。当通信线路上遇到拥塞或冲突时，分组暂时无法从网络接口转发到线路上，因此需要暂时保存在缓存中，等到线路允许时再次发送。一般而言，分组在缓存中以 FIFO（first-in first-out，先入先出）的方式处理。FIFO 方式构成的数据称为队列（queue）或等待队列，而分组在路由器上等待处理的过程则称为队列处理（queuing）。

---

[1] 即 Priority Queue，优先级队列。——译者注

在日常生活中也有队列处理的例子。比如在超市结账时，超市中有 5 台结账设备，也就是说
会有 5 个等待队列。等待结账的人相当于路由器中的分组，超市中没有人所以没有人需要结账的
状态就是当前没有发生拥塞。反之，当所有结账设备前都有人在结账，也就是说结账设备前形成
了等待队列时，也就是发生了拥塞。

图 3-36　队列处理的流程

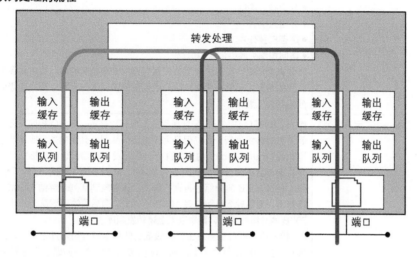

■ **附带优先级的队列处理**

路由器转发的分组中存在着各种各样的数据，比如时延很小的 VoIP 和流媒体（Streaming）
等数据，FTP、邮件、Web 网页浏览等虽然存在时延但不会造成什么问题的数据等等。若对这些
数据均采用同一标准进行 FIFO 队列处理的话，将会出现路由器为了转发大量 FTP 数据而导致 IP
电话无法使用的问题。

为了解决这一问题，路由器需要采用附带优先级的队列处理方式。

优先级是根据下面这些信息定义的。

● 发送源或发送目的地的 IP 地址、协议编号、目标端口号。

● IP 首部的 ToS 数据域或 DSCP 数据域。

表 3-30 总结了附带优先级队列处理的几种类型。

表 3-30 附带优先级队列处理的种类

名称	说明
PQ（Priority Queuing，优先级队列）	根据优先级高低决定转发顺序，优先级越高的分组越容易被转发。思科公司的路由器中，按优先级从高到低依次提供了 high、medium、normal、low 四个优先级队列。接收到的分组根据以下信息分类。 ● TCP/UDP 端口号 ● 分组输入接口 ● 分组大小 ● 是否已被分片 ● 访问控制列表中记录的信息 当分类完成后，将这些分组分配到各自的优先级队列中。路由器会保障高优先级队列的带宽，只要高优先级队列中存在未被发送的分组，低优先级队列中保存的分组就会一直等待下去
CQ（Custom Queuing，定制队列）	作为 CBWFQ 和 WFQ 配合使用的情况较为普遍。与 PQ 相同，会根据访问列表等信息对分组进行分类，但只需设置每个队列中分组的数目或字节数。随后将采用轮询（round-robin）的方式进行分组转发，例如设置网络接口对应的队列 1 中允许有 50KB 的分组，队列 2 为 30KB，队列 3 为 10KB，这时系统就会等到队列 1 存满 50KB 的分组后再进行转发，接着轮到队列 2 存储到 30KB 的分组后进行转发，最后轮到队列 3 满 10KB 后转发。随后再次回到队列 1 中，等待下一批 50KB 的分组存满后，再次进入上述转发顺序。 PQ 机制中，有可能会发生优先级低的队列中的分组永远无法转发的情形，这会导致对应的应用发生中断。而 CQ 则可以避免这一问题。在思科公司的路由器中，每个网络接口都可以对应生成 16 个转发队列
WFQ（Weighed Fair Queuing，加权公平队列）	PQ 和 CQ 属于管理员设置的静态队列处理机制，WFQ 则能够通过识别流（flow，发送源、发送目的地的 IP 地址和端口号一致的通信内容组合，相当于一个 TCP 连接），在网络发生拥塞时自动生成队列。当 FQ（Fair Queuing，公平队列）中发生拥塞时，网络接口上所有的队列将采用同一大小的带宽（bit/s 数值）转发，因此尺寸较小的分组相对于尺寸较大的分组更容易被转发。而在 WFQ 中每个队列（以流为单位）都会以其中 IP 分组首部的 IP Precedence 值为基础，分配一个权重（weight）值。IP Precedence 数值越大，权重值越小，意味着可以使用更多的带宽资源。思科公司的路由器中能够使用 4096 个这样的队列
CBWFQ（Class-based Weighted Fair Queuing，基于类别的加权公平队列）	集合了 CQ 和 WFQ 的特点，规定了每个队列所需保障的最低带宽。与 WFQ 的优先级（权重）取决于 IP 分组首部的 IP Precedence 相对应，CBWFQ 中只需根据网络协议和 IP 地址就可以指定优先级，并依照不同的优先级控制传输速率、调整分组废弃等待时间。经常使用在 IP 电话这类对传输时延和抖动比较敏感的应用中。思科公司的路由器中可以提供最多 64 个该类型的队列
LLQ（Low Latency Queuing，低延迟队列）	集合了 PQ 与 CBWFQ 的特点。1 个网络接口在配备 CBWFQ 的同时，还准备了一个用于特定应用通信专用的 PQ 队列。最优先的分组在 PQ 队列中获得最优先的处理，其余的通信包则由 CBWFQ 保障一定的带宽

■ 避免拥塞

路由器每个网络接口的通信线路速率都是有限的，当出现了超过通信速率的高通信量分组时，转发出口的网络接口将会出现拥塞现象。这时，转发出口的缓存和转发队列中会堆满待转发的分组，之后进入缓存的分组则被丢弃（Tail-Drop，尾部丢弃）。当发生尾部丢弃后，该路由器所经链路上的所有 TCP 连接分组也将被一齐丢弃，路由器会对大量 TCP 连接同时采取进入重发控制或减少窗口尺寸等一系列流量控制措施。当拥塞得到缓解后，TCP 连接会逐渐增大窗口尺寸，从而再度导致大量数据的到来而引发再次拥塞，整个网络会进入一个恶性循环（即 TCP 的全局同步现象，global TCP synchronization）的过程，使网络利用率直线下降。

这种情况下，使用 RED（Random Early Detection，随机早期检测）技术可以避免尾部丢弃所带来的一系列问题。

RED 会始终检测队列中数据量的平均值（平均队列长度），当该值超过设置的最小阈值时，将尽早丢弃选中的分组（图 3-37）。平均队列长度越大，分组的丢弃率越高，当超过最大阈值时，同样将执行尾部丢弃。

另外，WRED（Weighted Random Early Detection，加权随机早期检测）能够根据 IP 分组中 IP Precedence 的值决定优先级，并根据优先级的不同动态设置 RED 的最大和最小阈值。这一机制降低了用户需要保留的分组因拥塞被丢弃的概率。

图 3-37 RED 处理流程

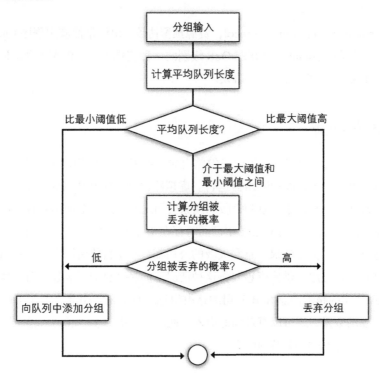

■ 策略控制

在服务供应商对通信质量有一定的保障需求等情况下，流入路由器的通信量会遵从一定规则的策略（policy）受到限制，对一受限过程即称为策略控制（policing）。策略控制能够指定路由器的输入与输出在哪个网络接口上进行，还能够决定对于超过网络接口限制值的分组是丢弃还是修改 IP 分组首部的 ToS 数据域。使用了 Cisco IOS 的路由器就提供了称为 CAR（Committed Access Rate，承诺访问速率）的策略控制功能。

实现并执行策略控制的设备或功能实体也称为策略执行者（policer）。

■ 通信量整形

当需要从数据中心高速线路网络向分支机构中的低速线路网络传输数据时，数据中心路由器所转发的通信量必须重新控制在分支机构路由器能够承受的范围内，只有这样才能保证分组不会因拥塞而被丢弃，这一控制过程即为通信量整形（shaping）。通行量整形和策略控制一样，根据一定的规则限制通信量，但是通信量整形并不丢弃超出限制的分组，而是将其放入队列。

实现并执行通信量整形的设备或功能实体也称为通信量整形器（shaper）。

■ 信令控制

RSVP（Resource Reservation Protocol，资源预留协议）协议是使应用程序（或路由器）在网络中能够使用信令控制（signaling）指定 QoS 级别的一种实现方式。RSVP 协议是可以为每一个数据流指定独立的 QoS 需求的 L3 信令协议。

03.06.09　虚拟路由器

一般而言，1 台路由器内部只能生成一份路由表，但带有虚拟路由器功能的路由器则可以在 1 台路由器机体内模拟出多台虚拟路由器运行。虚拟路由器经常在服务供应商提供 VPN 等业务时使用。例如，现在需要在位于东京和大阪的两家公司之间构建一个使用私有地址的 VPN 网络。尽管在东京的 A 公司和在大阪的 B 公司中已同时存在 192.168.1.0/24 这一子网，可以通过设置两公司的路由器进行连接。但是如果东京和大阪的公司都只有 1 台路由器来汇聚的话，设备是无法进行正确路由选择的。当服务供应商想要将这种情况下的多个企业正确连接时，就可以使用虚拟路由器功能将 A 公司的路由信息和 B 公司的路由信息进行分割。由此，不仅可以减少实际需要管理的物理路由器的数量，还可以有效降低引入和使用的成本。

具体内容可以参考 05.07.12 节的内容。

03.07　用于管理路由器的各种功能

路由器设备会提供各种便于自身管理的功能。

03.07.01　用户界面

路由器均会提供便于管理人员管理路由器的 UI（User Interface，用户界面）。管理人员可以通过 UI 设置路由器、获取当前路由器信息以及查看硬件的状态和通信量的统计信息等。

路由器的 UI 可以分为 WebUI（Web User Interface，也称为 WUI）和 CLI（Command Line user Interface）两类。

WebUI 通过个人计算机的 Web 浏览器进行访问，因其能够提供可视化的设置与管理，所以也可以称为 GUI（Graphical User Interface）。路由器软件内置了 Web 服务器，管理人员通过个人计算机的 HTTP 或 HTTPS 协议就可以访问。

CLI 也称为 CUI（Character User Interface），管理人员通过使用终端软件访问路由器。终端软件可以是 Windows 系统自带的超级终端软件，也可以是免费软件 TeraTerm 等等。通过 CLI 访问需要在路由器上配备控制端口（RJ-45 或 DB-9，早期路由器可能配备的是 DB-25）。控制端口与个人计算机之间的连接可以分为两类，一类是直接采用线缆将路由器与管理员的个人计算机相连，另一类是通过网络使用 Telnet（TCP 23 号端口）或 SSH（TCP 22 号端口）协议进行虚拟终端（VTY）连接（表 3-31）。

表 3-31　路由器用户界面的连接方式与种类

连接的种类	连接的方式	加密
控制口连接	CLI	不加密
Telnet 连接	CLI（VTY）	不加密
SSH 连接	CLI（VTY）	加密
HTTP 连接	WebUI	不加密
HTTPS 连接	WebUI	加密

图 3-38　RJ-45 端口

87654321

RJ-45模块化接口

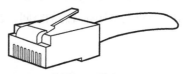

RJ-45 8P8C插口（接头）

图 3-39　RJ-45/DB-9 转换线缆
（用于将路由器上的 RJ-45 控制端口连接到 PC）

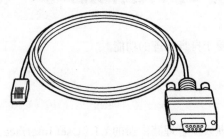

另外，路由器还提供了能够对访问 UI 的个人计算机进行限制的功能。该功能通过设置管理人员提供的访问控制列表，使路由器只接受指定 IP 地址作为发送源的客户端进行连接。连接成功后，还需要提供管理员的用户名和密码才能登录。这些认证信息既可以保存在路由器内部，也可以通过 RADIUS 和 LDAP 协议从外部数据库获得。另外，路由器可能还会提供能够指定每个管理员账户相关权限的功能，其中包括 root 权限、读取专用权限、只能设置某些功能等多项权限。

能够访问路由器的 UI 意味着可以确认或更改路由器的相关设置，因此从安全的角度来讲，禁止非管理人员的访问这一点尤其重要。

另外，如果需要通过互联网等其他异种网络访问路由器时，为了防止设置信息等被窃听，建议使用 WebUI 中的 HTTPS 或 CLI 中的 SSH 等支持加密的协议进行访问。

■ **初始设置**

带有控制端口的路由器，一般都是通过控制端口来完成初始设置的。对于宽带路由器这类小型路由器而言，在出厂时已经对其网络接口完成了特定地址的分配工作。当用户接入网络后，只需连接事先设定的地址，即可完成对 UI 的访问。

管理员用户名和密码等也在出厂时做了默认设置，在初始设置时只需通过该默认信息即可完成登录。

03.07.02　日志

如果在路由器上更改设置或发生异常，路由器内部的日志就会将这些事件记录下来。日志一次记录一行并根据事件的重要程度分类，而且也可以只记录下最重要的事件。

一般的路由器中并没有太多保存日志的空间，通常都是将日志传送到 Syslog 服务器上保存。

03.07.03　确认 CPU 使用率

通过 WebUI、CLI 命令行或 SNMP 等能够获取 CPU 的使用信息。其中 CPU 的使用率一般表示为 0~100%。

有些路由器的硬件设备可以通过设置使 CPU 使用率在超过阈值时通过 SNMP trap 发送消息或输出事件日志。

■ CPU 使用率上升的主要原因

下面列出了几个路由器 CPU 使用率上升的主要原因。

- 用户通信量处理增多。
- 出现突发通信量。
- 用量（sizing，即关于路由器能够处理的带宽和用户数量等规模的预估设计）不合适，网络设备处理应接不暇。

当 CPU 的使用率很高时，会引起以下问题。

- 性能下降，使通过该设备的用户数据响应迟缓。
- 设备上运行的业务无法正常响应，进而会导致以下问题。
  - ◆ Telnet/SSH 响应迟缓，或设备无法进行 Telnet/SSH 连接。
  - ◆ 控制端口响应迟钝。
  - ◆ 设备上的网络接口对 ping 命令的应答迟缓甚至无应答。
  - ◆ 无法进行更新路由等管理类的通信交互。
- 缓存发生故障的概率高

03.07.04　告警

路由器为了预防各类故障，还配备了以下告警（alarm）功能。

■ 温度告警

配备了温度传感器的路由器，当路由器内部温度超过阈值时，会通过 Syslog 或 SNMP Trap 对外告知该异常信息。阈值分为两个层级，当温度超过第一层级阈值时，设备会发出警告（warning）消息，当超过第二层级阈值时，则会发出紧急（critical）消息。路由器内部的热量一般源自 CPU，当风扇发生故障无法散热，或外部（机架内）温度陡然升高时，就有可能超过预先设置的温度阈值。

■ 风扇告警

搭载风扇的路由器大多会计算风扇的转速，当出现正常范围以外的转速时，将会通过 Syslog 或 SNMP Trap 对外告知异常。

■ 电源告警

配备冗余电源结构单元的路由器，当单独电源发生供电故障时，会通过 Syslog 或 SNMP Trap 对外告知异常。

03.07.05　设置时间

如果设备没有设置正确的时间，那么就会发生日志记录的时刻与实际相左的情况。在可以设置时区的设备中，本地时间选择本国时间即可。而那些在世界各地均有办公场所的跨国企业，为了对日志进行统一监控，则需要将所有路由器的时间均设置成格林尼治标准时间（GMT）。

路由器的时钟信息虽然可以通过手动设置，但在现网中，路由器之间往往会有日志通信等依赖时间的通信交互，因此要求某台路由器中的时间必须与其他路由器保持绝对一致（同步），这时路由器就需要使用 NTP 来完成时钟同步。

表 3-32　日本主要的 NTP 服务器 [①]

服务供应方	主要主机名	层级（Stratum）
Internet Multi-Field	ntp.jst.mfeed.ad.jp	2
NICT（日本信息通信研究机构）	ntp.nict.jp	1
Ring Server Project	ntp.ring.gr.jp	2~4
e-timing（AMANO Business Solutions）	ats1.e-timing.ne.jp	1

在 NTP 服务器的层级构造中，获得正确的时间信息源并与之同步运行的最上层称为 Stratum 1。Stratum 2 的 NTP 服务器通过 NTP 协议从 Stratum 1 的 NTP 服务器获得时间信息。以此类推，Stratum 3 的服务器从 Stratum 2 处获得时间信息。Stratum 层级最高可达 15 层。

03.07.06　故障排查

当路由器未按设想情况运行时，为了找出原因就需要进行故障排查（trouble shooting）。

---

① 中国国内可以使用由部分高校提供的 NTP 服务器。——译者注

由设置失误而引起错误提示或者进行了正确设置但 WebUI 上却没有出现提示正确的信息等都是显而易见的错误，也能够立刻定位故障的原因。但如果是正确设置却仍然出现 bug 或者在连接其他厂商的设备时出现问题等情况，故障原因则无法简单地定位。为了应对这些情况，大多数路由器都配备了调试工具。路由器的调试功能在一般情况下不会生效，但当针对某项单独功能时即可生效。当该功能执行时，调试功能会追踪处理流程、给出该功能运行成功或失败的提示信息，如果运行失败还会记录失败的详细原因，因此能够有效地帮助用户判断设置是否有误等。

■ 诊断工具（Diagnostic/Debug 命令）

大多数路由器会配备诊断与调试命令。故障发生时，用户可以通过这些命令获取路由器内部程序运行的步骤，以及到底是哪个处理引发了错误等信息。

■ 分组捕获

为了确定某些特定的分组在通过路由器时是否会因为路由器的设置、访问列表、bug 等原因被丢弃，部分路由器产品还提供了分组捕获（Packet Capture）功能，该功能也称为 PCAP。捕获文件在 Windows PC 上也可以通过 Wireshark（以前称为 Ethereal）的应用软件来查阅。

■ 吐核

当路由器的软件程序因不正当的内存访问、缓存溢出、零指针错误等原因导致异常中止时，会生成名为 core dump 的文件，文件中会记录异常中止时寄存器以及内存的有关内容。根据这些内容能够定位程序的 bug 并及时修正。由于异常而终止的进程生成 core dump 文件的过程也被称为"吐核"。获取 core dump 文件的方法根据实现方式的不同而有所差异，但文件生成后必须交给厂商，让厂商进行进一步的解析。

03.07.07　文件传输控制

当用户需要将路由器上运行的操作系统文件、设置文件、日志文件等传输到个人计算机时，或从个人计算机传输到路由器时，可以使用 TFTP、FTP、SCP、SFTP 等文件传输协议。以 WebUI 为主的路由器还可以使用 HTTP 和 HTTPS 协议。

03.07.08　其他工具包

有些路由器还可以使用表 3-33 中列出的 UNIX 通用的工具包软件。

表 3-33 可以在路由器中使用的主要工具软件包

名称	说明
ping	使用 ICMP 中的 echo request 确认目的地主机是否联通
Traceroute	使用 ICMP 协议收集发送源到目的地的路由信息
telnet	TCP 端口号为 23,从路由器的 CLI 界面访问网络中其他路由器的控制台或 CLI 界面
ssh	TCP 端口号为 22,从路由器的 CLI 界面连接并访问网络中其他路由器的控制台或 CLI 界面,整个链路保持加密状态
rlogin	TCP 端口号为 513,从路由器的 CLI 界面通过网络登陆到远程服务器上
ftp	由 RFC959 定义,与外部 ftp 服务器之间通过 FTP 完成文件或路由器设置信息的导入或导出
tftp	由 RFC1350 定义的简易 FTP,与外部 tftp 服务器之间完成文件或路由器设置信息的导入或导出

03.08 路由器的架构

以个人计算机为代表,计算机一般由控制装置(CPU)、主存储器(内存)和辅助存储器(HDD)、运算装置(CPU)、输入设备(键盘或鼠标)、输出设备(显示器)五大部分组成。而物理路由器的构造与个人计算机的构造类似(表 3-34)。

表 3-34 比较个人计算机与路由器的构成要素

	个人计算机	路由器
控制、运算	CPU	CPU、专用芯片[注1]
存储	内存、HDD、SD 卡等	内存、HDD[注1]
输入	键盘	通过控制台或以太网访问 CLI 以及 WebUI
输出	显示器	

注1:只有一部分产品配有该要素。

03.08.01 路由器的构成要素

接下来让我们进一步了解一下表 3-34 列出的路由器的构成要素。

■ CPU
通常使用嵌入式设备和通信设备专用的处理器或者通用处理器。例如,Juniper 公司的高端路由器使用 Intel 公司的奔腾系列，思科公司的高端路由器使用 MIPS 的 R5000/RM7000 系列等。除了这些以外，还有 Intel 和 AMD 公司提供的嵌入式设备或通信设备专用的处理器以及服务器专用的处理器，还有 IBM 和摩托罗拉公司共同开发的 PowerPC、Cavium Networks 公司和 Broadcom 公司的通信设备专用处理器可供选择。

与个人计算机的 CPU 不同，路由器必须选择厂商能够长期稳定供货的 CPU 产品，这一点也适用路由器产品的其他部件。

一般一台路由器只配备 1 块 CPU。但是部分高端路由器的线卡或独立路由模块中同样会搭载额外的 CPU，因此一台路由器机框中可能会同时使用多块 CPU。

一般来说，CPU 运行频率越快处理能力越强，但由于路由器对 CPU 性能的需求要低于个人计算机和服务器，因此路由器上搭载的 CPU 运行频率也会低于当前主流的个人计算机 CPU 的频率。例如，低端路由器的 CPU 运行频率为 50~180MHz，思科公司的中端路由器 CPU 频率在 100~350MHz 之间，而高端路由器 CRS-1 使用的 PowerPC 路由处理器主频为 1.2GHz。

虽然在 CPU 上执行的代码是作为软件功能运行于路由器的操作系统中，但也有部分路由器使代码与硬件芯片（后文会提到）协同工作，通过硬件完成特定的高速处理。

■ 存储器

存储器大致分为只读存储器 ROM（Read Only Memory）和随机存储器 RAM（Random Access Memory）两大类。ROM 在电源切断后存储的内容不会消失，但只能读取内容，无法写入新的数据。而 RAM 虽然能够写入新的数据，但电源切断后，数据将全部丢失。集合了二者特点的是 NVRAM 和闪存。目前几乎所有的路由器都没有携带硬盘，而是将操作系统和设置信息保存在 NVRAM 和闪存中。

表 3-35　路由器使用的内存种类

内存种类	特征	在路由器内部的用途
ROM（Read Only Memory）	用于存储出厂时安装的程序。电源关闭后，内容不会消失	MiniIOS、POST、Bootstrap
RAM（Random Access Memory）	通过电气方式读写数据。电源关闭后内容消失	启动中的操作系统、程序、路由表、缓存、Running-config
NVRAM（Non Volatile RAM）	即使切断电源，存储的数据也不会丢失的 RAM。在集成电路内部内置了 SRAM 和小型电池	Startup-config、Config-register
闪存	EEPROM 的一种，通过施加电压高速存取数据，属于能够多次擦去原来内容并重写的 ROM。即使切断电源存储的内容也不会消失	IOS（操作系统）镜像[注1]

注 1：镜像是以文件形式保存软件的一种方式。

■ 操作系统、固件

个人计算机以及服务器通过运行 Windows、MacOS、Linux 等操作系统，提供了使用应用程序软件的各种基本功能，比如控制键盘输入或显示输出、进行磁盘以及内存管理等。硬件路由器设备上也搭载了专用的操作系统。

路由器使用的操作系统可以是同属 UNIX 系列的 FreeBSD，也可以是个厂商基于其他实时操作系统二次开发的操作系统。与个人计算机上运行的操作系统提供了各类应用软件不同，该专用操作系统中仅包含路由器必备的相关软件。该操作系统也是以镜像或镜像文件作为载体存在的，大小从几 MB 到几百 MB 不等。后文会详细介绍路由器加载并读取操作系统镜像的步骤。

类似思科公司的 IOS 和 IOS XR、Juniper 公司的 JUNOS 这样带有名称（OS）的操作系统，有时可以简单称为 "XX（产品名）专用固件（firmware）"。

路由器的操作系统分为 IOS 这种所有进程共享单一内存空间的单体式（monolithic）操作系统，和 JUNOS、IOS XR 这种每个进程均有专用内存空间的模块式（modular）操作系统。高端路由器一般采用模块性操作系统架构，这样即使某个进程异常退出，也不会影响其他进程，使操作系统拥有更高的可靠性和可用性。

■ 操作系统的版本

路由器的操作系统一般会定期发布新版本。虽然各厂商的发布时间不同，但搭载新功能的主版本（或副版本）一般半年或者一年发布一次。若在主版本或副版本中发现了 bug，则会每月发布一个对应的修正版本（bug batch 版）。

新版本中的必选功能和修正的 bug 数越多，版本的质量也就越高。但有时伴随着新功能的增加和 bug 的修正也会引入新的 bug 导致退化（degrade），因此在升级版本前，最好测试一下必选功能是否能够正常运行。

● IOS 版本范例

小数点前后的两位数字表示主发布（major release）编号（即主版本），该数值越大表示该版本支持的功能就越丰富。在每个主发布编号后面的括号中记录了维护发布编号，该数值越大表示改正的 bug 数量越多，因此最好选择数值较大的版本。最后的重建识别符使用字母或数字表示，表示对某些不健壮以及重大问题的修正次数。

图 3-40　IOS 的版本形式

图 3-41　JUNOS 的版本形式

● **JUNOS 版本范例**

JUNOS 版本号最开始的数字称为主发布编号，小数点之后的数字称为副发布编号（minor release），这两个数字合在一起表示主版本号。紧随其后的字母表示发布类型，R 为标准版，B 为 beta 版，S 为服务版。再后面的构建编号与最后的附带编号共同表示维护发布编号，也称为修订（revision）版本号（图 3-41）。

图 3-41　JUNOS 的版本形式

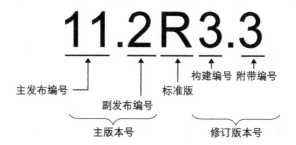

■ **网络接口**

路由器存在多个用于物理线缆连接的接口（称为物理接口或物理端口）。关于物理接口的详细信息可以参考本书第 1 章。

对应了不同数据链路层协议的网络接口种类如表 3-36 所示。

表 3-36 路由器的数据链路手段

数据链路手段	说明	主要速度	接口形状
POS (Packet over SONET/ SDH)	传输 SONET/SDH 数据帧。可用于高速 WAN 中。使用 SFP 等光接口	OC-192c/STM-64c POS OC-48c/STM-16c POS OC-12c/STM-4c POS OC-3c/STM-1c POS	光纤（SC、LC、FC、MTRJ 等）
DPT (Dynamic Packet Transport/Resilient Packet Ring)	由 IEEE 802.17 定义的环形拓扑光网络。一般使用 SFP 等光接口	OC-192c/STM-64c DPT OC-48c/STM-16c DPT OC-12c/STM-4c DPT	光纤（SC、LC、FC、MTRJ 等）
ATM (Asynchronous Transfer Mode)	由 ATM 论坛制定规格，进行 ATM 信元（cell）数据帧的传输	OC-12c/STM-4c ATM OC-3c/STM-1c ATM	光纤（SC、LC、FC、MTRJ 等）
Channelized	支持 T1、E1、T3、E3 等复用接口。ISDN PRI	OC-48c/STM-16c POS OC-12c/STM-4c POS OC-3c/STM-1c POS ISDN PRI	光纤（SC、LC、FC、MTRJ 等） RJ-48
Ethernet	由 IEEE 802.3 定义，传输以太网数据帧	Ethernet（10BASE-T） Fast Ethernet（10/100 BASE-TX） Gigabit Ethernet 10-Gigabit Ethernet	LAN 线缆 （RJ-45） 光纤 （GBIC、SFP、XENPAK、XFP、SFP+）
ISDN BRI	ITU-T I.430 的 ISDN BRI（基本接口）	ISDN BRI（64kbit/s）	LAN 线缆（RJ-45）

■ 硬件模块

在高端路由器中，路由器的一部分功能并不是使用软件进行 CPU 处理，而是使用硬件芯片进行高速处理来实现。

● ASIC

ASIC 是专用集成电路（Application Specific Integrated Circuit）的简称，属于 LSI（大规模集成电路）的一种，是专门为特定厂商的产品或某项用途而开发的芯片。路由器厂商也可能会参与自定义 ASIC 芯片的设计工作。用于网络的 ASIC 芯片提供了以太网 MAC 层处理和 IP 分组转发处理等功能。

● FPGA

FPGA 是现场可编程门阵列（Field-Programmable Gate Array）的简称，是与 ASIC 类似的集成电路。搭载了集成电路的路由器在成品后，路由器厂商依然可以对其进行编程操作。FPGA 进行的处理一般通过硬件描述语言（HDL，Hardware Description Language）来定义。FPGA 不仅能够实现和 ASIC 同样的功能，还能在成品后继续更新功能、进行再编程等操作，因此可以轻易添加新功能并修复有问题的部分。Xilinx 公司和 Altera 公司都是知名的 FPGA 厂商。

● **安全加速器**

安全加速器（security accelerator）也称为 VPN 加速器，是为了高速处理 SSL、IPSec 等加密处理通信而搭载了加密、解密等专用芯片的模块。该模块有时也单独作为可选模块卡供用户使用。

■ **电源**

同交换机类似，路由器设备一般也会配备电源模块，详细内容可以参照 01.04 节的内容。

03.08.02 启动路由器的流程

路由器从通电后到开始使用之前，会按照以下步骤启动。虽然这些步骤是以思科路由器为例进行说明的，但执行 POST、执行 bootstrap、载入操作系统与设置这个步骤对所有路由器都适用。

1. 通电后会执行保存在 ROM 中的 POST（Power On Self Test，上电自检）程序。该步骤主要识别物理接口等设备上的部件，完成对硬件的检测（图 3-42 的①）。
2. 当 POST 执行完毕后，执行在 ROM 中保存的 bootstrap 程序。参考配置寄存器（configuration register）的值检索启动的 IOS，默认加载位于闪存中的操作系统镜像（图 3-42 的②～④）。
3. 检索闪存内的 IOS 镜像，并将其加载到 RAM 中。（图 3-42 的⑤）
4. IOS 启动后在 NVRAM 中检索 startup-config 信息，如果存在该文件则将以 running-config 的形式在 RAM 中展开。当设备刚出厂，在 NVRAM 中不存在 startup-config 时，则通过 setup mode 方式启动。（图 3-42 的⑥）

图 3-42 路由器的启动流程

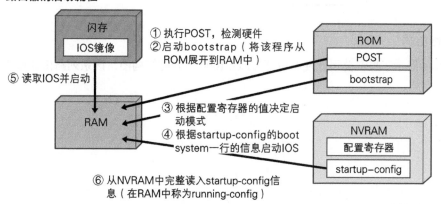

03.08.03 路由器的一般架构

■ 共享总线型（中央处理器）

桌面式路由器和低端路由器一般采用共享总线型架构。该架构比较古老，实现方式简单，但由于规模越大就越要配备与之对应的高速内存管理系统，因此不适用于大型路由器。

共享总线和共享内存的架构方式，其性能与总线的交换容量（带宽）有着密切的关系（图3-43）。另外，这种架构既可以所有的网络接口共享 1 根总线，也可以几个网络接口共享一根总线。例如，有台设备带有 1 号至 8 号共 8 个 10/100/1000BASE-T 网络接口，从 1 号接口到 4 号接口有 1 根容量为 500Mbit/s 的共享总线，同样 5 号接口至 8 号接口也有 1 根 500Mbit/s 的共享总线，这时 1 号接口可以单独使用所有 500Mbit/s 的带宽进行通信，或者 1 号与 5 号接口并用，共享整个设备的总线带宽，使路由器的对外吞吐量达到 1Gbit/s。

尽管硬件对外的最快通信速度也依赖于 CPU 每秒能够处理的分组数量（packet per second），但即使未达到 CPU 处理上限，共享总线型设备的交换容量也只能达到规定的吞吐量上限。

图 3-43 共享总线型路由器的结构

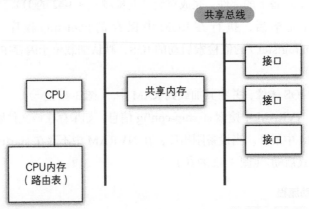

■ 低端路由器

图 3-44 展示了思科公司低端路由器 Cisco 1600 系列的结构图，该系列路由器属于共享总线型架构。

图 3-44　低端路由器（Cisco 1600）的架构

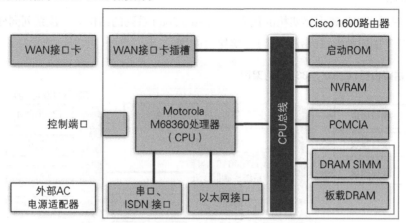

NVRAM：Non-Volatile Random-Access Memory
PCMCIA：Flash存储卡
DRAM：Dynamic Random Access Memory
SIMM：Single In-Line Memory Module

大多数小型路由器均采用外部 AC 电源供电运行。

机框上配备了以太网接口、串口、ISDN 的 BRI 端口。WAN 系列的接口卡可以安装在 WIC
（WAN Interface Card，WAN 接口卡）槽上，该接口卡上配备了串口、T1、ISDN 端口和以太网接
口，各个接口通过 I/O 总线（Input/Output 总线）连接 CPU。

CPU（处理器）读取操作系统内定义的指令并执行。CPU 的性能会根据总线速度的变化而变
化。CPU 和内存之间通过 CPU 总线连接。

图 3-45　Cisco 1600 系列的内存

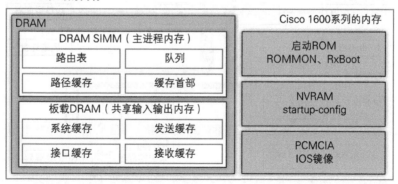

图 3-45 记录了小型路由器的内存分配结构。DRAM 内存在逻辑上分为包含路由表的主进程
内存，和包含分组、接口缓存的 I/O 内存两个区域。

在 PCMICA 闪存卡上存放了操作系统（Cisco IOS）的软件镜像。

■ 中端路由器

图 3-46 展示了中端路由器架构的代表——Cisco 3600 系列的结构图。该系列同样使用共享总线型架构，除了固定的端口以外还可以连接接口模块。

图 3-46 中端路由器（Cisco 3600）的架构

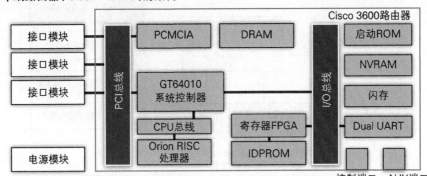

通用异步收发传输器: Universal Asynchronous Receiver/Transmitter
识别可编程只读存储器: Identification Programmable Read Only Memory

■ 中高端路由器

图 3-47 展示了中高端路由器的架构图。这种级别的路由器拥有电源模块冗余、独立路由引擎、能够替换的风扇托盘、多个接口模块或线卡插槽以及在接口卡模块之间进行通信的背板。

图 3-47 Cisco 7200VXR 系列的架构

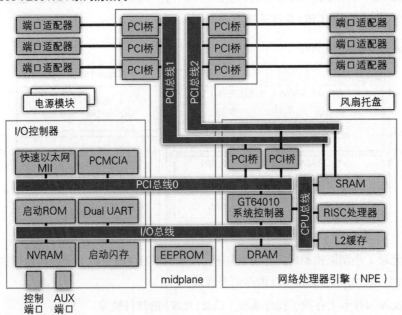

■ 共享总线型（分布式处理器，分布式架构）

分布式处理器是指通过在网络接口的线卡上搭载 CPU，使线卡内部的数据传输不依靠中央处理器也能进行的架构模型（图 3-48）。早期的机框式高端路由器或模块型中端路由器产品均采用该架构。在该架构中同样使用共享总线连接处于控制部分的 CPU，最大传输速度依赖于总线的容量。

图 3-48 分布式处理器的结构

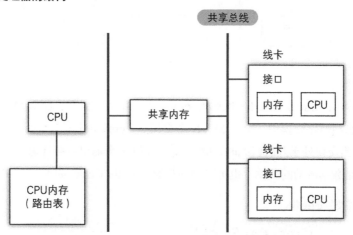

■ 纵横通路方式

使用共享总线型架构，分组的传输性能会受到总线带宽的限制。因此对传输速度有着很高要求的高端路由器通常使用交换结构（switch fabric）的传输线路取代共享总线，来提高系统整体的传输性能。

在箱式路由器中，端口（接口）之间的数据传输是通过交换结构实现的。

在机框式路由器中，搭载了传输引擎（CPU）和内存的线卡之间的数据传输，同样也是经由交换结构来实现的。多数机框式路由器或交换机都使用纵横交换方式中的交换结构完成数据传输，因此这样的架构形式也称为纵横通路（crossbar）方式。（图 3-49）

交换结构直接使用半导体芯片，通过芯片完成线路电气信号的处理。

图 3-49 纵横通路方式的结构

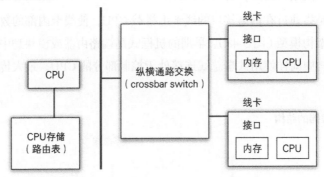

■ 纵横通路交换

纵横通路交换（crossbar switch）也称为交叉点交换或矩阵交换。在由 M 个输入线路、N 个输出线路组成的纵横通路交换中，会有 M×N 个交叉点（crosspoint），每个交叉点上会产生一个交换（图 3-50）。当交换处于开启状态时，M 个输入将和 N 个输出直接连通。

通路（bar）是数据流动的载体，也可称为网状通道（fabric channel）。

图 3-50　纵横通路交换的结构

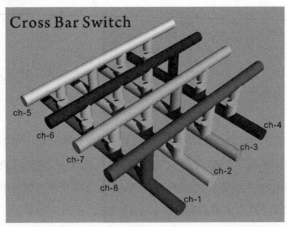

图 3-51　纵横通路交换的示例

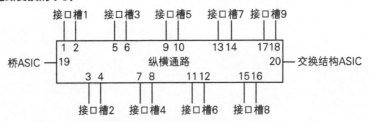

在图 3-51 的示例中，该架型路由器拥有 9 个接口槽，每个接口槽分配了两个网状通道。如果每个通道容量为 40Gbit/s、每个接口槽的传输容量达到 80Gbit/s，就可以完成 4 端口 10G 以太网或 1 端口 40G 以太网带宽的双向无阻塞处理。

■ 线端阻塞与虚拟输出队列

线端阻塞（HOL，Head of line blocking）是指在网络硬件中发生的缓存性能低下的现象。

由输入端口、交换结构、输出端口组成的交换机中，如果使用 FIFO（First-in First-out）输入缓存，会优先传输最初进入缓存（队列）的分组，但如果作为目的地的输出缓存正在使用中，就不会转发先进入缓存的分组，进而后面进入缓存的分组也无法传送（图 3-52）。

图 3-52 线端阻塞的形成结构

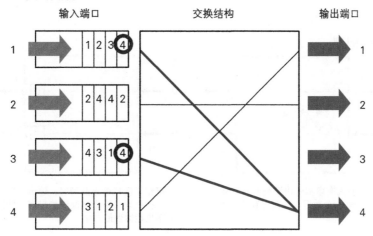

解决线端阻塞的方法之一就是使用虚拟输出队列。

图 3-53 2x2 的纵横通路交换示例

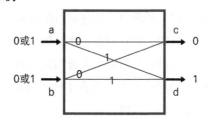

如图 3-53 所示，该纵横通路交换示例中的输入输出端口各有两个。在到达输入端口 a 和 b 的数据中，以输出端口 c 为目的地的数据用 0 表示，以输出端口 d 为目的的数据用 1 表示。

当有数据同时到达输入端口 a、b 时，可能会发生以下四种情况：端口 a 与 b 均为数据 0（00），端口 a 为数据 0 端口 b 为数据 1（01），端口 a 为数据 1 端口 b 为数据 0（10），端口 a 与 b

均为数据 1（1）。

输入端口的数据为 00 时，两个输入数据会同时传输到输出端口 c 上，但输出端口在单位时间内处理的数据量有限，因此输出端口 c 无法做到同时对外转发这两个数据。这时 2×2 的交换结构效率实际只有 0.5。当输入为 11 时，该交换结构的效率也同样为 0.5。而在输入数据为 01 或 10 时，由于两个输出端口能够同时处理数据，因此交换结构的效率可以达到 1。因为这四种模式发生的概率相等，均为 0.25，所以 2×2 交换结构的整体效率为 0.75=（0.25×0.5 ＋ 0.25×0.5 ＋ 0.25×1×2）。由此可见 n × n（n ＞ 2）纵横通路交换的整体效率会呈现递减的趋势。

在图 3-54 中，输出端口 c 和 d 上各自配备了两个缓存作为虚拟输出队列，这时当输入端口 a 和 b 同时传输 11 或 00 这样两个连续的数据时，输出端口也能够同时处理。以此类推，在 n×n 的纵横通路交换中，如果每个输出端口都预先配备了数目为 n 的缓存，就可以达到纵横通路交换中最大的整体效率。

图 3-54　虚拟输出队列

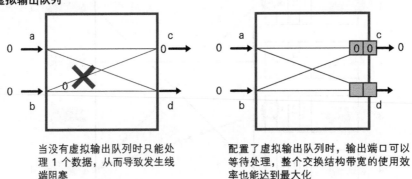

当没有虚拟输出队列时只能处理 1 个数据，从而导致发生线端阻塞

配置了虚拟输出队列时，输出端口可以等待处理，整个交换结构带宽的使用效率也能达到最大化

03.08.04　路由器的内部冗余

传统的网络冗余化是使用两台以上的硬件，通过运行路由选择协议或生成树协议等方式来实现。这种做法增加了额外的硬件或链路，使得网络发生故障的几率随之增加，切换时间的控制也越来越复杂，还会发生在切换的几分钟或几秒内丢失分组的问题。主要应用于服务供应商的高端路由器（或交换机）为了避免这类问题的发生，会在 1 台硬件设备上实现两台硬件设备的功能，从而避免了因软硬件故障造成的系统意外当机。

图 3-55 通过路由器的内部冗余防止故障

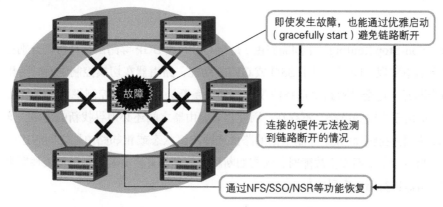

即使发生故障，也能通过优雅启动（gracefully start）避免链路断开

连接的硬件无法检测到链路断开的情况

通过NFS/SSO/NSR等功能恢复

■ 控制平面与数据平面

高端路由器由控制平面（control plane）和数据平面（data plane，也可称为转发平面）组成，每个平面都有自己的 CPU 和内存。控制平面负责执行路由选择协议，管理路由选择处理必备的数据库信息并生成 FIB（Forward Information Base，转发信息库）。FIB 信息将会被转发到用于接收传输分组的数据平面中。控制平面和数据平面分离的优点在于，当需要转发的通信量剧增导致数据平面资源枯竭时，虽然无法继续进行分组转发，但对控制平面上路由选择处理所涉及的资源没有任何影响。同样，当路由选择处理负载剧增导致控制平面资源枯竭时，也不会给数据平面的资源以及分组转发处理带来任何影响。

低端路由器的控制平面与数据平面一般不分离，使用唯一的 CPU 和内存进行处理。当处理的通信量达到极限时，会出现无法完成分组转发，同时路由选择处理也会停止的情况。

控制平面所需的核心模块在思科公司的路由器中称为路由处理器（route processor），在 Juniper 公司的路由器中称为路由引擎（routing engine）。

● NSF

当路由器控制平面停止运行时，数据平面也能够根据 FIB 信息不间断进行分组转发的功能即为 NSF（Non-Stop Forwarding，不间断转发），也可称为 Graceful Restart（GR，优雅重启）。NSF 通过路由器内部的控制平面冗余化实现，在 1 台路由器中运行主路由处理器和副路由处理器两个处理器（或路由引擎）。当主路由处理器发生故障时，会由副路由处理器接替其完成剩余处理。

● SSO

路由器中副控制平面通过同步复制并管理当前运行设置和接口状态等系统信息，缩短主控制平面发生故障时切换（Failover）时间的功能，在思科公司的产品中称为 SSO（Stateful Switch-Over，状态切换），在 Juniper 公司的路由器中称为 GRES（Graceful Routing Engine Switchover，优雅路由引擎切换）。

● NSR

NSR（Non-Stop Routing，不间断路由）是指 OSPF 或 BGP 等路由选择协议分别在路由器的主副控制平面中实现。即使使用了 SSO 或 GRES 功能，路由器在切换控制平面时与相邻路由器的连接也会断开，这会导致路由选择协议的相邻关系断裂。尽管副控制平面激活后所有会话会重新连接，但由于之前的链路已不存在，因此相邻路由器之间还必须寻找新的链路。这时，使用 NSR 就可以使主控制平面和副控制平面的路由选择协议状态或相邻路由器之间的连接关系始终保持同步。当主控制平面发生故障时，无需切断路由信息，直接由副控制平面接替即可，因而避免了相邻路由器进行路由重寻的过程。

● NSS

能够保持不间断提供路由器运行的 VLL（Virtual Leased Line，虚拟租用线）、VPLS（Virtual Private LAN Service, 虚拟专用局域网服务）、IP-VPN、IES（Internet Enhanced Service，互联网增值服务）、DHCP 租用状态等服务的功能称为 NSS（Non-Stop Service，不间断服务）。

● ISSU

能够在不中断路由器上运行的路由选择和其他服务的状态下进行路由器软件升级的功能称为 ISSU（In-Service Software Upgrade，不中断服务升级）。也可以说 ISSU 就是在不同版本的软件中进行 NSR 和 NSS。

路由器内部控制平面的冗余化，能够带来以下优点。

- 通过优雅启动使整个网络不间断使用动态路由选择功能，同时保持全网的稳定。
- 与使用 VRRP 等冗余协议的网络相比，使用的网络设备数量减少，避免了冗余硬件之间切换抖动带来的影响。
- 用户无需对设备进行额外的配置与接收特定的培训。
- 线路冗余无需使用 STP，减少了 2 次回环问题发生的概率。
- 因为减少了网络中硬件数量与所使用的协议数量，所以简化了整个网络，降低了网络的管理成本。
- 替换网络硬件等固有模块时，通信服务不停滞，能够做到不间断处理业务。
- 使用 ISSU 能够升级处于备份状态的控制平面软件，使网络硬件持续服务的同时，完成版本升级。

图 3-56 使用链路汇聚的网络和使用 NSF 的冗余结构网络

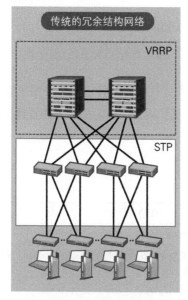
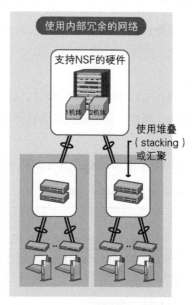

结构复杂且发生故障的情况较多　　　　故障很少

03.09 设置操作系统时使用的命令和模式

03.09.01 初始化

刚买的路由器在首次设置前会保持出厂时的初始设置状态。

低端路由器或宽带路由器的初始默认设置已经包括了以下信息：管理员用户名和密码、网络接口的私有 IP 地址（如 192.168.1.1）、DHCP 服务功能等，所以只需直接连接计算机就可以远程访问 UI，完成后续设置。

如果没有上面这些初始设置，则需要输入网络接口的 IP 地址、子网掩码、默认网关和管理员用户名与密码，输入后保存以便能够远程访问 WebUI 或 CLI 界面。

保存设置后，如果需要再一次做全新的设置，只需输入初始化命令即可使整个硬件回到出厂时的默认设置状态。

03.09.02 通过 CLI 设置

几乎所有通信硬件的 CLI 都采用了和 Cisco IOS 相似的界面。IOS 的 CLI 主要有以下特征。

■ CLI 模式

多数通信设备的 CLI 都有不同的模式，有的模式只能使用特定的命令用于管理，有的模式专门用于设置工作，等等。每个模式都需要密码认证，因而非指定用户无法看到显示信息或更改设置。

Cisco IOS 路由器中使用的模式如表 3-37 所示

表 3-37 Cisco IOS 路由器的模式类型

模式名称	说明
用户模式	只能使用 ping、show 等命令表示路由器的状态信息。使用 ">" 作为提示符
特权模式	包括了设置和调试路由器，可以使用所有命令。在用户模式下输入 "enable" 命令切换，从特权模式回到用户模式则输入 "disable" 命令 Router>enable Router#（转入特权模式） Router#disable Router>（转入用户模式）
全局配置模式	以路由器整体框架为单位进行设置时使用的模式。在特权模式下输入 "configureterminal" 命令进入，返回特权模式时则输入 "exit" 命令 Router>enable Router#configure terminal Router（config）#（转入全局配置模式） Router（config）#exit Router#（转入特权模式）
详细配置模式	以路由器网络接口和协议为单位，在为路由器的某些功能进行单独设置时使用的模式。例如，如果想对网络接口进行单独设置，就在全局配置模式下输入 "interface" 命令，返回全局配置模式则输入 "end" 命令 Router（config）#interface FastEthernet 0/1 Router（config-if）# Router（config-if）#end Router#

■ 帮助

　　输入命令关键字时在后面加上"?"，设备就会显示出该命令后续构成的帮助信息。如果在命令关键字中输入"?"，设备则会显示出以该字符开始的命令一览表。在命令关键字后输入空格再加上"?"，设备会提示下一个命令关键字信息。

　　例）输入 copy 命令关键字后，再输入空格和"?"，设备显示出下一个命令的关键字信息，用户就可以明白接下来该输入的是 running-confiig，startup-config 和 STRING（任意文件名）。

```
#copy ?
running-config Copy running configuration file
startup-config Backup the startup-config to a specified destination
STRING Source file
#copy running-config ?
```

■ 快捷键

　　为了快速输入 CLI 命令信息，CLI 一般会支持表 3-38 列出的快捷键。其中关键字补全的 Tab 键是快捷键中最常使用的一种。

表 3-38　　**快捷键的种类**

说明	快捷键
导航类快捷键	
光标右移 1 个字符	Ctrl+F 或 →
光标左移 1 个字符	Ctrl+B 或 ←
光标右移（前移）一个单词	Esc+F
光标左移（后移）一个单词	Esc+B
光标移动至行首	Ctrl+A
光标移动至行末	Ctrl+E
编辑类快捷键	
删除光标位置上的字符	Ctrl+D
删除从光标开始至字符串末尾的所有字符	Esc+D
删除光标前的字符	Ctrl+H 或 backspace
删除从光标位置开始至行末尾的所有字符	Ctrl+K
删除光标至行首的所有字符	Ctrl+U
删除光标左侧一个字符串的所有字符	Ctrl+W
调出最后一次删除的项目	Ctrl+Y
补全单词（仅在候选单词数量为 1 时补全）	Tab
补全单词（仅在候选单词数量为 1 时补全，和 tab 相同）	Ctrl+I

■ 命令历史

键盘上的↑或 Ctrl+P 键能够调出当前命令前一次使用的历史命令。↓或 Ctrl+N 能调出当前命令下一条使用的历史命令。使用"show history"命令能够列出所有缓存下来的历史命令清单。

03.09.03　保存设置的方法

■ 使用保存命令的方式

在 Cisco IOS 中通过命令更改路由器设置后，这个更改会立刻在路由器上体现，并以 running-config 的形式保存在 RAM 中。当因切断电源等原因重新启动时，RAM 中的信息全部丢失，路由器则加载保存于 NVRAM 中的 startup-config。因此在保存路由器的当前设置时，还要通过下面的保存命令（save command）完成从 running-config 到 startup-config 的拷贝。

```
Router#copy running-config startup-config
```

以前大多数通信设备均使用该方式操作。但由于输入命令后变化会立刻在设备中体现，因此当输入了错误命令的时候，就会发生问题。

■ 使用提交方式（commit）

Juniper 公司的 JUNOS 和 Palo Alto Networks 公司（以下简称 Palo Alto 公司）的 PAN-OS 使用了称为提交（commit）的保存方式。当管理员通过命令行修改设置时，修改信息只保存于 candidate config 中，而不体现在路由器上。当输入"commit"命令时，candidate config 中的内容才会体现在路由器中，同时该设置信息的保存形式也变成 active config（running-config）。与 startup-config 一样，active config 也是在设备重启时可被加载的 config。

在提交方式中，即使设置到一半发现出错了，也可以在设置正式生效、路由器的运行改变之前进行修改。另外，因为该方式可以管理之前 50 次甚至 100 次的提交设置记录，因此还能够简单地还原之前的设置。

03.09.04　恢复出厂设置的重置方法

路由器或其他网络硬件一般都会提供恢复到出厂设置的功能。当管理员忘记已经更改的密码或想要彻底改变设备用途而进行初始化时，都需要使用恢复出厂设置的功能。

Cisco IOS 中可以通过下面的方式恢复出厂设置。

全局配置模式下，使用"config-register 0x2102"命令

① 检查路由器配置寄存器，即输出 show version 命令后的最后一行。如果寄存器不是 0x2102，则在全局模式下输入 config-register 0x2102 命令。

```
router# configure terminal
router(config)# config-register 0x2102
router(config)# end
router#
```

② 使用 write erase 命令，删除路由器启动配置信息。

③ 使用 reload 命令重置路由器，且不保存当前设置。

```
router#reload
System configuration has been modified. Save? [yes/no]: n
Proceed with reload? [confirm]
```

④ 路由器重置后，会显示 System Configuration 对话提示，路由器设定已恢复为出厂默认设置。

```
--- System Configuration Dialog ---
Would you like to enter the initial configuration dialog? [yes/no]:
```

第 **4** 章

理解 L3 交换机的性能与功能

本章将集中介绍 L3 交换机和多层交换机的历史、种类、功能、架构等相关信息，帮助读者理解路由器与 L3 交换机的不同。

另外，本章还会介绍多种 VLAN。

04.01　何为 L3 交换机

　　L3 交换机是一种在 L2 交换机的基础上增加了路由选择功能的网络硬件，能够通过基于 ASIC 和 FPGA 的硬件处理高速实现网络功能和转发分组。

　　L2 是指 OSI 参考模型中的 L2，也就是数据链路层。L2 交换机能够基于该层主要编址的 MAC 地址，进行数据帧或 VLAN（Virtual LAN）的传输工作。L3 交换机能够基于位于网络层（L3）的 IP 首部信息，实现路由选择以及分组过滤等功能。

　　L2 交换机可以通过使用 VLAN 分割广播域，但终端之间的数据帧交换必须位于同一 VLAN 范围内。对位于不同 VLAN 上的终端如有通信需求时，则必须使用路由功能，因此需要在网络上额外添加路由器（图 4-1）。

　　L2 交换机与路由器相组合才能完成跨 VLAN 的通信，但使用 L3 交换机则无需其他硬件设备，能够直接完成 VLAN 配置和 VLAN 之间的通信过程。

图 4-1　L2 交换机使用 VLAN 时的概念图

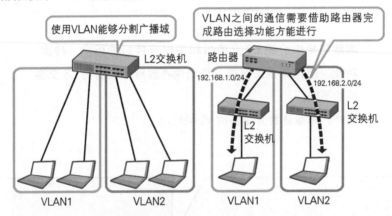

图 4-2　L3 交换机使用 VLAN 时的概念图

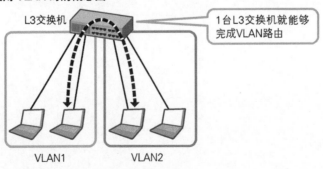

　　现在，越来越多组织的内部网络核心交换机采用L3交换机。L3交换机多用于在由以太网构筑的Intranet内部转发分组，而路由器则大多作为连接互联网和Intranet内网之间的网关来使用。

04.01.01　L3 交换机与路由器的不同

　　早期的L3交换机有些产品支持非以太网的数据链路层协议，如FDDI和令牌环等，也支持非IP网络的网络层协议，如IPX和AppleTalk等。但是现在市场上主流的L3交换机产品一般仅支持以太网的数据链路层协议和IP网络的网络层协议。

　　路由器的物理层以及数据链路层除了IEEE 802标准以外，还需支持其他各种协议，其中包括ATM、帧中继、SDH、串口等。网络层和传输层也同样需要支持TCP/IP协议簇以外的协议簇，如IPX、AppleTalk等。这些处理一般都由运行在CPU上的软件来完成，与L3交换机相比，速度会慢不少，但类似远程接入、安全功能这样必须由路由器CPU来处理的功能也很多（表4-1）。中端以上级别的路由器大多数采用网络处理器（参考01.06.04节）高速进行数据链路层以下的处理。

　　另外，低端路由器产品中大多数只支持以太网和IP网络协议。

表 4-1　L3 交换机同路由器的比较

	L3 交换机	路由器
硬件	箱式、机框式	桌面式、箱式、机框式
数据帧处理	基于 ASIC 的硬件处理	基于 CPU 的软件处理
性能	线速（wire rate）[注1] 处理	比 L3 交换机速度慢
接口	以太网（RJ-45、光收发器）	以太网（RJ-45、光收发器）、串口、ISDN、ATM、SDH 等
不支持的协议、功能[注2]	拨号接入（PPP、PPPoE）、高 QoS、NAT、VPN、状态检测、高安全功能、VoIP 等	STP/RSTP、LAN tracking、IEEE 802.1X、私有 VLAN、堆叠等

注1：线速（wire rate）的相关内容请参考第7章。L3交换机在千兆以太网时单向传输速率能够达到1Gbit/s，而路由器无法达到1Gbit/s。

注2：根据机型不同，有些产品能够通过添加模块来扩展支持功能。

■ L3 交换机的架构

　　L3交换机的构成要素如图4-3以及表4-2所示，高端路由器和防火墙也使用同样的架构。传统路由器的路由选择功能、分组转发以及管理功能等均由CPU处理，管理功能负载的增加，就会带来分组转发能力的下降。L3交换机改善了这一缺点，将硬件设备内部分离成两个区域，即以路由选择、管理功能为主的控制平面和以数据转发功能为主的数据平面，从而实现了能够高速转发分组的系统架构。

图 4-3 L3 交换机的结构

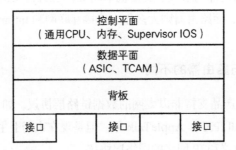

表 4-2 L3 交换机的硬件构成

硬件构成	说明
控制平面	通过基于 CPU 的软件处理进行硬件整体控制。负责操作系统管理、管理员用户界面、路由选择协议处理等工作
数据平面	通过基于 ASIC、FPGA、网络处理器的硬件处理来进行实际的数据传输。在 L2 上完成 MAC 数据帧传输（桥接）、在 L3 上完成 IP 分组传输（路由选择）。在传输时也会进行必要的访问控制列表和 QoS 相关的处理
背板	完成物理接口之间的数据传输。背板存在下面几种方式（具体内容参考 03.08 节） 表格如下： **背板方式 / 说明** 共享总线方式：在机框内部使用 1 根总线（数据传输线路）。在总线上一次只能通过 1 个数据帧 共享内存方式：在共享内存中存储接收到的数据帧，然后在发送接口读取数据帧并转发 纵横通路方式：在多个呈网状的总线上同时完成数据的传输 机框内连接各线卡（刀片设备）的以太网标准 **标准 / 表述、速度** IEEE 802.3ap：1000BASE-KX（1Gbit/s）、10GBASE-KX4（10Gbit/s）、10GBASE-KR（10Gbit/s） IEEE 802.3ba：40GBASE-KR4（40Gbit/s）
物理接口	与其他硬件之间进行数据帧收发。在 L3 交换机中使用 RJ-45 或光收发器（SFP 等）接头

　　当硬件内部结构分为控制平面和数据平面时，分组的传输需要利用 FIB（转发信息库）与邻接表的信息（表 4-3）。在 Cisco IOS 中这种利用转发信息库和邻接表信息的 IP 分组传输方式叫做 CEF（Cisco Express Forwarding，Cisco 特快转发）。

表 4-3 控制平面与数据平面上传输的信息

表项	说明
FIB （Forwarding Information Base）	基于控制平面上路由选择表的信息在数据平面上生成的、由当前有效的目的地子网、下一跳、输出接口的组合等信息构成的表项
邻接表 （adjacency table）	基于控制平面上 ARP 表的信息在数据平面上生成的、由当前有效目的地主机和输出接口对等信息构成的表项

路由器使用CPU完成分组转发，而L3交换机使用ASIC代替CPU，分组的转发更为高速（图4-4）。

图 4-4　箱式和机框式 L3 交换机的架构

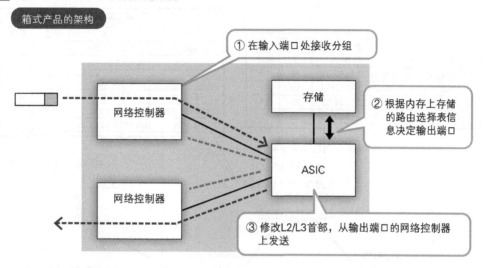

箱式产品的架构

① 在输入端口处接收分组

存储

② 根据内存上存储的路由选择表信息决定输出端口

网络控制器

ASIC

网络控制器

③ 修改L2/L3首部，从输出端口的网络控制器上发送

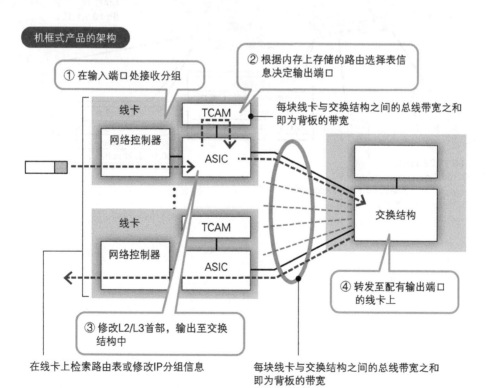

机框式产品的架构

② 根据内存上存储的路由选择表信息决定输出端口

① 在输入端口处接收分组

线卡

TCAM

每块线卡与交换结构之间的总线带宽之和即为背板的带宽

网络控制器

ASIC

线卡

TCAM

网络控制器

ASIC

交换结构

④ 转发至配有输出端口的线卡上

③ 修改L2/L3首部，输出至交换结构中

在线卡上检索路由表或修改IP分组信息

每块线卡与交换结构之间的总线带宽之和即为背板的带宽

　　L3 交换机将转发信息库和邻接表整合成 1 份表项。该表称为 FDB（Forwarding Database，转发数据库）或 L3 表，注册于内存中并通过硬件处理完成高速检索。（图 4-5）

图 4-5　L3 表的概念图

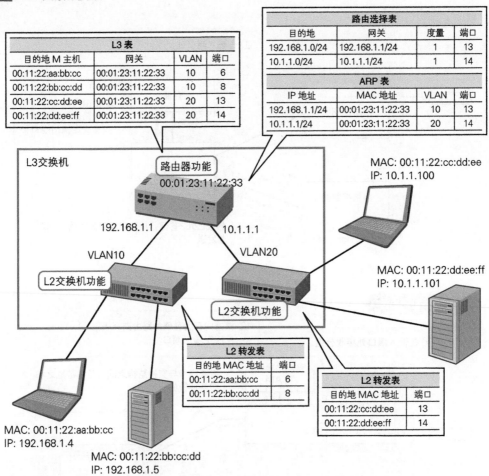

图 4-6 L3 交换机的内部处理示例

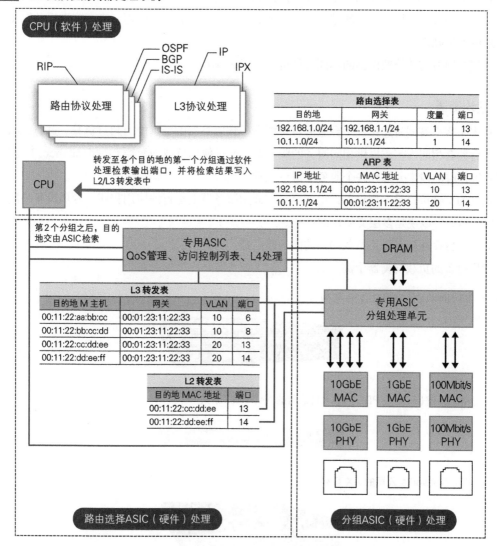

04.01.02 多层交换

除 L2 交换机之外，拥有 L3 以上功能的交换机统称为多层交换机或高层交换机。

拥有 IP 路由选择等网络层功能的 L3 交换机几乎都能够通过访问控制列表来对传输层（L4）的 TCP 端口编号进行访问控制，因此这些 L3 交换机在有些场景下也可被称为多层交换机。

这类能够支持到 TCP 层级访问控制的交换机称为 L4 交换机。甚至有些产品能够基于 HTTP 和 HTTPS 这类应用层（L7）参数进行负载均衡（Load Balancing）等操作，这类产品可以称为 L7

交换机。有些厂商将处理到该层的产品与之前的路由器区分开来，作为不同类型的产品进行销售。但所谓的多层交换机，也就是通过基于 ASIC 或 FPGA 的硬件处理，来高速进行各层相关业务处理的网络硬件。

多层交换机与传统路由器的不同之处也可参考表 4-1。

■ 负载均衡器

从多个客户端同时连接到 1 台服务器可能会导致服务器的处理能力超过负载。这时，如果准备了多台拥有相同内容或提供相同服务的服务器，通过使用负载均衡器（load balancer），就可以将来自客户端的请求分散到各个服务器进行处理。

负载均衡器可以是专用设备，也可以是在通用服务器上运行的应用程序。专用设备一般只有以太网接口，可以说是多层交换机的一种。

另外，也存在拥有分组负载均衡功能的路由器。

专用设备的负载均衡器示例

图 4-7 F5 Networks 公司 BIG-IP 系列

图 4-8 精工精密（SEIKO PRECISION）公司的 NetWiser 系列

图 4-9 A10 Networks 公司的 AX 系列

图 4-10 Radware 公司的 Alteon 系列 [1]

① 该产品线收购自北电网络。——译者注

负载均衡器一般会被分配虚拟 IP 地址，所有来自客户端的请求都是针对虚拟 IP 地址完成的（图 4-11）。负载均衡器通过负载均衡算法将来自客户端的请求转发到服务器的实际 IP 地址上。

如表 4-4 所示，通过使用负载均衡器可以提高扩展性和可靠性。

表 4-4　负载均衡器的作用

提高扩展性	在服务器群（即虚拟服务器）处理能力不足时，负载均衡器能够随时添加 1 台物理服务器。由于客户端访问的是虚拟 IP 地址，因此虚拟服务器性能的提高是显而易见的
提高可靠性	即使服务器群中某台服务器发生了故障，虚拟服务器也会继续提供服务，以确保其他服务器能够继续不间断地处理业务。同理，当服务器群中某台服务器需要停机保养时，也可以通过不间断虚拟服务器来完成

图 4-11　使用负载均衡器时的流程

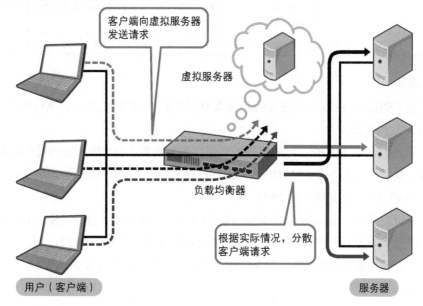

负载均衡器不仅适用于服务器，防火墙或代理服务器这种仅靠 1 台设备就会性能十分差的安全设备也可以使用负载均衡器。

表 4-5 举例说明了负载均衡器将来自客户端的请求分散至服务器时使用的负载均衡算法。

表 4-5　负载均衡算法的示例

算法名称	说明
轮询 （Round Robin）	假如有 3 台服务器，则以 1→2→3→1→2→3→1……的顺序进行负载均衡分散的算法。当服务器群中各服务器的处理能力相同，且每笔业务处理量差异不大时，最适合使用该算法。该算法中的 DNS 轮询，在 1 个域名内分配了多个 IP 地址，即使不使用负载均衡器也能够完成服务器之间的负载均衡

（续）

算法名称	说明
最少连接 （Least Connections）	在多个服务器中，与处理连接数（会话数）最少的服务器进行通信的算法。即使在每台服务器处理能力各不相同，每笔业务处理量也不相同的情况下，也能够在一定程度上降低服务器的负载
加权轮询 （Weighted Round Robin）	为轮询中的每台服务器附加一定权重的算法。例如，为服务器1附加权重1，服务器2附加权重2，服务器3附加权重3，则以1→2→2→3→3→3→1→2→2→3→3→3→1→……的顺序进行轮询，该算法适用于各服务器处理能力不同的情况
加权最少连接 （Weighted Least Connections）	为最少连接算法中的每台服务器附加权重的算法。该算法事先为每台服务器分配处理连接的数量，并将客户端请求转至连接数最少的服务器上
IP地址散列	通过管理发送方IP和目的地IP地址的散列，将来自同一发送方的分组（或发送至同一目的地的分组）统一转发到相同服务器的算法。当客户端有一系列业务需要处理而必须和一个服务器反复通信时，该算法能够以流（会话）为单位，保证来自相同客户端的通信能够一直在同一服务器中进行处理
URL散列	通过管理客户端请求URL信息的散列，将发送至相同URL的请求转发至同一服务器的算法

■ SSL 加速

SSL加速（SSL Acceleration）是负载均衡器专用设备提供的功能之一，执行该功能的设备内部装置称为SSL加速器。

在服务器进行SSL通信时，对通信终端之间传输的数据进行加密解密的操作需要执行相当复杂的计算，这会导致服务器CPU的处理负载进一步加大。而与不执行加密解密的HTTP通信相比，HTTPS的处理负载是前者的10倍。

这时，通过使用SSL加速器对来自客户端的HTTPS请求解密，将其转换为HTTP请求后再转发至实际的服务器上，这样就可以降低服务器CPU的处理负载（图4-12）。

这样一来，整个系统在提高服务器响应速度的同时还能减少必备服务器的数量，在单位时间内能够转发更多Web服务内容。

图 4-12 SSL 加速

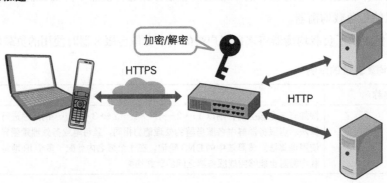

04.02　L3 交换机是如何诞生的

正如 03.02 节所述，早期的路由器支持 ATM、帧中继、串行传输等各类数据链路层（L2）的通信功能，而且在网络层（L3）中同样支持 IP 网络之外的 IPX、AppleTalk 等网络层协议簇。这些协议均是通过基于 CPU 的软件处理来实现的，但是随着网络通信流量的增加，出现了更高速的网络处理需求。

在这样的背景下，各个厂商开发了在使用 ASIC 完成高速数据帧处理的 L2 交换机基础上，同样支持 IP 路由选择等 L3 功能的 L3 交换机。

1990 年，美国 Kalpana 公司发布了世界上第一台 L2 交换机 EtherSwitch。随后，1992 年，3Com 公司为了缩减设备数量与投资成本，在 LANplex5000 交换机上实现了路由选择功能（这时的路由选择功能还是基于软件处理的）。不久之后，3Com 公司又发布了使用 ASIC 实现路由选择的 CoreBuilder 系列交换机。

1996 年，Extreme Networks 公司和 Foundry Networks 公司[①]相继成立，并成为 L3 交换机供应商。不久之后，思科公司等传统交换机厂商也开始发布支持新功能、新特性的产品，逐步开始渗透到 L3 交换机市场。

表 4-6　L3 交换机的历史

年	事件	标准化等
1988		IEEE 802.3a（10BASE2） RIP（RFC1058）
1990	Kalpana 公司发售 EtherSwitch 交换机产品	IEEE 802.3i（10BASE-T）
1992	3Com 公司在 LANplex 5000 交换机上实现路由选择功能	OSPF 版本 2（RFC1247）
1993	思科公司发售高端路由器 Cisco 7000	
1995	思科公司发布 Catalyst 5000 交换机	IEEE 802.3u（100BASE-TX） BGP 版本 4（RFC1771） IPv6（RFC1883）
1996	Foundry Networks 公司成立 Extreme Network 公司成立 Juniper Networks 公司成立	
1997	Foundry Networks 公司发布千兆以太网交换机 FastIron 和 L3 交换机 NetIron Extreme Network 公司发布千兆以太网 L3 交换机 Summit1 思科公司为 Catalyst 5000 系列交换机添加 L3 功能	

---

① 该公司已被博科通讯系统公司（Brocade）收购。——译者注

（续）

年	事件	标准化等
1998	Foundry Networks 公司发布 L4~L7 层交换机 思科公司发布 L3 交换机 Catalyst 8500 系列	IEEE 802.3z（100BASE-X） RIP 版本 2（RFC2453） IEEE 802.1Q（VLAN）
1999	思科公司发售 Catalyst 6000 系列和 Catalyst 6500 系列交换机 Force10 Networks 公司成立	IEEE 802.3ab（1000BASE-T）
2000	思科公司发售 L3 交换机 Catalyst 2948G-L3 和 Catalyst 4908G-L3	
2001	Foundry Networks 公司发布万兆以太网模块	MPLS（RFC3031）
2002	F5 Networks 公司成立	
2003		IEEE 802.3ae（10GBASE-R） IEEE 802.1Q（VLAN）修订版
2004	日立制作所和日本电气公司的合资公司 ALAXALA Networks 公司成立 Foundry Networks 公司发布 L4~7 层交换机 ServerIron 系列 A10 Networks 公司成立	
2006		IEEE 802.3an（10GBASE-T）
2008	Juniper Networks 公司发布以太网交换机 EX 系列 博科通讯系统公司（Brocade）收购 Foundry Networks 公司	UDLD（RFC5171）
2011	Dell 公司收购 Force10 Networks 公司	

L3 交换机的性能比较

L3 交换机和路由器一样，以 pps 为单位描述转发性能（分组处理性能），而且和 L2 交换机一样，帧处理能力以最大交换容量（背板容量）为指标。

表 4-7　总结了各个厂商 L3 交换机产品的最大交换容量

产品名称	最大交换容量[注1]
Cisco Systems Catalyst 3750	32Gbit/s
Brocade FCX 624	128~200Gbit/s
Cisco Systems Catalyst 6500	720Gbit/s
Brocade FastIron SX 1600	1.08Tbit/s
Cisco Systems Nexus 7000	1.4Tbit/s
ALAXALA Networks AX7816S	768Gbit/s
Juniper Networks EX8216	12.4Tbit/s
Brocade MLXe	15.36Tbit/s

注 1：数据来自各个产品的规格说明书。

04.03　L3 交换机的分类

04.03.01　根据形状和用途分类

和 L2 交换机一样，L3 交换机也可以根据形状和用途分类，详细内容可以参考 02.06 节。

04.03.02　根据性能分类

根据 L3 交换机的背板容量，L3 交换机可以分成高端机、中端机和低端机。

■ 高端 L3 交换机

机框式 L3 交换机由路由引擎、交换结构、线卡模块、风扇模块和电源模块这几个模块构成，一般作为企业的核心交换机用于数据中心或服务供应商。

为了提高交换机的可靠性，除了线卡模块之外，其余模块均提供了冗余结构。电源或风扇模块通常采用 1+N 或 N+N 冗余结构，路由引擎则通常采用 1+1 的冗余结构[①]。L3 交换机一般通过多台设备构成 VRRP 等 L3 冗余结构，来提高整个系统的可用性，但使用单台交换机内部冗余的情况也很多。

该类型 L3 交换机的价格在 500~1000 万日元左右[②]。

表 4-8 列出了主要的高端 L3 交换机产品信息。

表 4-8　各公司高端 L3 交换机产品的性能比较

	Cisco Systems Catalyst 6509	Juniper Networks EX8216	ALAXALA Networks AX6708S
机框高度	15RU	21RU	9RU
最大线卡模块插槽数	8	16	8
最大背板容量	1.4Tbit/s	12.4Tbit/s	1.15Tbit/s
最大电力消耗	最大 8700W	最大 15000W	最大 4400W

---

① 在 M+N 的冗余结构中，为了获得 M 台设备的性能，需要使用 N 台冗余系统。例如，为了获得 100W 电力供应，如果使用 1+1 的冗余结构，则需要使用两个 100W 电源模块，即使其中一个模块发生故障，另外一个也能保障 100W 的电力供应；在 N+1 冗余结构且 N=2 时，就需要 3 个 50W 电源模块，当其中一个发生故障时，剩余两个模块能够保障 100W 的电源供应。在 N+N 冗余结构且 N=2 时，需要使用 4 个 50W 电源模块，每两块成对使用，使得无论哪个电源发生故障，都有另一电源模块对接替，从而保障 100W 电力的供应。

② 例如思科公司的 Catalyst 6500 系列、Catalyst 4500 系列以及 Juniper Networks 公司的 EX8200 系列等。

（续）

	Cisco Systems Catalyst 6509	Juniper Networks EX8216	ALAXALA Networks AX6708S
单槽交换性能	80Gbit/s	320Gbit/s	
单台机框所支持的最大千兆端口数	576	768	192
单台机框所支持的最大万兆端口数	130	128	64
外观			

■ 中端 L3 交换机

中端 L3 交换机一般为箱式交换机或最大插槽数为 4 的机框式（模块式）交换机，用于将企业核心交换机和边缘交换机进行汇聚交换，价格在 100 万 ~500 万日元左右[①]。

表 4-9　各公司中端 L3 交换机的性能比较

	Cisco Systems Catalyst 4503	Juniper Networks EX4500	ALAXALA Networks AX5404S
机框高度	7RU	2RU	6.5RU
最大线卡模块插槽数	2	N/A	4
最大背板容量	64Gbit/s	480Gbit/s	48Gbit/s
最大电力消耗	最大 6000W（每个线卡可用最大 1500W 的 PoE）	最大 364W	1100W
单台机框所支持的最大千兆端口数	96	48	192
单台机框所支持的最大万兆端口数	28	48	N/A
外观			

---

① 其中的代表有思科公司的 Catalyst 4500 系列、Catalyst 4900 系列，juniper 公司的 EX4500 系列、EX4200 系列，日立电线公司的 Apresia 15000 系列、Apresia 13200 系列等。

■ **低端 L3 交换机**

低端 L3 交换机一般为箱式交换机或桌面式交换机，作为企业的接入交换机（边缘交换机）使用，1RU 大小的设备支持 24 端口或 48 端口。有些产品作为 IP 电话或无线 LAN 的访问接入点，还能直接使用来自以太网的电源供电（PoE）。该类型 L3 交换机价格约几万日元至 100 万日元。

表 4-10 各公司低端 L3 交换机产品的性能比较

	Cisco Systems Catalyst 3750 （WS-C3750G-48TS-E）	Juniper Networks EX2200-48P-4G	ALAXALA Networks AX3630S-48TW
机框高度	1RU	1RU	1RU
最大背板容量	32Gbit/s	104Gbit/s	96Gbit/s
最大电力消耗	160W	91w（不支持 PoE） 405W（支持 PoE）	134W
单台机框所支持的最大千兆端口数	48+4	48	48
单台机框所支持的最大万兆端口数	N/A	48	N/A
外观			

04.04　L3 交换机搭载的特殊功能

04.04.01　L3 交换机功能的分类

尽管各制造厂商的 L3 交换机产品提供了的功能不同，但这些功能大致可以分为如表 4-11 所示的几个类别。

表 4-11 L3 交换机的功能

OSI 参考模型	分类	功能
应用层	认证类、管理类	SNMP、RMON、syslog、DHCP、NetFlow、FTP、IEEE 802.1X 等
网络层、传输层	路由选择协议	静态路由、RIPv1/v2、OSPF、BGPv4、IS-IS、多播路由选择、RIPng、OSPFv3、BGP4+、基于策略的路由选择等
	QoS	IEEE 802.1p、LLQ、WFQ、RED、Shaping、带宽控制等
	IP 隧道	IPv4 over IPv6、IPv6 over IPv4 等
	其他	过滤、负载均衡、VRRP 等

（续）

OSI 参考模型	分类	功能
数据链路层	VLAN	端口 VLAN、IEEE802.1Q（tag VLAN）、Protocol VLAN、私有 VLAN、Uplink-VLAN 等
	STP	STP（IEEE 802.1D）、RSTP（IEEE 802.1w）、PVST+、MSTP（IEEE 802.1s）等

STP、SNMP、RMON、NetFlow 等相关内容请参考本书 02.08 节，QoS 相关内容请参考 03.06 节。

在 L3 交换机中，只有使用这些功能对分组进行的管理是由 CPU（软件）直接处理的。用户之间的通信均如图 4-13 所示，是由 ASIC（硬件）处理实现分组的高速转发的。

图 4-13　使用 ASIC 完成高速分组转发

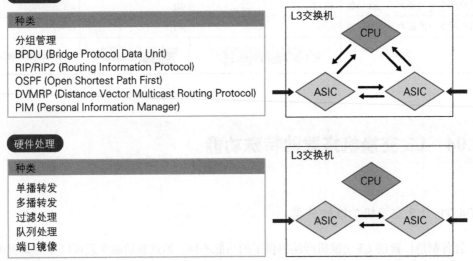

04.04.02　VLAN

由 1 台或者多台交换集线器所组成的 1 个广播域可以称为是一个扁平网络（flat network）。该网络只由 L2 组成，相互连接的硬件会接收所有网络发来的广播帧。因此，随着连接硬件数量的增加，广播数量也会增加，网络状况也就越发混杂。

这种情况下就需要采用能够将整个扁平网络进行逻辑分段的 VLAN（Virtual LAN）技术。各个 VLAN 均使用同 1 个广播域，因此能够控制该域内广播通信的规模。（图 4-14）

交换机通过设置（configuration）能够轻易更改物理端口的属性，使该物理端口附加到某个

VLAN 之中，因此当连接交换机的用户终端发生变化时，也无需更改所对应的物理配线。

　　VLAN 之间的通信需要使用路由选择，不借助路由器就无法与不同 VLAN 的终端进行通信，因此安全性也有了保障。

　　VLAN 在 1998 年的 IEEE 802.1Q 中完成了标准化。

■ 基于端口的 VLAN

　　基于端口的 VLAN（Port VLAN）是指在 1 台交换机上完成 VLAN 构建的功能。

　　基于端口的 VLAN 是在交换机的端口上设置 VLAN ID 信息，将拥有相同 VLAN ID 的多个端口构成一个 VLAN。符合 IEEE 802.1Q 标准的交换机在初始状态时所有端口默认 VLAN ID=1（即 VLAN 1），但是使用者能够对任意一个端口进行 VLAN ID=2 的设置，从而使该端口归属 VLAN 2。

图 4-14　LAN 与 VLAN 的比较

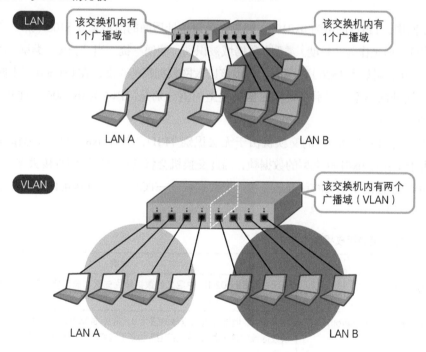

■ 标签 VLAN（IEEE 802.1Q）

　　当需要跨越多个交换机创建 VLAN 时，一般会用到使用中继端口（trunk port）的标签 VLAN（tag VLAN）。标签 VLAN 通过中继端口完成以太网数据帧的收发，其中以太网数据帧上需添加 4 字节 IEEE 802.1Q 所定义的首部（即 VLAN 标签信息）（图 4-15）。为以太网数据帧添加标签的过程称为 tagging。当 tagging 完成后，以太网数据帧的最大长度将从 1518 字节变为 1522 字节，因为其中还包含了 12bit 的 VLAN ID 信息，因此最多可以支持的 VLAN 数也达到了 4096 个。

图 4-15 使用标签 VLAN 时的以太网数据帧格式

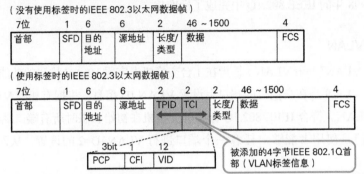

SFD：Start Frame Delimiter（帧首定界符）　　TPID：Tag Protocol Identifier（标签协议标识）
TCI：Tag Control Information（标记控制信息）　　FCS：Frame Check Sequence（帧校验序列）

在以太网中，TPID 的值为 0x8100。如果发送源地址后面的值不是 0x8100，那么该域则不表示 TPID 信息，而是作为"长度／类型"数据域被识别。顺便一提，当"长度／类型"数据域的值在 0x05DC（10 进制数为 1500）以下时，表示该以太网数据帧的长度；在 0x0600 以上时，则表示该以太网数据帧的类型。表示以太网数据帧类型的值分别是：IPv4 为 0x0800，ARP 为 0x0806、IPv6 为 0x86DD 等。

一些不支持 IEEE 802.1Q 的交换机由于无法识别 TPID，会将 0x8100 的值视作以太网帧类型，但是由于不存在 0x8100 类型的数据帧，因此交换机会将其作为错误帧直接丢弃。

IEEE802.1Q 标准中定义的首部还存在一个数据域——TCI，该数据域可以进一步分成 3 个子数据域（表 4-12）。

表 4-12 TCI 数据域的组成要素[①]

名称	说明
PCP（Priority Code Point）	表示在 IEEE 802.1Q 中定义的数据帧优先级，最低级别为 0（0b000），最高级别为 7（0b111）
CFI（Canonical Format Indicator）[①]	标准 MAC 地址时该数据域的值为 0，非标准 MAC 地址时为 1。在以太网中，该数据域的值多为 0，而在连接令牌环网络的交换机中，也有该数据域值为 1 时接收数据的情况
VID（VLAN Identifier）	表示数据帧所属的 VLAN 编号。0（0x000）仅用于识别 PCP 中表示的优先级，4095（0xFFF）为预留值，因此用户可用的数值为 1（0x001）~4094（0xFFE），共 4094 个

———————————
① 最新标准已将该域修改为 Drop Eligible Indicator (DEI)。——译者注

图 4-16　在使用标签 VLAN 的多个交换机之间进行转发

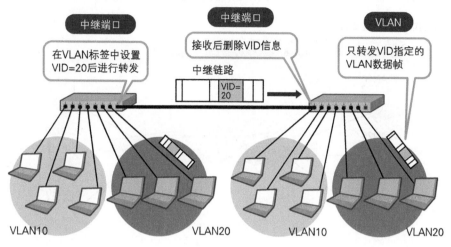

图 4-17　跨越多个交换机的 VLAN

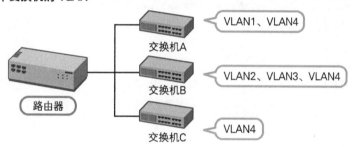

■ 本征 VLAN

VLAN 编号为 1 的 VLAN 通常被称为本征 VLAN（Native VLAN）或管理员 VLAN，一般用于管理 VLAN，也作为初始值分配给交换机的各个端口。本征 VLAN 的指定或变更是可以自定义的，但基本所有厂商的交换机都默认使用 VLAN ID 为 1 的 VLAN 作为本征 VLAN。在定义新 VLAN 时如果设定 VLAN ID=1，则有可能会发生同预期端口无法通信的情况，因此最好使用 2 以上的数值作为新建 VLAN 的 ID。

■ 中继端口

使用标签 VLAN 向其他交换机传递 VLAN 编号时，首先需要设置中继端口（trunk port）。中继端口也被称为 "附带标签的端口"，能够属于多个 VLAN，与其他交换机进行多个 VLAN 的数据帧收发通信。两台交换机中继端口之间的链路则称为中继链路（trunk link）。

与中继端口和中继链路相对应的还有接入端口（access port）和接入链路（access link）这两

个概念。接入端口只属于 1 个 VLAN，接入链路也仅传输 1 个 VLAN 数据帧（图 4-18）。

图 4-18　中继端口和中继链路

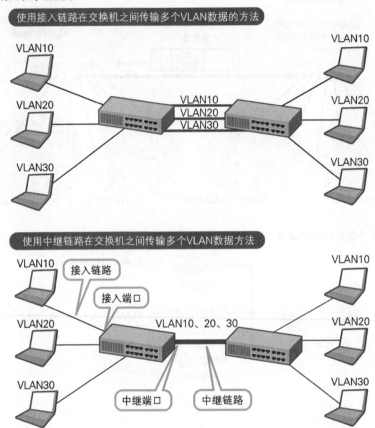

使用接入链路在交换机之间传输多个VLAN数据的方法

VLAN10
VLAN20
VLAN30

VLAN10
VLAN20
VLAN30

VLAN10
VLAN20
VLAN30

VLAN10
VLAN20
VLAN30

使用中继链路在交换机之间传输多个VLAN数据方法

VLAN10
接入链路
接入端口
VLAN20
VLAN10、20、30
VLAN30
中继端口　中继链路

VLAN10
VLAN20
VLAN30

■ 协议 VLAN

参考以太网数据帧首部的数据帧类型，基于网络层的各个协议来定义的 VLAN 称为协议 VLAN（Protocol VLAN）。其中，数据帧类型的值为 16bit，VLAN 能够识别的网络层协议有 IP、IPX、AppleTalk 等。

目前，网络层的通信基本都使用 IP 协议，因此协议 VLAN 变得没有意义，几乎已不再使用了。

■ 上行 VLAN

上行 VLAN（Uplink VLAN）是由 ALAXALA 公司的交换机产品提供的、基于端口 VLAN 的功能之一（图 4-19）。

　　属于 VLAN 的端口可以分为上行端口和与终端相连的下行端口，上行端口之间或上行端口和下行端口之间可以进行通信，但下行端口之间则无法进行通信。

图 4-19　上行 VLAN 的分组流向

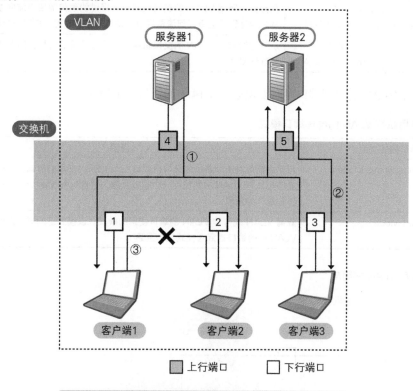

① 自上行端口的广播分组转发至所有端口
② 上行端口和下行端口之间可以进行通信
③ 下行端口之间无法进行通信

■ 私有 VLAN

　　私有 VLAN（Private VLAN）也可以记为 PVLAN，是指在 VLAN 内部再构建一层 VLAN 的功能（图 4-20），因此也可以称为多层 VLAN。

　　私有 VLAN 能够通过进一步分割广播域（子网），削减 VLAN 内部的广播通信流量并保障通信的安全性。例如，在酒店、公寓、服务供应商等场所灵活使用该功能，就能够控制服务器或网关与终端的连接，使不同终端之间无法相互通信。

　　如表 4-13 所示，私有 VLAN 由主 VLAN（Primary VLAN）和从 VLAN（Secondary VLAN）组成，从 VLAN 与 1 个主 VLAN 关联。

表 4-13　私有 VLAN 的组成要素

组成要素		说明
主 VLAN（Primary VLAN）		1 个私有 VLAN 中有一个主 VLAN，主 VLAN 是从 VLAN 的父辈 VLAN
从 VLAN （secondary VLAN）	隔离 VLAN （Isolated VLAN）	从分配给隔离 VLAN 的交换机端口上经过的通信流量将流向主 VLAN，而从 VLAN 则不会有任何流量经过。每个主 VLAN 可以指定一个隔离 VLAN
	群体 VLAN （Community VLAN）	从分配给群体 VLAN 的交换机端口上经过的通信流量会同时流向主 VLAN 和群体 VLAN

　　使用私有 VLAN 的物理端口可以设置成表 4-14 中的任何一个模式。

表 4-14　使用私有 VLAN 的物理端口模式

端口模式类型	说明
混合模式（Promiscuous Mode）	与路由器等网关相连接的交换机端口（上行端口）使用的模式。该模式下的端口能够与私有 VLAN 内的任何一个端口互通。混合（promiscuous）就是"通信对方任意"的意思
主机模式（Host Mode）	隔离 VLAN 或群体 VLAN 的端口使用的模式。该模式下的端口只能与同一群体 VLAN 内的端口或混合模式端口互通

图 4-20　私有 VLAN 的组成

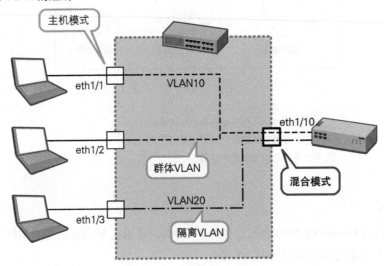

■ 静态 VLAN 和动态 VLAN

　　将交换机的端口进行 VLAN 划分的过程称为 "VLAN 成员划分"。

　　管理员通过输入交换机命令，将一个交换机端口固定分配给某个 VLAN，这种 VLAN 成员划分方式称为静态 VLAN。

与之相对地，根据与端口相连的个人计算机或用户信息自动分配端口至某个 VLAN 的方式则称为动态 VLAN 或者认证 VLAN。具体而言，就是交换机根据终端的 MAC 地址来分配（基于 MAC 地址库的认证），或者基于 IEEE 802.1X 的认证来决定该端口属于何种 VLAN。而且在动态 VLAN 中，网络上的个人计算机无论与哪台交换机相连，都能固定归属于同一 VLAN（图 4-21）。

有些厂商通过交换机内部的数据库来实现基于 MAC 地址的认证，但大多数情况下动态 VLAN 的实现都需要使用 RADIUS 服务器。

关于 IEEE 802.1X 认证的详细内容请参考 02.08 节。

图 4-21 动态 VLAN 与端口认证

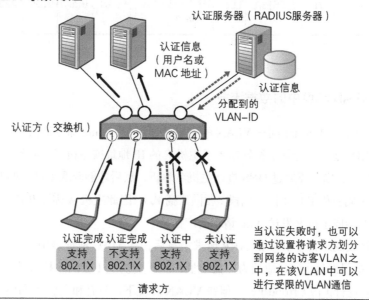

■ **VTP 与 ISL**

VTP（VLAN Trunking Protocol，VLAN 中继协议）是思科公司的独有协议，在拥有大量交换机的大规模网络中，通过该协议各交换机能够使用中继链路进行 VLAN 相关信息（VTP 通告）的交互，从而自动完成网络内部交换机中 VLAN 的创建、删除和更新等工作。不过，仍然需要手动设置接入端口的 VLAN 分配。

另外，思科公司还研发了独有的 VLAN 识别标识 ISL（Inter-Switch Link，交换机间链路）。

该标识使用与 IEEE 802.1Q 中的 VLAN 标签不同的帧格式进行 VLAN 通信数据的交互，思科公司的交换机产品 Catalyst 1900 就仅支持 ISL 而不支持 IEEE 802.1Q。

图 4-22 ISL 数据帧

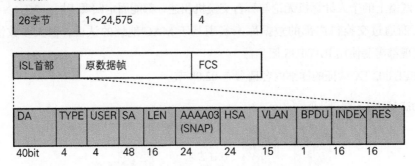

04.04.03 VLAN 环境中的数据流向

假设现在主机 A 要和属于同一 VLAN 的主机 F 通过运行 ping 命令通信。

主机 A 的用户在命令行提示符处输入了主机 F 的 IP 地址或主机名（域名）的 ping 命令，如果输入的是主机名，则需要通过 DNS 进行主机名解析，然后才能获取主机 F 的 IP 地址。

由于主机 A 同主机 F 位于同一网段（相同广播域），因此主机 A 需要知道主机 F 的 MAC 地址，这时主机 A 会向主机 F 发送 ARP 请求的广播。

交换机 1 接收到来自主机 A 的 ARP 请求消息后，在 MAC 地址表中记录下主机 A 的信息，由于 ARP 请求的目的地 MAC 地址为广播地址，因此交换机 1 会向除接收端口之外的所有端口复制该数据帧并进行扩散（flooding），但在 VLAN 环境下，只有和主机 A 同属一个 VLAN 的端口会被扩散到。

交换机 2 接收到来自主机 A 的 ARP 请求后，在 MAC 地址表中记录下主机 A 的信息。之后与交换机 1 一样，交换机 2 也会向除接收端口之外的、所有同属一个 VLAN 的端口复制该数据帧并进行扩散（flooding）。

主机 F 接收到 ARP 的请求后，向主机 A 回复 ARP 的响应消息。这时交换机 2 将习得主机 F 的 MAC 地址信息，因为之前已经从 ARP 请求中习得了主机 A 的 MAC 地址信息，因此 ARP 响应消息将直接转发到端口 1 处。

交换机 1 接受 ARP 响应消息后，也从中习得主机 F 的 MAC 地址，综合判断所有习得的信息后将 MAC 地址信息转发至交换机的端口 1 处。

由于主机 A 已经知道目的地的 MAC 地址，因此利用该地址信息向主机 F 发送 ICMP echo 消息。

04.04.04　VLAN 之间的路由选择

■ L2 交换机

在 L2 交换机上设置了多个 VLAN 后，单台交换机就无法在不同的 VLAN 之间转发以太网数据帧。

当需要在多个 VLAN 之间转发数据时，一般会使用中继链路连接路由器，通过路由器进行 VLAN 之间的路由选择。

图 4-23　L2 交换机上 VLAN 之间的路由选择

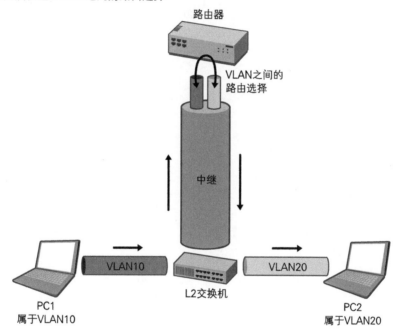

■ L3 交换机

L3 交换机能够在交换机内部直接完成 VLAN 之间的路由选择。

■ UDLD

UDLD（Uni-Directional Link Detection，单向链路检测）由 RFC5171 文档公布，是思科公司开发的 L2 协议，用于检测在发送（TX）或接收（RX）数据时线缆发生的单向链路故障。由于传输媒介无论是光纤还是双绞线，以太网都会通过接收方和发送方两边的物理线缆来传输数据，因此线缆发生某种故障造成单向链路的可能性很大。

一旦发生单向链路故障，无论端口是否处于已连接的状态，都会造成通信一方的交换机只能发送数据而不能接收数据，另一方则只能接收数据而不能发送数据的状况。而且发生单向链路故障时，生成树也无法正常工作，位于转发线路上的数据帧也会被丢弃。

交换机上 UDLD 生效的端口如果根据 UDLD 检测出了链路发生的单向故障，就能够及时关闭端口，修正网络上的不良运行状态。

图 4-24 单向链路发生故障的概念图

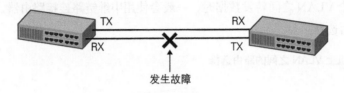

第 **5** 章

防火墙功能与防范威胁的对策

本章将介绍防火墙和安全设备的历史、产品类型、功能等，帮助读者理解安全设备性能的考量方法与相关注意事项。另外，本章还会介绍 TCP 连接、UDP 等传输层会话管理，以及 IPSec、使用 SSL 的 VPN 等相关内容。

05.01 防火墙是怎样的网络硬件

20 世纪 90 年代，随着互联网的普及，出现了路由器访问控制列表无法抵御的攻击和非法访问等一系列威胁，因此出现了针对这些威胁的防范策略需求。1992 年 OECD[①] 组织发布了"信息系统安全指导书"，其中定义了为构建安全网络体系而需要遵循的 CIA 基本理念。CIA 是机密性（Confidentiality）、完整性（Integrity）、可用性（Availability）三个英文单词的首字母组合，这三个方面的主要威胁及其对策如表 5-1 所示。

表 5-1 CIA 的内容

CIA 条目	威胁的种类	对策使用的技术	对策实施的装置	说明
机密性	窃听、非法访问、窃取等	用户认证、加密	防火墙、VPN、IDS/IPS 等	信息的机密性是指只允许合法用户访问相关信息。确保信息的机密性即保证信息不被泄露，设立防止非法访问等保护对策
完整性	篡改、冒充等	数据认证、电子签名、加密	防火墙、VPN、IDS/IPS 等	处理正确信息，保证信息的完整和确切，防止信息被篡改
可用性	DoS 攻击等	过滤、冗余、策略	防火墙、带宽控制装置等	确保合法用户能够访问授权的信息。需要重视服务器或网络硬件的运维，避免系统出现当机问题

防火墙硬件作为防范装置能够同时实现 CIA 中 3 个条目的相应对策。在 20 世纪 90 年代中期，普通企业一般都会在网关（LAN 与互联网的边界）中设置防火墙。

防火墙（Firewall）是指为了防止发生火灾时，火势蔓延至建筑物内其他区域而设置的、由防火材质（主要是石膏板）铸成的墙（图 5-1）。

图 5-1 防火墙示意图

防火墙

---

① 经济合作与发展组织，全称为 Organization for Economic Co-operation and Development。——译者注

将自外而内的网络入侵行为看作火灾，那么防止这种入侵的对策即可称为防火墙。在网络结构图中经常也使用"砖墙"的图标来表示防火墙（图 5-2）。

图 5-2　Windows 中防火墙的图标

图 5-3　思科公司的防火墙图标

防火墙这个装置原本用于防范外部网络，也就是拥有多个不特定用户的公共网络对内部网络（企业的 Intranet）进行的 DoS 攻击或不法访问（Hacking，黑客行为），但现在也开始需要防范从内部网络向互联网泄露信息或将内部网络作为攻击跳板等行为。

05.02　防火墙是如何诞生的

现在的防火墙是作为专用设备出现在网络中的，但最初的防火墙则出现在 1985 年左右，采用分组过滤技术由思科公司的 IOS 软件实现，是路由器的一个功能。

不久之后，DEC 公司和 AT&T 的贝尔实验室开始了防火墙的相关研究工作。当时 DEC 公司的防火墙装置是将配有两个接口的计算机同外部网络（互联网）和内部网络（Intranet）进行连接，内部网络用户只有登录该计算机（网关）才能完成对外部互联网的访问。而当时 AT&T 贝尔实验室的防火墙装置则是属于第二代防火墙技术的电路层（Circuit Level）防火墙（参考 05.04 节）。该装置使用了配有两个接口的、DEC 公司的 VAX 计算机，内部网络用户必须通过该计算机的电路中继，才能完成对互联网的访问。

随后，从 1988 年到 1990 年，DEC 公司的防火墙装置不仅需要用户登录，还添加了限制非法通信的功能（称为 screend）。当时作为限制对象的网络服务有 USENET 新闻、FTP、Telnet、邮件等。在这之后，业内又逐步转向开发无需用户登录，单纯对网络服务进行控制的防火墙产品。该类型防火墙属于第三代防火墙，即应用层防火墙（也称为代理防火墙）。另外，这一时期的文献中也记录了一些类似于"确认连接建立""允许输入响应""在 IP 层面保持状态"等功能，这些功能在现在的状态防火墙（stateful firewall）中都保留了下来。

DEC 公司的防火墙原本常用于大学或科研机构，但在 1991 年，DEC 公司开始面向企业销售名为 DEC SEAL（Screening External Access Link）的防火墙产品。

第四代防火墙即分组过滤防火墙的早期装置——Visas 的研发工作开始于 1992 年[①]。Visas 也成为 1994 年由 Check Point Software Technologies 公司[②]开发的商用防火墙产品 Firewall-1 的原型[③]。

1996 年，Global 互联网 Software Group 公司[④]开始研发第五代防火墙，即基于内核代理架构（kernel proxy architecture）的防火墙。第二年，思科公司发售了首个基于内核代理技术的防火墙产品 Cisco Centri Firewall[⑤]。Cisco Centri Firewall 是在 Windows NT 上运行的软件，其中的诸多技术被后来思科公司的防火墙设备 PIX Firewall 继承（Cisco Centri Firewall 在 1998 年停止销售）。

到了 2000 年左右，随着宽带网络的普及，越来越多的企业开始使用 VPN。这一时期在日本，有很多用户使用防火墙通过 FTTH 或 ADSL 线路、以 PPPoE 的形式构建站点到站点（site to site）的 VPN。

2004 年，UTM（Unified Threat Management，统一威胁管理）产品发布，是一款将 IDP/IPS（Deep Inspection，深度检测）、反病毒、反垃圾邮件（anti-spam）、URL 过滤等功能集成在一起的防火墙设备产品。

UTM 产品包括 Juniper Networks 公司的 SSG 系列和 ISG 系列、Fortinet 公司[⑥]的 FortiGate 系列、Check Point 公司的 UTM-1 系列以及思科公司的 ASA 系列等。

2007 年，Palo Alto Networks 公司发布了新一代防火墙（NGFW，Next Generation Firewall），该防火墙不再基于端口而是基于应用程序来执行相关的安全策略。新一代防火墙同样配备类似 UTM 的基于内容安全的功能，协同活动目录（Active Directory）或 Web 认证等完成用户识别，从而执行并非基于 IP 地址，而是基于用户名、群组名的安全策略。

表 5-2 中列出了防火墙设备与安全设备的发展历史。

表 5-2　防火墙设备与安全设备的发展历史

年	事件
1984 年	Secure Computing 公司成立[⑦]
1988 年	思科公司的 IOS 8.3 开始支持访问控制列表
1991 年	SonicWall 公司成立
1992 年	OECD 制定"信息系统安全指南"

[①] 该项目是由美国南加州大学的 Bob Braden 和 Annette DeSchon 发起的。——译者注

[②] 一家以色列公司，成立于 1993 年。——译者注

[③] 当时 Visas 仅仅是一个带有图形界面的实验室原型产品，最后这些特性被以色列的 Check Point 公司引入，成为其拳头产品 Firewall-1。——译者注

[④] 该公司于 1997 年被思科公司收购。——译者注

[⑤] 该产品是思科收购 Global 互联网 Software Group 公司后发布的。——译者注

[⑥] 和 Net Screen 公司一样，由知名硅谷华人创业者谢青创办。——译者注

[⑦] 该公司最早从霍尼韦尔国际公司独立出来，在 2008 年被迈克菲公司收购，而迈克菲公司则被英特尔收购。——译者注

（续）

年	事件
1993 年	Check Point Software Technologies 公司成立
1994 年	Network Translation 公司开发 PIX 记述了私有地址相关内容的 RFC1597 发布 Check Point Software Technologies 公司开发状态检测型防火墙（Firewall-1） Check Point Software Technologies 公司发布 VPN-1 产品 ISS（互联网 Security Systems）公司成立（IDS/IPS 设备产品）
1995 年	思科公司收购 Network Translation 公司、发布 Cisco PIX Firewall 产品 IPsec 版本 1 以 RFC 文档（RFC1852 等）形式发布
1996 年	Watchguard technologies 公司成立（防火墙产品）[1]
1997 年	NetScreen Technologies 公司成立（防火墙产品）[2] Nokia 公司发布安装有 Check Point Software Technologies 公司 VPN-1/FireWall-1 产品的 IP 系列安全设备[3]。
1998 年	IPsec 版本 2 以 RFC 文档（RFC2401 等）形式发布
1999 年	OneSecure 公司成立（IDS/IPS 设备产品）[4] TippingPoint 公司成立（IDS/IPS 设备产品）[5] TLS 版本 1.0 以 RFC 文档（RFC2246）形式发布 NetScreen Technologies 公司发布 NetScreen-5、NetScreen-10、NetScreen-100 NetScreen NetScreen-5
2000 年	Fortinet 公司成立（防火墙/UTM 设备） Neoteris 公司成立（SSL-VPN 设备） 思科公司收购 Altiga Networks 公司、发布 VPN 3000 系列（IPsec-VPN 远程接入集中设备）产品
2002 年	OneSecure 公司发布 IDP 设备（IPS 产品） NetScreen Technologies 公司收购 OneSecure 公司 NetScreen Technologies 公司发布 NetScreen-200、NetScreen-5000 系列产品 Fortinet 公司发布 FortiGate 系列产品
2003 年	NetScreen Technologies 公司收购 Neoteris 公司
2004 年	Juniper Networks 公司收购 NetScreen Technologies 公司 业内开始使用 UTM 这一术语
2005 年	Palo Alto Networks 公司成立 思科公司发布适配性安全产品 ASA（Adaptive Security Appliance）系列 IPsec 版本 3 以 RFC 文档（RFC4301 等）形式发布 3Com 公司收购 TippingPoint 公司

---

[1] 该公司中文名称为沃奇卫士。——译者注

[2] 该公司由知名硅谷华人创业者谢青、柯岩等创办。——译者注

[3] 当时的诺基亚公司既有手机产品线也有网络硬件产品线，甚至还有个人计算机产品线。——译者注

[4] 该公司于 2002 年被 NetScreen 收购。——译者注

[5] 该公司于 2005 年被 3Com 收购，后 3Com 又于 2010 年被 HP 收购。——译者注

（续）

年	事件
2006 年	Cisco IOS 开始支持 SSL VPN 功能 Juniper Networks 公司发布 SSG 系列产品 Check Point Software Technologies 公司发布 UTM-1 系列产品 IBM 收购 ISS 公司
2007 年	Palo Alto Networks 公司发布 PA 系列产品 思科公司收购电子邮件安全公司 IronPort
2008 年	McAfee 公司收购 Secure Computing 公司
2009 年	业内开始使用"新一代防火墙"这一术语 Juniper Networks 发布 SRX 系列产品 Check Point Software Technologies 公司收购 Nokia 公司的安全设备事业部 \ 将其 IP 系列安全产品纳入旗下产品线
2010 年	Intel 公司收购 McAfee 公司
2012 年	Dell 公司收购 SonicWall 公司

05.03 防火墙如何分类

05.03.01 软件型防火墙

■ 个人防火墙

个人防火墙运行于个人计算机上，用于监控个人计算机与外部网络之间的通信信息，主要功能如表 5-3 所示。

在 Windows 操作系统中集成了 Windows 防火墙。

一般拥有杀毒软件产品的厂商会以综合安全软件套件的形式销售个人防火墙（表 5-4）。

表 5-3　个人防火墙产品的功能

确认连接请求	向用户确认是否阻止特定的连接请求
安全日志	根据需要生成记录（安全日志），记录计算机正常连接与错误连接的信息。这些记录在做故障分析时会起到很大作用
反病毒（病毒对策）功能	阻止接收到计算机病毒和蠕虫通信
反间谍软件（间谍对策）功能	阻止接收到来自于以犯罪为目的的间谍软件或程序的通信
个人信息保护功能	设立对策以防止个人信息被窃取、浏览恶意网站以及钓鱼诈骗等

表 5-4　主要带有个人防火墙的产品

趋势科技公司（TRENDmicro）	Virus Buster-Grand（面向个人） Virus Buster-Business Security（面向企业）
赛门铁克公司（Symantec）	Norton 360 Norton 互联网 Security
迈克菲公司（McAfee）	Total Protection 互联网 Security
卡巴斯基公司（Kaspersky）	互联网 Security

图 5-4　Windows 防火墙例外选项卡的设置（Windows XP）

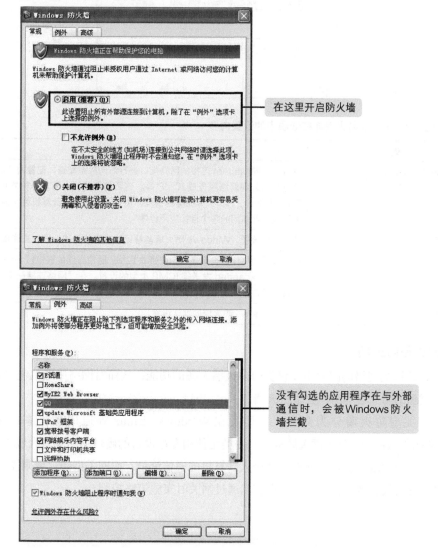

图 5-5 Windows 防火墙高级选项卡的设置（Windows XP）

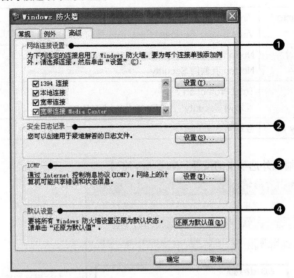

表 5-5 Windows 防火墙详细选项卡的设置内容

设置内容	说明
❶ 网络连接设置	对每一个同 Internet 连接的网络接口进行访问控制配置，配置内容包括可能访问本地计算机的外部网络服务或 ICMP 等。这里的网络服务可以是指本地计算机对外提供 FTP、Telnet、HTTP 等服务的情况，也可以包括本地计算机为作为远程桌面使用时，能够被外部访问的各个目标应用程序
❷ 安全日志记录	通过设置该项，Windows 防火墙能够记录丢弃的分组日志以及连接成功的日志
❸ ICMP	以计算机为单位，设置是否允许接收 ICMP 通信，还能够进行 Echo Request 接收以及 Time Exceeded 发送等 ICMP 类型的设置。在"网络连接配置"中，也可以对每个网络接口进行同样的设置
❹ 默认设置	还原 Windows 防火墙的默认设置

■ 网关型防火墙

在计算机网络的网关中设置类似防火墙设备的功能，从而对网络中通信流量进行策略控制，这种类型的防火墙即为网关型防火墙。

网关型防火墙分为两类，一类是在 Windows、Linux 等通用操作系统上安装并运行 FireWall-1 软件的软件型网关防火墙，一类是使用专用设备的硬件型网关防火墙。

个人防火墙主要监控所有到达个人计算机的通信流量，而网关型防火墙则需要监控来自多数不特定终端设备的通信流量，并在它们通过网关时实施策略控制。

表 5-6 个人防火墙与网关型防火墙的主要区别

	个人防火墙	网关型防火墙
安装位置	用户的个人计算机上	Windows 或 Linux 等服务器上
网络上的位置	终端处	网关处
安全监测对象	流入终端的通信流量	流经网关的所有通信流量
加密通信	在终端上解密后检查	不能检查（有时也能够对 SSL 通信等进行解密）
压缩文件检查	解压后检查	对解压方式、解压级别有限制
对附带口令文件的检查	输入口令后解压检查	不能检查

05.03.02 硬件型防火墙

硬件型防火墙是指通过硬件设备实现的防火墙，外形同路由器形状类似，但网络接口类型一般只支持以太网，包括 10/100/1000BASE-T 的 RJ-45 以及支持千兆以太网、万兆以太网收发器的接口模块（表 5-7）。

表 5-7 主要的硬件防火墙产品

厂商名称	产品名称	照片
思科公司	ASA 系列	 ASA5540
Juniper 公司	SSG 系列 SRX 系列	 SSG20 SRX210
Check Point Software Technologies 公司	Power-1 系列 IP 安全设备系列	 IP1285
Palo Alto Networks 公司	PA 系列	 PA-5050
Fortinet 公司	FortiGate 系列	 FortiGate-300C

05.04 防火墙技术类型

　　防火墙在网络边界判断允许进行的通信和不被允许的通信，作为其判断依据的技术类型按表 5-8 的顺序逐步演进。

表 5-8　防火墙技术类型的演进

防火墙技术类型	年代	说明
分组过滤型	1988 年	属于第一代防火墙技术，在尚没有专用防火墙设备时，一般由路由器实现该功能 参考网络上传送的 IP 分组首部以及 TCP/UDP 分组首部，获取发送源的 IP 地址和端口号，以及目的地的 IP 地址和端口号，并将这些信息作为过滤条件，决定是否将该分组转发至目的地网络 分组过滤的执行需要设置访问控制列表。访问控制列表也可以称为安全策略（简称策略）或安全规则（简称规则） 有关安全策略的详细信息请参考 05.07 节
应用网关型	1989 年	属于第二代防火墙技术。不再以分组为单位进行通信过滤，而是由网络中既存的网关（防火墙）特定的应用程序会话
电路层网关型	1990 年	防火墙不再根据 IP 分组首部和 TCP 分组首部进行过滤，而是在传输层上进行连接中继（第四层代理），具体通过 SOCKS 协议实现 当内网终端连接外部网络时，将会针对电路层网关建立 TCP 连接，从而在网关和外部网络服务器之间建立新的 TCP 连接 通过使用电路层网关，无需在策略中设置安全认证端口信息和 NAT，即可从拥有私有地址的内网终端连接至外部网络
状态检测型	1993 年	动态分组过滤的一种，通过检测 TCP 的连接状态阻挡来路不明的分组，英文缩写为 SPI。使用状态分组检测能够有效抵抗下面这些类型的攻击 ● 伪装 IP 地址或者端口，发送附带 TCP 的 RST 或 FIN 标志位的分组，随意中止正常通信的攻击 ● 在允许通信的范围内发送附带 TCP 的 ACK 标志位的分组，从而入侵内部网络 ● FTP 通信时，无论是否建立控制连接，都会创建数据连接进而入侵内部网络
新一代防火墙	2007 年	不仅根据端口号或协议号识别应用程序，也不仅根据 IP 地址识别用户信息，而是根据上述所有信息执行安全策略来进行防御。例如，在传统的防火墙中会记录"允许进行 10.1.1.1 的 IP 地址到端口 80 的通信"这一安全策略，但在新一代防火墙中可能还会补充记录"允许名为 yamada 的账户与 Facebook 进行通信"的内容 网络路径上只要有防火墙，就会存在不少为了回避防火墙、查找开放端口而开发的端口扫描程序，这类应用程序无法通过基于端口的防火墙防御。另外，HTTP 或者 HTTPS 使用的 80 或者 443 端口也会被各种各样的应用程序使用。综上所述，以应用程序为单位进行通信控制非常重要，因此诞生了新一代防火墙技术

■ 代理服务器

代理服务器是应用网关型防火墙的一种。

在 Linux 所使用的代理服务器中，有一款叫做 Squid 的免费软件。

代理服务器的硬件设备有 Blue Coat Systems 公司开发的 SG 系列。

另外，还有一些应用了代理服务器功能的设备产品兼顾了网关型防毒功能和 URL 过滤功能等（如趋势科技公司的 IWSM、Digital Art 公司的 D-SPA 系列等）。

■ 什么是代理

例如，HTTP 代理对应的网关在从用户（客户端）处收到 HTTP 通信请求后，自身将代替客户端向 HTTP 服务器发送 HTTP 通信请求。从客户端的角度来看，网关即其通信终端。由此，在客户端与网关，网关与 HTTP 服务器之间分别生成两个会话（如图 5-6 所示）。如果像这样网关成为客户端的代理，由代理和真正的服务器之间进行通信的话，就会实现以下情况。

- 从客户端收到的请求或从服务器端得到的响应会在应用层进行检查，如果发生异常则放弃通信或者发送出错信息。
- 由于网关是会话的起点，因此可以对互联网上的外部服务器隐藏客户端的 IP 地址。

图 5-6　代理（应用层网关）和其他硬件的不同

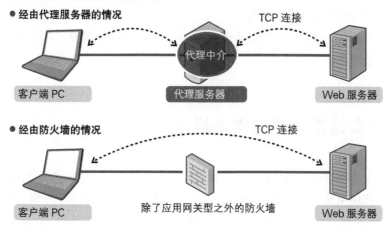

图 5-7 经由代理路径的分组的变化

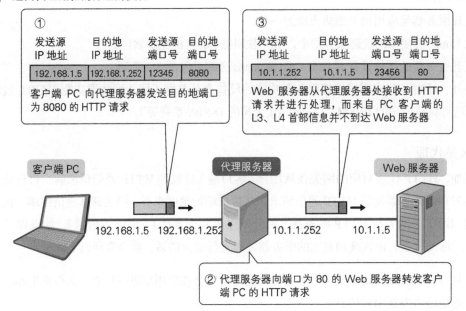

① 客户端 PC 向代理服务器发送目的地端口为 8080 的 HTTP 请求

发送源 IP 地址	目的地 IP 地址	发送源 端口号	目的地 端口号
192.168.1.5	192.168.1.252	12345	8080

③ Web 服务器从代理服务器处接收到 HTTP 请求并进行处理，而来自 PC 客户端的 L3、L4 首部信息并不到达 Web 服务器

发送源 IP 地址	目的地 IP 地址	发送源 端口号	目的地 端口号
10.1.1.252	10.1.1.5	23456	80

② 代理服务器向端口为 80 的 Web 服务器转发客户端 PC 的 HTTP 请求

分组过滤型的防火墙以所有使用 IP 或 TCP/UDP 的通信为对象，判断是否允许通信。而应用网关型的防火墙仅以通过网关的应用程序为对象，具体而言就是将 FTP、HTTP、Telnet、DNS 等作为处理对象的应用程序来进行判断。

与在传输层进行数据检查的分组过滤型不同，应用网关型防火墙在应用层进行数据检查，因此处理速度相对较慢。

05.05　什么是防火墙的网络接口模式

防火墙功能设备网络接口模式的种类如表 5-9 所示。有些功能设备在一个机框内能组合出多种模式，但是只能使用其中的一种接口模式。L1~L3 模式如图 5-8 所示，是将需要防火墙控制的链路进行"串行"连接，这样的拓扑结构称为内联（inline）连接，英语为 on-a-stick，所以防火墙的"串行"也称为 Firewall-on-a-stick，如果是路由器的"串行"则称为 Router-on-a-stick。

TAP① 模式正如图 5-9 所示，该模式仅有一条来自交换机的链路构成，这样的链路组成结构也称为单臂（one-arm 或者 one-armed）拓扑。

---

① 这里的 TAP 是指能够提供一种方式访问在计算机网络之间流动的数据的装置。——译者注

表 5-9 网络接口模式的种类

接口模式	说明
L3 模式	也称为 NAT 模式，是与路由器接口一样拥有 IP 地址的接口。在进行路由选择、NAT 以及连接 IPSec-VPN 或 SSL-VPN 时，必须使用 L3 模式的接口 可以通过网络管理人员输入静态配置 IP 地址，也可以通过 PPPoE、DHCP 客户端动态分配来获取接口的 IP 地址。在 L3 模式下进行路由时，需要使用虚拟路由器
L2 模式	也称为透传模式或者透明模式（L2 透明模式），是与交换机接口一样拥有同样 MAC 地址、可进行桥接的接口。进行 IP 地址分配时需要使用 VLAN
L1 模式	也称为虚拟线缆模式。把两对儿网络接口组成一组，流量在其中一方的接口上输入并在另一块接口处输出。该模式下无法进行路由和桥接
TAP 模式	与交换机镜像端口（SPAN 端口）相连接的模式。通过对交换机转发的数据帧进行复制并收集，可以将通信内容可视化并检测恶意软件。由于不是内联结构，因此该模式无法阻止那些没有必要的通信过程

图 5-8 内联模式的结构（由 L1/L2/L3 模式引入） **图 5-9** TAP 模式的机构

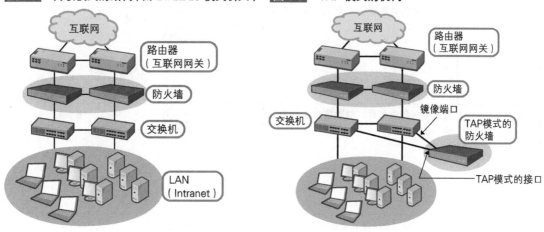

其他接口

与路由器和交换机一样，部分防火墙同样可以设置回环接口、VLAN 接口（子接口）和汇聚接口（IEEE 802.3ad）等（参考表 3-12）。

05.06 防火墙能够预防的威胁

表 5-10 罗列了防火墙能够防范的威胁。

表 5-10 防火墙能够防范的威胁

威胁种类	说明	
窃听	通过窃听网络数据获取信用卡卡号、密码等重要信息	
篡改	将网站主页、邮件等通信内容恶意修改	
破坏	通过计算机病毒或 DoS 攻击等破坏系统的正常工作	
冒充	冒充他人接收邮件、对通信对方实施钓鱼、诈骗等行为	
信息泄露	个人计算机或服务器上重要的个人信息或文档泄露	
攻击跳板	作为病毒部署或 DoS 攻击的跳板（中继处）	
垃圾邮件	以营利为目的发送大量邮件	

威胁安全的人

安全威胁一般分为人为因素和非人为因素（自然灾害等），防火墙面临的威胁一般来自于人为因素。表 5-11 列出了安全威胁人（攻击者）的几个类型。

表 5-11 安全威胁人（攻击者）的几个类型

名称	说明
黑客（hacker）	经常会听到"被黑客入侵了"的说法，但实际上黑客是指那些对计算机技术了如指掌的人，而并非特指网络攻击者
破解者（cracker）	对网络进行非法访问、窃听信息、篡改等行为的人
进攻者（attacker）	以造成系统当机为目的、对系统施展 DoS 等攻击的人
妨碍者	发送大量垃圾邮件、在 BBS 中粘贴大量广告、散布以诽谤为目的的言论或发布大量无意义信息的人
普通用户	尽管不会有主动的攻击行为，但普通用户会在不知情的情况下使用了被病毒、蠕虫等感染的个人计算机，从而成为威胁网络安全的对象
僵尸（bot）	作为攻击跳板的终端，经常被植入带有攻击程序的病毒，遭受感染的终端称为"僵尸"，由大量僵尸程序组成的网络则称为"僵尸网络"

05.07 防火墙中搭载的各种功能

05.07.01 会话管理

■ 会话与数据流

会话（session）是指两个系统之间通信的逻辑连接从开始到结束的过程。

在 TCP 中某个服务器与客户端成对进行通信时，会完成 3 次握手来确认建立 1 个 TCP 连接，在从连接建立开始至连接结束的时间里，客户端发送请求（request）和服务器进行应答（response）这一交互过程即可称为进行了 1 个会话。

在 UDP 中，客户端与服务器之间只要发送源的端口和目的地端口的配对一致，随后的一系列通信均可以称为会话。

在 ICMP 中，例如 Echo 和对应的 Echo reply 的组合就可以称为会话。

一个会话存在"客户端→服务器"（c2s 或 client to server）和"服务器→客户端"（s2c 或 server to client）两个数据流（flow）。数据流是指发往通信对方的多个分组序列。

图 5-10 展示了 HTTP 通信中的数据流和会话示例

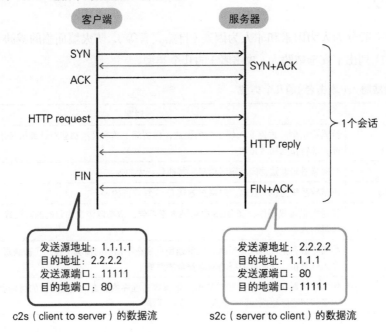

发送源地址：1.1.1.1
目的地址：2.2.2.2
发送源端口：11111
目的地端口：80

c2s（client to server）的数据流

发送源地址：2.2.2.2
目的地址：1.1.1.1
发送源端口：80
目的地端口：11111

s2c（server to client）的数据流

■ TCP 连接管理

一个 TCP 的连接需要通过 3 次握手来确认建立。

最初由客户端发送 SYN 消息，即发送首部中 SYN 比特信息设置为 "1" 的 TCP 数据段。SYN 读作 /ˈsin/，表示同步的意思，取自 Synchronization 这个单词的前三个字母。SYN 相当于一个开始信号，与打电话时先拨号码的行为类似。

当服务器收到来自客户端的 SYN 消息后，将返回表示确认的 ACK 消息，同时也会发送一个 SYN 消息至客户端。ACK 表示确认的意思，取自 Acknowledgement 这个单词的前三个字母。

TCP 连接使用端口号表示不同的网络服务（应用程序）。例如，HTTP 使用 80 号端口，TELNET 使用 23 号端口。提供 HTTP 服务的服务器必须接收和处理客户端发送至 80 号端口的 TCP 数据段。能够处理分组的状态一般表示为 listen 状态（listen 意为 "侦听"，也称为 listening）。

图 5-11 TCP 的 3 次握手

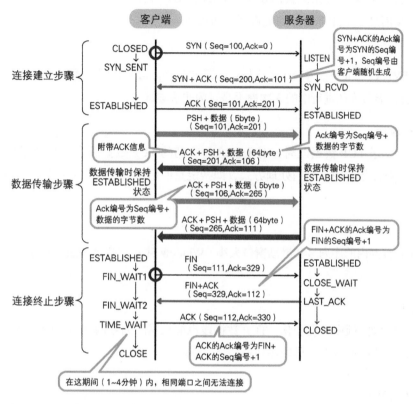

① 客户端发送 SYN 标志位设置为 On 的 TCP 数据段。

② 服务器接收到带有 SYN 标志位的消息后，将 SYN 与 ACK 的标志位设置为 On，并设置 Ack 编号为"发送方的 Seq+1"后进行回复。

③ 客户端将 ACK 标志位设置为 On，将 Ack 编号设置为"接收的 Seq 编号 +1"的 TCP 数据段发送回服务器，确认建立 TCP 连接。

TCP 中用序列号（sequence）来表示应用程序数据发送至何处，TCP 连接所使用的初始序列在 3 次握手的过程中确定。

序列号分为两类，一类用于从客户端发往服务器端（c2s）的上行 TCP 数据段，另一类用于从服务器端发往客户端（s2c）的下行 TCP 数据段。上行和下行两种数据流在建立时，各自使用不同的随机数作为初始序列号 ISN（Initial Sequence Number）。

● **SYN 检查**

TCP 会话开始时客户端必会发送一个 SYN 消息。如果是没有附带会话信息（或尚未建立会话），即非 SYN 消息的 TCP 数据段到达防火墙，防火墙就会将其视作非法而整个丢弃。但也可以根据不同的情形（双活冗余或会话超时等）关闭（OFF）防火墙的这个功能，使不带有会话信息的、非 SYN 消息的 TCP 数据段也能够通过防火墙。

● ACK 检查

在根据 SYN Cookie（参考表 5-27）信息防范 SYN Flood 攻击时，通过对 SYN-ACK 的 ACK 消息进行检查，能够确认进行中的 3 次握手是否为非法尝试。

● 同一数据段检查

终端再次发送 TCP 数据段时，对于和之前收到的 TCP 数据段含有相同序列号或数据的 TCP 数据段，可以指定防火墙的处理方式，即指定是使用新接收到的重复数据段还是丢弃该重复数据段。

● 窗口检查

检查 TCP 首部内的序列号和滑动窗口大小（Window Size），拦截超过滑动窗口容量数据的序列号。

● 数据段重组

即使各数据段的顺序出现变化，TCP 数据段也能根据序列号调整为正确顺序。在防火墙进行这一工作，可以验证 TCP 数据段序列号是否完整。

■ 会话建立的处理

防火墙按照以下步骤处理从网络接口接收到的分组，从而完成会话建立。

① 检索会话表，确认表内是否存在相同会话（若存在相同会话，则禁止会话建立的后续流程）。
② 若不存在相同会话，则检查该分组是否可以通过 L3 路由选择或 L2 转发来输出。如果可以输出，确定对应的网络输出接口和目的地区域（若不能输出，则丢弃该分组）。
③ 分组转发时，如果目的地址需要进行 NAT 则先完成 NAT，确定 NAT 后的网络输出接口和目的地区域。
④ 根据分组的发送源信息（发送源网络接口、发送源区域和发送源地址）以及经过②、③步骤后得到的目的地信息（目的地网络接口、目的地区域、目的地址）进行安全策略检查，发现有符合的安全策略时，则根据该策略（允许通信或拒绝通信）决定是继续转发还是丢弃分组。如果没有符合的安全策略，则根据"默认拒绝"的设定丢弃该分组。
⑤ 当分组被允许通信时，会话表中就会生成该会话的相关信息。

■ **会话的生存时间**

会话表中记录的会话信息有一定的生存时间。会话建立后，如果在一定时间内一直处于无通信状态，防火墙将会判断该会话的生存时间已到，进而将该会话记录项从会话表内删除。如果无条件地任由会话记录留在会话表中，这些会话信息则很有可能会被用于恶意攻击等行为。另外，由于会话表的记录项在数量上也有一定的限制，因此长期保留会话记录也会导致资源的长期占用，从而影响新会话记录的生成。

会话时间能够根据 TCP、UDP 或其他 IP 协议的不同分别进行设置。

对于 TCP 而言，会话的超时时间一般为 30 分钟 ~1 小时，UDP 则为 30 秒左右。例如，某 Telnet 会话通过防火墙完成了连接，若在 1 个小时内没有进行任何通信，防火墙会自动将该会话记录从会话表中删除。此后，客户端想要继续该 Telnet 会话时，也会被防火墙拒绝（图 5-12），因此客户端需要重新建立 Telnet 会话。会话生存时间的调整可以参考本书 07.04 节。

图 5-12 会话生存时间与超时的概念图

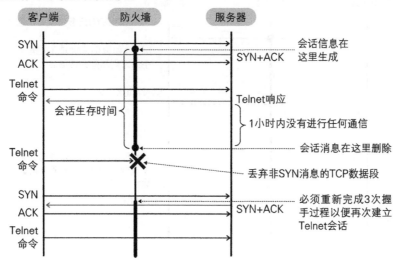

■ **会话终止处理**

TCP 连接一般通过下面的步骤终止会话。

① 客户端在完成收发数据后，会发送 FIN 标志位设置为 On 的 TCP 数据段（FIN）。

② 服务器接收到 FIN 消息后，会在回复消息中将 FIN 与 ACK 标志位设置为 On，并将 Ack 编号设置为 "接收的 Seq 编号 +1"。

③ 客户端同样在回复的 TCP 消息中将 ACK 标志位设为 On，将 Ack 编号设置为 "接收的 Seq 编号 +1"，连接就此结束。

④ 这时，客户端会进入 TIME_WAIT 的 TCP 状态。一定时间后本次连接所使用的 TCP 端口号（来自客户端的通信发送源端口号）将会禁用。这一时间段称为 2MSL（Maximum Segment Lifetime，MSL 的 2 倍），根据实现的不同，大约在 1 分钟到几分钟之间不等。

如果客户端或服务器在确认连接建立时发生了故障，那么将只有能够通信的一方进入侦听状态，这种情形称为半侦听或是半关闭。如果这时通信的故障方从故障中恢复，并接收到故障前交互的 TCP 数据段，便会向通信对方回复一条 TCP 响应数据段，该数据段中 RST 标志位设为 ON，通过这条响应消息强制终止 TCP 连接。

终止连接有时会通过 FIN 和 RST 两个标志位来完成，不过当防火墙接收到来自通信方的 FIN 或 RST 时，还可以启动另一个 30 秒左右的定时器。如果在该时间段内 FIN → FIN-ACK → ACK 的终止过程仍未完成，防火墙中的会话表项会被强制删除（图 5-13）。

图 5-13 在接收 SYN、FIN 消息时强制删除会话信息的时机

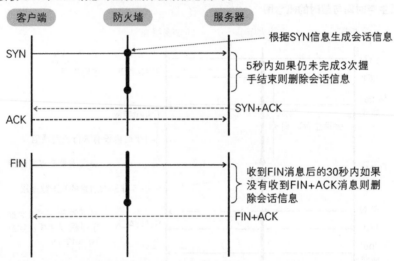

表 5-12 与会话相关的定时器种类（以 Palo Alto Network 公司的 PA 系列产品为例）

与会话相关的定时器种类	默认值
会话生存时间	TCP：3600 秒 UDP：30 秒 IP：30 秒 ICMP：6 秒
接收 SYN 后到 3 次握手结束之前的会话超时	5 秒
接收到 FIN 或 RST 后到会话结束之前的会话超时	30 秒

■ UDP 数据流的管理

在 UDP 中没有像 TCP 这样的 3 次握手过程，客户端和服务器之间直接使用带有应用程序分组的 UDP 分组进行交互。

UDP 数据流是指发送源 IP 地址、发送源端口号、目的地 IP 地址和目的地端口号这 4 个参数都相同的一系列 UDP 分组（图 5-14）。

图 5-14 DNS 通信示例

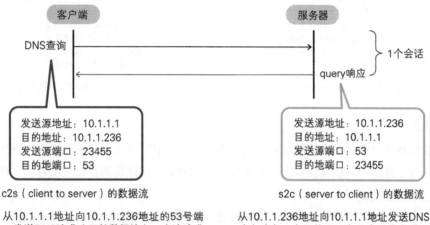

c2s（client to server）的数据流

从 10.1.1.1 地址向 10.1.1.236 地址的 53 号端口发送 DNS 请求（开始数据流）。在该请求得到安全策略允许的前提下，当首个分组达到服务器时，防火墙便开始生成会话信息

s2c（server to client）的数据流

从 10.1.1.236 地址向 10.1.1.1 地址发送 DNS 响应消息，由于使用既存的会话信息进行响应，因此该消息无需经过安全策略检测即可通过防火墙

DNS 和 SNMP 这种管理类应用程序一般只需 1 个 UDP 分组便能完成 1 个数据流程。

进行音频和视频数据交互的 RTP（Real Time Protocol），则需要通过多个由流数据（streaming data）构成的 UDP 分组来完成 1 个数据流。

■ 管理 ICMP 和 IP 数据流

在进行 ICMP 和 TCP/UDP 以外的 IP 通信时，由于不存在端口号这个概念，因此需要直接根据 IP 首部的协议号来生成会话信息。

如 ICMP 中的 Echo 消息对应 Echo Reply 消息那样，防火墙需要自动识别不同的请求消息和与之对应响应消息，并综合判断这些消息序列是否属于同一个会话（图 5-15）。

图 5-15　ICMP 数据流与会话

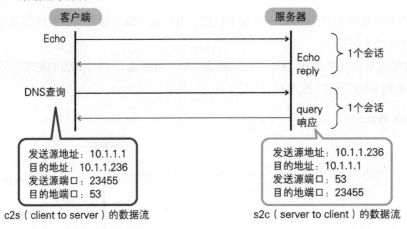

c2s（client to server）的数据流　　　　　　**s2c（server to client）的数据流**

■ 会话同步

支持会话同步功能的防火墙能够对冗余结构中（HA结构[①]）主设备和副设备之间的会话信息进行同步。为了准确地同步会话信息，需要使用专用的 HA 链路将两台防火墙连接，然后在该链路上完成会话信息的交互。

在采用了主备方式的冗余结构中，活跃设备负责建立用户通信的会话，并将会话信息记录在会话表中，同时还会将信息通过 HA 专用链路转发到备用设备中。

■ 利用会话数目受限的特性

有的防火墙产品拥有限制通过防火墙会话数目的功能，也有些产品将该功能作为 DoS 防御功能的一部分提供给用户。

防火墙可以以 TCP SYN、UDP、ICMP 以及其他 IP 等协议为单位，通过指定发送源与目的地的组合来限制该类会话的数目。当指定的发送源为 ANY、指定的目的地址为某特定地址时，就能够限制该服务器上的会话数目，这样做不仅可以控制服务器的负载，还可以防范 DoS 攻击。

另外，限制会话的数目就相当于限制了防火墙内会话表中会话记录的数目，这也能够在一定程度上提高防火墙的性能。

05.07.02　分组结构解析

为了防止非法分组的流入和流出，防火墙会对分组的首部和有效载荷进行结构解析，解析的主要项目如下所示。

[①]　指高可用性（High Availability）结构。——译者注

■ IP 首部解析

IPv4 首部格式如图 5-16 所示，其中成为防火墙解析对象的部分如表 5-13 所示。

图 5-16 IPv4 首部

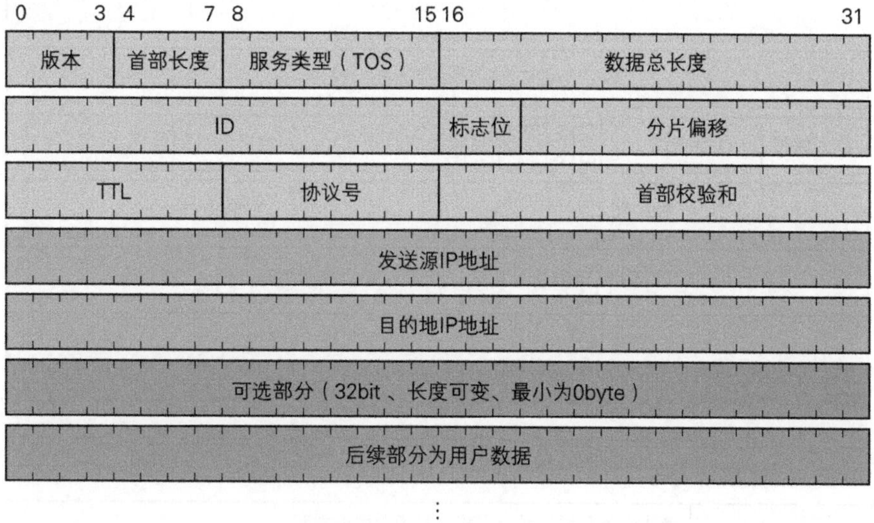

表 5-13 以太网数据帧和 IPv4 首部的解析内容

以太网类型与 IP 版本	确认以太网数据帧首部上的 Type 域为 0x0800 时表示 IPv4，此时 IP 首部上的版本信息也为 4。该域为 0x86DD 则表示 IPv6，IP 首部上的版本信息也为 6
IP 首部	确认必备数据域是否完整，并验证其中的分组长度是否与实际长度一致
IP 协议号、TTL	验证该字段是否为 0，如果为 0 则丢弃该分组
发送源地址、目的地址	确认是否存在 Land 攻击[①]
总数据长度	确定是否存在 Ping of Death 攻击[②]
标志位、分片偏移	丢弃无法进行分片的分组。
可选数据域	丢弃存在无用可选数据域的分组。

■ TCP 首部解析

TCP 首部格式如图 5-17 所示，其中成为防火墙解析对象的部分如表 5-14 所示。

[①] 一种使用相同的发送源、目的主机和端口发送分组到某台机器的攻击，会使存在漏洞的机器崩溃。——译者注

[②] 一种拒绝服务的攻击，具体做法是攻击者故意发送大于 65535 字节的 IP 分组给接收方。——译者注

图 5-17 TCP 首部

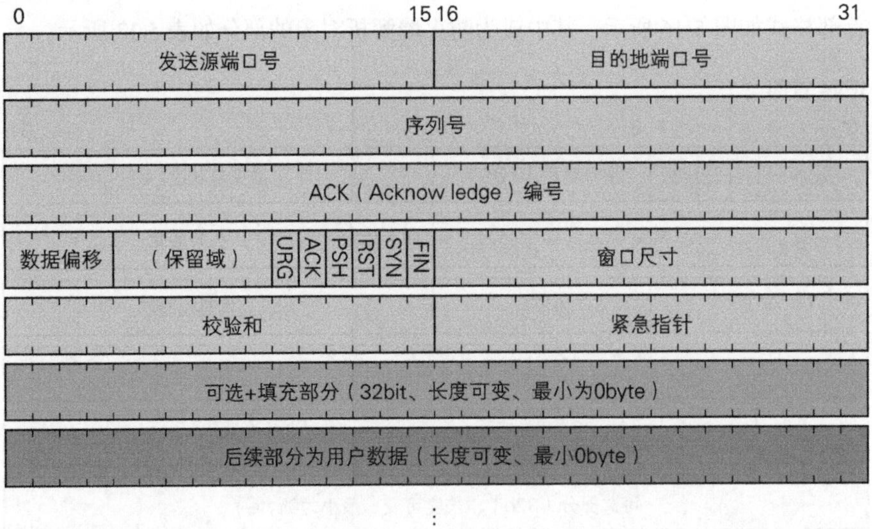

表 5-14 TCP 首部的解析内容

TCP 首部	确认必备数据域是否完整、是否被中途截断
数据偏移	确认表示 TCP 首部长度的 Data Offset 数据域的值是否为 5 以下（TCP 首部长度最小为 5 字符 =20 字节）
校验和	确认是否有校验和错误
端口号	确认发送源的端口号以及目的地端口号是否为 0
TCP 标志位	检查 SYN、ACK 等 TCP 首部内的标志位是否存在组合不正确的情况

■ UDP 首部解析

UDP 首部解析的对象如表 5-15 所示。

表 5-15 UDP 首部的解析内容

UDP 首部	确认必备数据域是否完整、是否被中途截断
校验和	确认是否有校验和错误

05.07.03 安全区域

大多数的防火墙中都有安全区域（Security Zone，简称为区域）的概念，即将防火墙上物理接口以及逻辑接口分配至不同的区域中，也就是将与防火墙连接的网段分别划分到不同的区域中。其中，一个网络接口不能属于多个区域（图 5-18）。

在同一区域内可以自由进行基本通信，但跨区域的通信必须符合安全策略才能完成。防火墙也能够通过安全策略设置发送源或发送目的地等条件，根据是否符合这些条件来判断位于同一区域内的通信是否可行。

图 5-18 区域划分示例

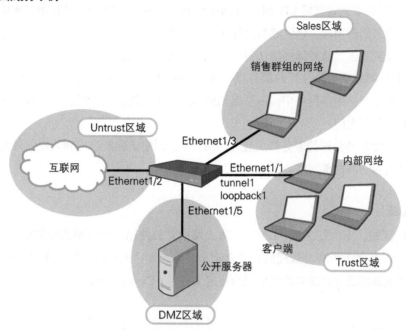

区域名称	所分配的网络接口（举例）	说明
Trust	Ethernet1/1、tunnel1、loopback1	可信赖的公司内部网络区域。一般使用默认设置
Untrust	Ethernet1/2	公司外部（互联网）网络区域。一般使用默认设置
DMZ	Ethernet1/5	向外部公开的服务器所使用的区域。一般使用默认设置
Sales	Ethernet1/3	只有销售部门员工才能访问的区域，是由管理员划分出的新区域

■ 信任区域

公司内部网络等，需要由组织内的防火墙来保护的网络一般称为信任区域（trusted zone）或内部区域，意思就是"被信赖的区域"。

■ 不信任区域

与信任区域相对的是外部网络，如互联网等，一般被称为不信任区域（Untrust Zone）或外部区域。不信任区域的意思就是"不被信赖的区域"。

支持区域划分的防火墙可以根据默认的安全策略仅执行默认拦截操作，也可以根据安全策略完成从信任区域到不信任区域的通信。

■ DMZ

DMZ 的意思是非武装区域（DeMilitarized Zone），网络中的 DMZ 是指由防火墙划分的、放置了对外公开服务器的网段，该区域与内部网络是分离开的。

为了防止受到攻击，从外部网络访问内部网络的通信一般都会被防火墙拦截，但是服务器中还存在 Web 服务器这类对外公开的服务器，对于这类服务器的访问就不能一味地拦截了。但如果将这类服务器放置在内部网络中，一旦遭到外部网络用户的恶意入侵，便会导致拥有重要数据的内部网络对外敞开大门。

因此，将需要对外公开的服务器放置在 DMZ 中，即使该服务器遭到入侵，外部网络也无法直接从该区域直接访问内部网络。

■ 自定义区域

虽然信任区域、不信任区域、DMZ 在防火墙中常被使用，但区域也能够根据其具体内容、安全策略描述以及便于管理员管理的目的自定义名称，如"人事部区域"或"销售部区域"等，这些由管理员重新划分并自命名的区域成为自定义区域（Custom Zone）。

05.07.04 安全策略

防火墙的主要功能是访问控制，即判断是否允许特定发送源与特定目的地之间进行特定的通信。访问控制通过设置"规则"来实现，每一条规则都指定了需要控制的发送源、目的地以及通信内容等信息。在路由器中，这类访问控制的规则集合称为"访问控制列表"，而在防火墙中则一般称为"安全策略"或"安全规则。

■ 路由器的访问控制列表

访问控制列表以行为单位定义规则，一般一个规则整体会使用多行来定义，每一行的规则称为"表项"。

一个表项一般由触发对象（trigger object）、行为（action）、可选项（option）这 3 个要素组成。

例如，以 Cisco IOS 中为标准的访问控制列表表项只允许发送源 IP 地址作为触发对象，而行为则是在也只许可（permit）和拒绝（deny）之间二选一。

扩展后的访问控制列表可以将下面这些参数作为触发对象。

> IP 协议号、发送源 IP 地址、目的地 IP 地址、ToS 数据域、ICMP 类型、ICMP 代码、ICMP 消息、发送源 TCP/UDP 端口号、目的地 TCP/UDP 端口号、TCP 会话是否已经建立

访问控制列表表项中的可选项表示当满足条件（触发对象）时，可以指定"记录日志"或"表项有效时间段"等操作。如果使用了有效时间段选项，就能够设置一个只以公司上班时间为对象的访问控制列表表项。

例如，允许从 IP 地址为 10.1.1.2 的客户端向 IP 地址为 172.16.1.1 的服务器进行 Telnet 连接（TCP 端口为 23）时，访问控制列表如下所示。

```
access-list 101 permit tcp host 10.1.1.2 host 172.16.1.1 eq telnet
```

表 5-16 Cisco IOS 中扩展访问控制列表的命令

类型	命令[注1]
IP	**access-list** *access-list-number* [**dynamic** *dynamic-name* [**timeout** *minutes*]] {**deny** | **permit**} *protocol source source-wildcard destination destination-wildcard* [**precedence** *precedence*] [**tos** *tos*] [**log** | **log-input**] [**time-range** *time-range-name*]
ICMP	**access-list** *access-list-number* [**dynamic** *dynamic-name* [**timeout** *minutes*]] {**deny** | **permit**} **icmp** *source source-wildcard destination destination-wildcard* [*icmp-type* | [[*icmp-type icmp-code*] | [*icmp-message*]] [**precedence** precedence] [**tos** tos] [**log** | **log-input**] [**time-range** *time-range-name*]
TCP	**access-list** *access-list-number* [**dynamic** *dynamic-name* [**timeout** *minutes*]] {**deny** | **permit**} **tcp** *source source-wildcard* [*operator* [*port*]] *destination destination-wildcard* [*operator* [*port*]] [**established**] [**precedence** precedence] [**tos** tos] [**log** | **log-input**] [**time-range** *time-range-name*]
UDP	**access-list** *access-list-number* [**dynamic** *dynamic-name* [**timeout** minutes]] {**deny** | **permit**} **udp** *source source-wildcard* [*operator* [*port*]] *destination destination-wildcard* [*operator* [*port*]] [**precedence** precedence] [**tos** tos] [**log** | **log-input**] [**time-range** *time-range-name*]

注1：粗体字表示关键字，斜体字表示可选项。

表 5-17 Cisco IOS 中访问控制列表命令参数一览

参数[注1]	说明
access-list-number	访问控制列表编号。扩展 ACL 时，可以使用 100 到 199（或从 2000 到 2599）之间的值
dynamic *dynamic-name* [**timeout** *minutes*]	如果是"timeout 10"，表示空闲超时时间为 10 分钟，即会话如果在 10 分钟内没有进行任何通信就将该会话之后的通信拦截。如果使用了 dynamic 关键字，则表示通信开始 10 分钟后会话仍然有效
{**deny** | **permit**}	指定拒绝（deny）或接受（permit）
protocol	指定 IP 首部内表示协议号的数值。对于 ICMP、TCP、UDP 等可以使用 icmp、tcp、udp 等文字序列作为关键字
source source-wildcard	指定发送源地址。在 source 部分指定网络地址，并可以于 source-wildcard 处指定掩码取反的通配符 例："10.1.1.0 0.0.0.255"表示 10.1.1.0/24 的地址 "host 10.1.1.1"表示 10.1.1.1/32 的地址 "any"表示所有发送源地址

（续）

参数[注1]	说明
destination destination-wildcard	表示发送目的地的地址。在 destination 部分指定网络地址，并可以于 source-wildcard 处指定掩码取反的通配符 例："10.1.1.0 0.0.0.255" 表示 10.1.1.0/24 的地址 "host 10.1.1.1" 表示 10.1.1.1/32 的地址 "any" 表示所有目的地址
[*icmp-type* | [*icmp-type icmp-code*] | [*icmp-message*]]	指定 ICMP 的类型或代码 例："8" 表示 Echo Request（ICMP Type 8） "30" 表示 Destination Unreachable（ICMP Type 3 的 Code 0） "echo-replay" 表示 Echo Replay（ICMP Type 0）
[*operator* [*port*]]	如果记述于 "source source-wildcard" 之后，指定的是发送源端口，记述于 "destination destination-wildcard" 之后则指定的是目的地端口。"port" 部分可以填写端口编号或 "ftp" 这种应用程序文字列。"operator" 部分可以指定 "lt（小于）"、"gt（大于）"、"eq（等于）"、"neq（不等于）"、"range（包含范围）" 中任意一个类型 例："eq 23" 表示当端口号等于 23 时的情况 "gt 1023" 表示端口号大于 1023 时的情况
[established]	表示 TCP 会话的建立过程已经完成，即在收到 SYN 消息后，后续收到的消息会携带 ACK 或 RST 比特位相一致的分节数据
[precedence *precedence*]	指定 IP 首部内 IP precedence 的值。该值可以是从 0 到 7 的数字，也可以是文字序列。例："precedence 0" 表示 IP precedence 的值为 0 "precedence priority" 表示 IP precedence 的值为 1
[tos *tos*]	指定 IP 首部内 ToS 数据域的值，该值可以是从 0 到 15 的数字，也可以是文字序列。例："tos 0" 表示 ToS 值为 0 "tos min-delay" 表示 ToS 值为 8
[log | log-input]	"log" 关键字用来告知路由器当收到与访问控制列表中规则一致的分组时，需要在控制端口输出日志信息。"log input" 的部分则表示还需要将输入网络接口和发送源 MAC 地址的相关信息一同输出。该参数一般用于调试模式
[time-range *time-range-name*]	指定访问控制列表生效的时间段。"time-range" 命令后还可以添加一个给指定时间段定义的新名称 例：指定平日中午 12 点至 13 点生效 （config）# time-range Lunch_time （config-time-range）# periodic weekday 12:00 to 13:00 这里访问控制列表中输入的是 "time-range Lunch_time" 这一关键字

注1：粗体字表示关键字，斜体字表示可选内容。

■ 防火墙的安全策略

防火墙的安全策略与路由器的访问控制列表最大的不同点在于是否拥有区域的概念。大多数防火墙将区域作为触发对象。

另外，新一代防火墙中的触发对象还包括了应用程序名称和用户名称等信息。

访问控制列表和安全策略都是按照表中由上往下的顺序依次进行评估。例如在表 5-18 所示的范例中，从信任区域向不信任区域的 192.168.2.1 地址通信时，防火墙首先评估第 1 条安全策略，检测出发送源地址和该策略中定义的不同，因此未执行 Allow 行为。接着评估第 2 条安全策略，发送源地址和策略定义相匹配，因此执行 Deny 行为，也就是拒绝该通信。防火墙的这种安全策略评估行为也可称为安全策略查找（policy lookup）。

表 5-18 安全策略的范例

	发送源区域	目的地区域	发送源地址	目的地址	目的地端口	行为
1	Trust	Untrust	192.168.1.0/24	Any	Any	Allow
2	Trust	Untrust	192.168.2.0/24	Any	80	Deny
3	Untrust	DMZ	Any	10.1.1.1	80	Allow

如果将触发对象设置为"Any"则表示触发对象是任何值都与策略相匹配。

在表 5-18 所示的范例中，并没有从信任区域向 DMZ 区域进行通信的表项。对于这类没有出现在安全策略表中的通信行为，防火墙默认执行拒绝的行为，这一决策称为"默认的拒绝"（implicit deny），路由器的访问控制列表同样也可以执行"默认的拒绝"。

当需要防火墙在没有匹配的情况下也执行允许行为时，可以像表 5-19 所示那样，在安全策略的最后一行将触发对象均设置为"Any"，然后将行为设置为"allow"。

表 5-19 在最后一行设置 allow 策略的范例

	发送源区域	目的地区域	发送源地址	目的地址	目的地端口	行为
1	Trust	Untrust	192.168.1.0/24	Any	Any	Allow
2	Trust	Untrust	192.168.2.0/24	Any	80	Deny
3	Untrust	DMZ	Any	10.1.1.1	80	Allow
4	Any	Any	Any	Any	Any	Allow

防火墙可设置的安全策略也会有一定的上限，该上限由产品规格决定。当需要进行安全策略评估的表项越来越多时，设备的性能也会随之下降。至于设备性能会下降到何种程度，则需要对在设置完安全策略后，策略最终行命中的情况下，所能得到的通信吞吐量与没有配置任何安全策略时能得到的通信吞吐量进行比较，方能得出结论。

■ 内容安全策略

区域、IP 地址、端口号、应用程序等都可以作为防火墙判断是否允许进行通信的安全策略依据。另外，在 UTM 以及新一代防火墙中，还可以使用内容安全策略规则完成对特定通信的控制。

具体而言，该策略使用了反病毒、IPS（入侵防御系统）、URL 过滤、DLP（数据泄露防护）

等基于内容的安全机制，能够拦截非法通信和避免不必要的通信流量。另外，通过该策略防火墙还也可以对这些通信不实施拦截，而是将其记录到告警日志中后放行。

安全设备（OS）的初始设置一般都设置成拦截（drop）严重程度（Severity）高的攻击，严重程度低的攻击只记录到告警日志中。当然，用户也能够通过修改设置拦截严重程度低的攻击。

另外，反病毒以及IPS可能会发生误判。误判分为假阳性（false-positive）错误[①] 和假阴性（false-negative）错误[②] 两类。

假阳性错误是指明明没有攻击行为（或病毒入侵），却被网络安全装置判断为存在攻击行为（或病毒入侵），并将该行为记录到日志中，或者之间将通信拦截。一般这类错误容易被用户或管理员察觉。

假阴性错误是指明明存在攻击行为，却判断为没有攻击行为。结果不仅完成了通信，也没有将通信该行为记录到日志中，导致管理员即使查看安全设备的日志信息也无法察觉这一严重后果。只有检查作为客户端的个人计算机上安装的反病毒软件或个人防火墙，才能找到这些没有被安全设备防范的通信的信息。总之，假阴性错误一般都是由于数字签名本身不存在，或误认为数字签名存在而导致的检测失败。

05.07.05　NAT

使用私有IP地址、位于内部网络的客户端向位于外部网络（互联网）的服务器进行通信时，可以通过路由器或防火墙将发送源的私有IP地址转换为全局IP地址，这一转换过程称为NAT[③]。

NAT原本是由为路由器提供的功能，不过现在位于网络边界处的防火墙也常常使用该项功能为用户服务。路由器和以及防火墙等运行NAT功能的装置在后文都将统称为网关（gateway）。

■ 静态NAT

静态NAT（Static NAT）是指将NAT之前的地址和NAT之后的地址进行1对1的分配，由管理员将信息设置到网关中。管理员根据转换前的地址在网关中设置一个指定地址，该指定地址即成为转换后的地址信息。静态NAT在进行目的地NAT时经常使用，能够对外部网络屏蔽内部服务器的地址，从而避免内部网络受到攻击。

---

① 来自于生物学，可以简单理解为验证某事物为阳性（真）时，出现了错误。——译者注
② 来自于生物学，可以简单理解为验证某事物为阴性（假）时，出现了错误。——译者注
③ 全称为 Network Address Translator。——译者注

图 5-19 **静态 NAT 的流程**

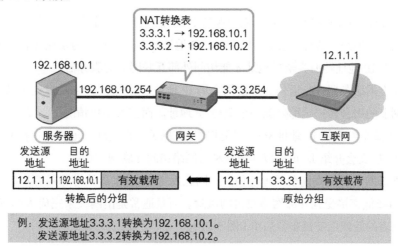

例：发送源地址3.3.3.1转换为192.168.10.1。
发送源地址3.3.3.2转换为192.168.10.2。

■ 动态 NAT

动态 NAT 的方式是首先给网关指定一个名为 IP 地址池（IP address pool）的 IP 地址范围，在 NAT 所需会话建立时，地址池内的 IP 地址将会顺序分配成为转换后的 IP 地址。由于地址范围能够由管理员通过设置进行更改，因此该方式应用于需要进行 NAT 的对象比较多的情况。

虽然和静态 NAT 类似，私有地址与全局地址存在 1 对 1 的映射关系，但是通过动态 NAT 转换后的地址不是由管理员设置，而是动态分配的、在 IP 地址池内排序靠前的有效地址（图 5-20）。

图 5-20 **动态 NAT 的流程**

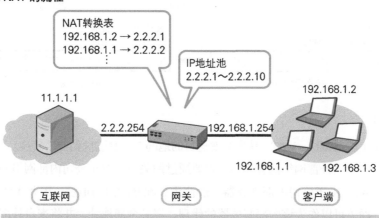

例：将发送源IP地址通过范围是2.2.2.1~2.2.2.10的IP地址池进行转换。
① 将第一个到达网关的分组的发送源IP地址192.168.1.2转换为2.2.2.1。
② 将第二个到达网关的分组的发送源IP地址192.168.1.1转换为2.2.2.2。
（由于该地址池中最多有10个地址，因此最多允许10个客户端连接到互联网）

■ 发送源 NAT

发送源 NAT（Source NAT）是指对发送源的 IP 地址进行 NAT 转换。

位于公司内部网络（私有网络）、使用私有 IP 地址的客户端在作为发送源将数据发送至网关时，必须将私有 IP 地址转换为全局地址才能访问外部互联网上的服务器。

与互联网上的服务器进行通信必须使用全局 IP 地址，但由于 IPv4 地址处于枯竭状态，因此无法为互联网上的每台客户端都分配一个全局 IP 地址。而在大多数情况下，发送源 NAT 能够通过动态 NAT 方式节约全局 IP 地址资源，因此通过在网关上设置地址池，或者在网关的网络接口处使用 NAPT（后文会介绍），也可以实现从私有网络访问互联网的功能。

由于从外部网络只能查询全局地址信息，因此发送源 NAT 还能够隐藏客户端实际分配到的 IP 地址，从而降低直接受到外部网络攻击的风险。而且通常是由网关来完成 NAT 转换工作，因此访问控制列表的管理也变得非常简单（图 5-21）。

图 5-21　发送源 NAT 的流程

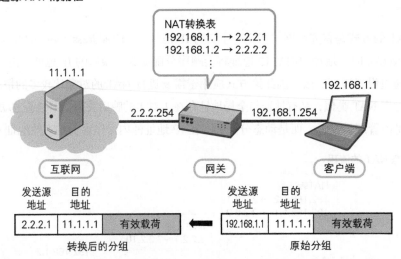

■ 目的地 NAT

目的地 NAT（Destination NAT）是指对发送目的地的 IP 地址进行 NAT 转换。

位于互联网等公司外部网络的客户端，想要通过网关访问位于公司内部网络的服务器时，需要进行目的地 NAT。由于公司内部服务器一般使用分配好的内网地址，因此无法从互联网直接路由到。这时，网关可以作为该内部服务器的代理，定义全局地址，并将来自外部网络的客户端访问转移到该全局地址上。网关接收到目的地为全局地址的分组后，将该分组的目的地址再转换为内部服务器所拥有的实际私有地址，从而完成路由。公司内部的服务器通常会放置在 DMZ 区域中（图 5-22）。

图 5-22　**目的地 NAT 的流程**

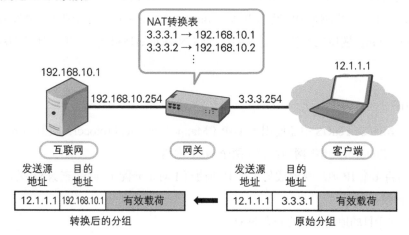

■ NAPT/IP 伪装 /PAT

　　当只能使用 1 个全局地址同外部网络进行通信，或者可用的全局地址少于内部网络的客户端数量时，网关无法完成私有地址和全局地址的 1 对 1 分配。

　　这种情况下，网关需要结合使用 TCP 或 UDP 端口号，完成将多个私有地址映射成 1 个全局地址的转换（图 5-23）。

图 5-23　**NADT/IP 伪装 /PAT 的流程**

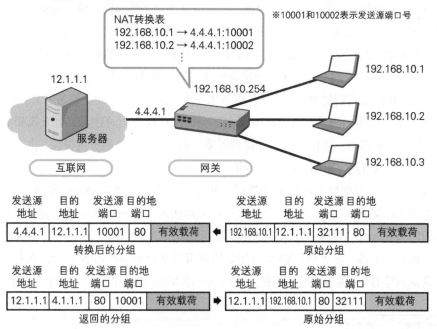

这种转换方式称为 NAPT（Network Address Port Translation，网络地址端口转换），是动态 NAT 的一中，在 Linux 中称为 IP 伪装（IP Masquerade），在一部分网络硬件中也称为 PAT（Port Address Translation，端口地址转换）、NAT 重载（NAT overloading）、单一地址 NAT 或端口级 NAT 复用等。

■ MIP 与 VIP

Juniper 公司的 ScreenOS 中还使用了 MIP（Mapped Internet Protocol，映射网络协议）和 VIP（Virtual Internet Protocol，虚拟网络协议）两个 NAT 术语。

MIP 是指将 1 个 IP 地址映射成另 1 个 IP 地址（1 对 1 分配），同静态 NAT 类似，主要用于目的地 NAT 转换。

VIP 则是基于目的地端口号的静态 NAT。

ScreenOS 中动态 NAT 所使用的 IP 地址池称为 DIP（Dynamic IP Pool，动态 IP 池）。

05.07.06 VPN

VPN（Virtual Private Network）的意思是虚拟私有网络[①]。所谓的私有网络是指使用私有 IP 地址、位于组织内部的网络，即 Intranet。而 VPN 则是使用公共互联网或者电信运营商提供的公共网络，廉价构建 Intranet 的技术。

位于 Intranet 中的管理数据、人事信息、技术信息等对于外部而言属于机密的信息，必须在组织内部封闭地进行数据传输。当组织只有 1 个办公场所时，可以通过 LAN 完成 Intranet 的构建。但如果有类似于东京总部和大阪分部这类跨地理位置的分支机构时，就不得不在这些地理位置不同的办公场所之间完成 Intranet 的构建与连接。对于这类情况，在上世纪 90 年代之前，是通过签约、租用电信运营商提供的"专线"服务来完成 Intranet 构建的。顾名思义，这个"专线"是属于租用方单独使用的线路，因此在专线内不会出现其他公司的数据，也无需担心第三方对该专线中的数据进行窃听，通信质量也能得到保障。但是专线的月租费用很高，尤其是带宽为几 Mbit/s 以上的广域网线路，租用费用更是不菲。

1995 年左右，与互联网的连接开始通过使用廉价终端适配器的 ISDN 进行。2000 年左右，随着 ADSL 这种互联网接入服务的普及，使用广域网接入互联网的成本越来越低，利用互联网来构建组织内部 Intranet 节点的做法也开始体现出很强的成本优势。

这一时期，路由器、防火墙、VPN 专用装置都可以支持 IPsec-VPN 功能，在各个节点之间使用这些设备创建 IPsec 隧道并进行连接，就可以完成 VPN 的构建（这一时期将支持 IPsec-VPN

---

① 或虚拟专有网。——译者注

的设备统称为 VPN 装置)。

■ 根据拓扑对 VPN 分类

● 站点间 VPN

站点间 VPN (site-to-site VPN) 是在两个网络之间通过 IPsec 隧道进行连接的拓扑结构。在每个网络的网关中都设有路由器或防火墙等 VPN 装置，二者之间也建有 IPsec 隧道。两个 VPN 装置之间使用的是点对点的拓扑结构 (图 5-24)。

图 5-24　站点间 VPN 的组成

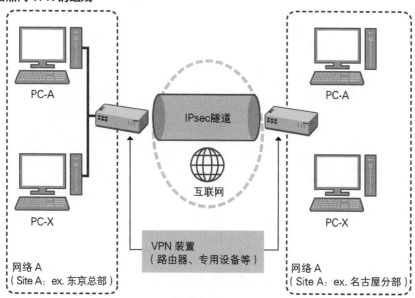

这里提到的网络是指位于东京的总部网络或者位于名古屋分部的任意站点中的网络。因为是站点 (site) 之间的连接，所以称为站点间 VPN。

● 中心辐射型 VPN

中心辐射型 VPN (hub and spoke VPN) 是星形拓扑结构，即将 1 个中心站点的硬件同多个远程站点的硬件连接而构成的结构 (图 5-25)。中心站点 (center site) 放置总部的网络与数据中心，成为整个组织的核心站点。该拓扑结构同自行车的飞轮和辐条组成的结构类似，因此命名为 hub and spoke VPN[①]。该类型 VPN 一般用于服务供应商提供的 VPN 业务，以服务供应商的基础设施为中心站点，通过 VPN 连接整个组织的其他站点。

[①]　自行车车轮的结构，飞轮俗称 "飞"，英语为 hub，辐条俗称 "轮胎钢丝"，英语为 spoke。——译者注

图 5-25 中心辐射型 VPN 的组成

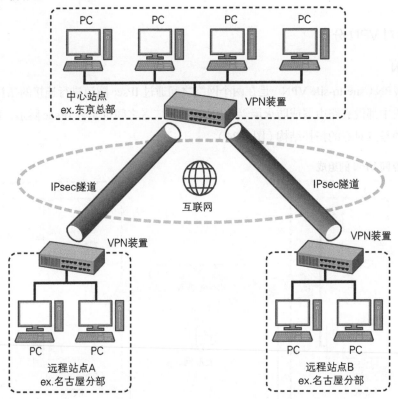

● 远程接入型 VPN

用户使用个人计算机上的软件，在家中或在外出时经由互联网与公司的 VPN 装置建立 IPsec 隧道，进而访问公司内部服务器的拓扑结构称为远程接入型 VPN（图 5-26）。

远程接入型的 IPsec-VPN 子类型需要事先在个人计算机中安装 VPN 客户端软件，而 SSL-VPN 子类型则是通过 Web 浏览器使用 SSL 连接至公司的 VPN，通过 SSL（HTTPS）连接与公司内部服务器进行交互。

图 5-26 远程接入型 VPN 的结构

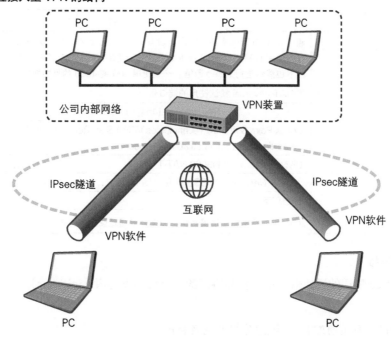

■ IPsec–VPN

IPsec-VPN 是使用 IPsec 协议的 VPN 连接，主要用于在站点间 VPN 以及中心辐射型 VPN 中提供经由互联网连接到站点的安全连接。表 5-20 中总结了在 IPsec-VPN 中所使用的协议及其重要功能。

表 5-20 IPsec VPN 中使用的技术术语

术语	说明
SA（Security Association）	IPsec 通信时与通信对方建立的逻辑连接
ESP（Encapsulating Security Payload）	将原始分组按 DES/3DES/AES 等任意一个算法进行加密。通过 HMAC 确定是否被篡改。使用的 IP 协议号为 50
AH（Authentication Header）	根据 HMAC 信息确认分组是否被篡改的认证协议。不对分组进行加密。使用的 IP 协议号为 51。在不使用加密通信的国家使用
IKE（Internet Key Exchange）	IPsec 加密时用来交换 key 信息的协议，也称为 ISAKMP/Oakley。在 ISAKMP 协议上实现 Oakley 的 key 交换过程。使用 UDP 端口号为 500。分为阶段（phase）1 和阶段 2 进行处理
HMAC（Keyed-Hashing for Message Authentication code）	用来验证信息是否被篡改的一种 MAC（消息认证码），使用散列函数通过与密钥信息（password）的组合计算而得。其中散列函数使用的散列算法一般为 MD5 或 SHA-1
SPI（Security Pointer Index）	表示 SA 的编号，值为 32bit。在对分组进行加密时，将该值代入其中，表示使用了何种加密算法与密钥信息

（续）

术语	说明
NAT traversal	通过 ESP 进行加密的分组由于没有 TCP/UDP 首部，因此无法使用 NAPT。这时就需要使用 NAT traversal 技术给 ESP 加密后的分组添加 UDP 首部，从而在 NAPT 环境下也能够进行 IPsec 通信。一般使用 500 或 4500 的目的地端口号

▼ NAT traversal 默认使用的端口号[注1]

厂商、NAT traversal 功能的名称	端口号
Check Point Software Technologies VPN-1 SecuRemote IPsec Transport Encapsulation Protocol	UDP 端口 2746
Cisco Systems VPN3000 NAT-T	UDP 端口 4500
Juniper Networks 的 SSG 系列	UDP 端口 500
其他厂商	UDP 端口 500 或 4500

注 1：NAT traversal 使用的端口号也可以通过设置来更改。

● IPsec-VPN 连接

在建立 IPsec 隧道的通信双方中，发起协商的一方称为发起者（initiator），另一方称为应答者（responder）。

发起者是最先发出通过 IPsec 隧道分组的网络装置。

在阶段 1 使用 aggressive 模式时，如果远程站点装置使用动态 IP 地址、通过 PPPoE 连接互联网的话，由于中央站点装置无法预知远程站点装置的 IP 地址，因此远程站点装置将成为发起者。这种情况下，需要由远程站点一侧的客户端开始整个通信过程。

● Rekey

IPsec 隧道在建立后，需要定期进行 rekey（更新 key）操作。rekey 操作每经过一定时间或每当有一定量的数据在隧道上流过后就会进行。

大多数 VPN 装置提供了调整 rekey 进行时间的功能。

从故障排查角度来看，发起者和应答者之间也是采取相同的机制比较好。

成为发起者的 VPN 装置如果提前设置了 rekey 进行时间的话，一般就会从该装置开始整个协商过程。

● 站点间 VPN 的通信处理

以网络 A 与网络 B 为例，网络 A 与网络 B 之间通过 IPsec 隧道完成连接，位于网络 A 内的 PC-A 想要向位于网络 B 内的 PC-B 进行通信。

PC-A 发起通信请求后，通过路由器或交换机将分组发送到网关——VPN 装置 A 处，这时该分组尚未加密，处于明文（clear text）状态。分组通过 VPN 装置 A 进行加密，并添加 ESP 首部与在隧道内通信用的 IP 首部（称为外部 IP 地址（outer IP））后，通过 IPsec 隧道发送出去。

网络 B 中的 VPN 装置 B 通过 IPsec 隧道接收到加密的分组后，会校验检查 ESP 首部与 AH 首部。虽然根据设置可能会有所不同，但一般来说如果 ESP 序列号不正确，VPN 装置 B 就会将该分组判定为重放攻击并输出错误信息，SPI 值如果不正确则会输出 "Bad SPI" 的错误通知信息。

如果加密分组一切正常，则开始执行解密操作，去除外部 IP、ESP、AH 等首部，并对原来 IP 首部（称为内部 IP 首部）中的目的地址进行路由，从而到达 PC-B 处。

PC-B 向 PC-A 回复的消息由 VPN 装置 B 进行加密处理，VPN 装置 A 进行解密处理。

另外，中心辐射型 VPN 中远程站点客户端和中央站点服务器之间的 VPN 通信也可以参照上述流程模式。

● **远程站点之间的通信处理**

以远程站点 A 和远程站点 B 为例。远程站点 A 内的 PC-A 同远程站点 B 内 PC-B 进行通信时，需要利用位于远程站点 A 的 VPN 装置 A、位于远程站点 B 的 VPN 装置 B，以及位于中央站点的 VPN 装置 C。

分组通过 VPN 装置 A 与 VPN 装置 C 之间的 IPsec 隧道后，再途经 VPN 装置 C 与 VPN 装置 B 之间的 IPsec 隧道，最终到达 PC-B。在这个过程中，远程站点的 VPN 装置处理与站点间 VPN 装置的处理过程如出一辙。

位于中央站点的 VPN 装置则需要完成解密和加密两项处理。置于中央站点的路由器或 VPN 专用装置，一般只进行解密、加密以及路由选择处理。但置于中央站点的防火墙则在分组解密后还会对其进行更为精确的检查，仅对安全性有保障的分组进行加密，然后再向远程站点发送。

● **基于策略的 VPN**

路由器以及大多数 VPN 装置都使用基于策略的 VPN 功能。基于策略的 VPN 是指根据策略（访问控制列表）信息选择经过 IPsec 隧道的通信流量，这样即使路径发生变化也不会对 IPsec 通信造成影响。

基于策略的 VPN 需要设置执行 IPsec 的策略与 proxyID 信息。proxyID 用于指定 IPsec 隧道内传输分组的本地网络和远程网络。

例如，站点 A 与站点 B 之间使用站点间 VPN 构建网络，其中站点 A 网络为 192.168.1.0/24 和 192.168.2.0/24，站点 B 为 192.168.3.0/24 和 192.168.4.0/24。

如果只在 192.168.1.0/24 和 192.168.3.0/24 之间进行加密通信的话，需要在站点 A 的 VPN 装置处设置本地 proxyID 为 192.168.1.0/24，远程 proxyID 配置为 192.168.3.0/24。在站点 B 的 VPN 装置处设置本地 proxyID 为 192.168.3.0/24，远程 proxyID 为 192.168.1.0/24。

● 基于路由的 VPN

基于路由的 VPN 是 Juniper 公司的 NetScreen/SSG 系列以及 Palo Alto 公司的 PA 系列防火墙产品采用的 VPN 类型。

该类型 VPN 适用于需要防火墙对 IPsec 分组也进行精确控制的情况。

在基于路径的 VPN 中，IPsec 隧道的起点称为隧道接口（tunnel interface），通信流量通过该虚拟接口流入 IPsec 隧道。如果有通信流量需要在 IPsec 隧道内传输，就可以通过设置路由选择，转发至隧道接口处即可。

基于路由的 VPN 同样可以使用策略进行控制。

基于策略的 VPN 中使用策略来决定是否将某分组作为 IPsec 通信的对象，而基于路由的 VPN 则根据隧道接口的路由信息来决定是否进行 IPsec 通信。因此在进行 IPsec 通信时，也可以和处理普通分组一样，通过策略来定义分组过滤和防火墙处理等。

● 阶段 1

在 IPsec 通信中为了建立加密隧道的 SA（Security Association），需要在各硬件之间使用 IKE 协议完成密钥的交换。

为了提高安全性，IKE 协商分为阶段 1 和阶段 2 两部分完成。IKE 阶段 1 需要完成认证 SA 建立双方、生成阶段 2 所需公有密钥，建立 ISAKMP[①] SA 等工作。表 5-21 总结了阶段 1 使用的各个参数信息。

表 5-21 IPsec 阶段 1 使用的参数

参数	值	说明
模式	main 模式或者 aggressive 模式	在 main 模式中，使用 IP 地址来标识硬件。隧道终端的两个 VPN 装置如果是固定分配的 IP 地址，就可以使用 main 模式。而如果一个终端的硬件是使用 PPPoE 或 DHCP 自动获得 IP 地址，则需要使用 aggressive 模式
认证方法	数字证书或预共享密钥	使用公共机构发行的安全证书（Certificate）安全性较高，但手续麻烦 预共享密钥（Pre Shared Key）就是隧道两端的硬件使用相同口令登录的方法，引入非常简单 使用数字证书时，需要指定密钥的类型（RSA 或 DSA）和长度（bit 数）。一般密钥长度在 512/768/1024/2048bit 中任选，而 bit 数越大安全性就越强
Diffie-Hellman group	group 1、group 2、group 5	简称为 DH，group 数字越大表示在 Oakley 密钥交换时使用的公有密钥强度越高。group 1 的长度为 768bit，group 2 的长度为 1024bit，group 5 的长度为 1536bit

① Internet Security Association and Key Management Protocol。

（续）

参数	值	说明
加密算法	DES、3DES、AES	可以选择密钥长度为 56bit 的 DES、密钥长度为 168bit 的 3DES 或者密钥长度为 128/192/256bit 的 AES，其中 AES 的使用比较普遍。密钥长度越长强度越高，处理也就越耗费时间
认证算法	MD5、SHA-1	MD5 使用 128bit、SHA-1 使用 160bit 的散列值进行数据的认证。像 SHA-1 这种使用的散列值越长，不同数据之间因散列计算结果相同而造成散列"冲突"的可能性就越低
IKE ID	IP 地址或 FQDN	用于识别作为执行 IKE 对象的硬件的标识符。大多使用 IP 地址，也有使用 FQDN[①]等作为标示符的

● **阶段 2**

IKE 阶段 2 负责生成 IPsec 通信时使用的密钥并建立 IPsec SA。表 5-22 总结了阶段 2 使用的各个参数信息。

表 5-22 IPsec 阶段 2 使用的参数

参数	值	说明
IPsec 协议	AH、ESP	AH 只能用来认证，ESP 则能够进行认证和加密处理。日本几乎都是使用 ESP，而禁止对通信加密的国家则选择 AH 的居多
模式	隧道模式、透明模式	通过 IPsec 构建 VPN 时使用隧道模式。 在终端之间建立 IPsec 隧道时则使用透明模式
ESP 可选项		指定 ESP 协议是仅用于加密处理还是同时用于加密和认证处理。该参数一般都设置为后者
加密算法与认证算法	DES、3DES、AES	与阶段 1 相同
反重放（Anti-Replay）选项	ON、OFF	点选反重放选项后，IPsec 隧道将检查接收到的加密分组的序列号信息，丢弃序列号不正确的分组，并通过记录日志告知管理员该功能主要用来防止重放攻击，即获取加密分组的内容后，再次发送相同内容来"篡改"原有分组顺序的攻击
PFS（Perfect Forward Securecy）选项	ON、OFF	该选项用于防止某密钥成为破解其他密钥的线索。点选 PFS 选项后，当 IPsec SA 密钥生成 / 更新时会再次执行 Diffie-Hellman 算法，同时与阶段 1 一样，选择 Diffie-Hellman 的 group 类型

■ **SSL-VPN**

SSL-VPN 是一种通过浏览器使用 HTTPS（HTTP over SSL）进行安全 Web 访问的远程接入型 VPN。

2000 年左右，远程接入型 IPsec-VPN 一般应用于企业中，如果个人计算机想要使用，则需事先安装并设置专用的客户端软件。由公司管理的个人计算机尚能够解决软件的安装问题，但是

---

① Fully Qualified Domain Name，即正式域名。——译者注

对于不支持该客户端软件的 Mac OS、移动终端等操作系统、以及希望在家中或漫画咖啡厅等地点使用非公司管理的计算机连接 VPN 的用户来说，往往不具备相应的客观条件。另外，在 VPN 的链路中如果存在防火墙，VPN 连接也有可能因为被防火墙过滤掉 IPsec-VPN 使用的协议编号或 NAT traversal 使用的端口号而导致失败。

2003 年左右随着 SSL-VPN 技术的出现，只要个人计算机带有浏览器，就能够通过反向代理方式（reverse proxy）完成 VPN 的连接。更加值得称道的是 SSL-VPN 使用的是几乎所有防火墙都不会拦截的、用于 HTTPS 的 443 端口，这使得 VPN 远程连接摆脱了操作系统和连接方式的限制。表 5-23 中总结了 IPsec-VPN 和 SSL-VPN 的不同之处。

表 5-23　IPsec VPN 和 SSL VPN 的比较

远程接入型 IPsec-VPN	SSL-VPN
需要专用的客户端软件。	无需专用客户端软件，只需带有 Web 浏览器即可
依赖于操作系统或 NIC 驱动。	不受操作系统和 NIC 驱动的限制
在将要通过的防火墙中需要设置多个安全策略（IKE、ESP 用的端口等）。	使用防火墙允许通过的 HTTPS（TCP443）端口
在 NAT 环境下需要 NAT traversal 过程。	不受 NAT 环境限制
需要注意 MTU 尺寸。	不受 MTU 尺寸限制
需要管理个人计算机。	无需管理个人计算机
分组首部小于 SSL-VPN。	分组首部较大，数据吞吐量较低
网络层以上的协议都支持实现隧道传输。	使用反向代理以及端口转发方式（port forwarding）时只有 TCP 协议上特定的应用程序可以支持隧道传输。使用隧道方式时网络层以上的所有协议都支持隧道传输

IPsec-VPN 在网络层上实现，因此能够完成所有 TCP 和 UDP 通信的加密与隧道传输处理。而 SSL-VPN 在会话层实现，SSL 通信在基于 TCP 的 443 端口运行（图 5-27）。反向代理方式以及端口转发方式只能对特定的几类 TCP 通信进行隧道传输。对于包含 ICMP 和 UDP 等传输层通信想要进行隧道传输时，只能选择隧道方式。

图 5-27 IPsec-VPN 通信与 SSL-VPN 通信的不同点

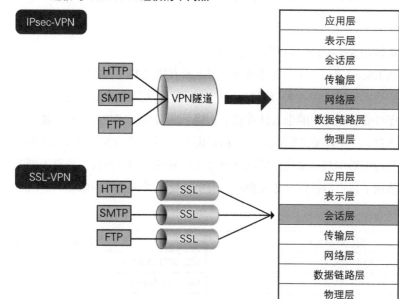

● **反向代理方式**

反向代理方式也称为无客户端 SSL-VPN。

SSL-VPN 集中器（终端装置）在 443 号端口上通过 HTTPS 完成对加密通信的解密工作后，转换为 80 号端口的 HTTP 通信与内部网络上的 Web 服务器进行交互。该方式只有基于使用 80 号端口、通过浏览器浏览 Web 的应用程序才能使用。

在内部客户端访问互联网时进行中继的代理服务器称为转发代理服务器。如果访问方向相反，即在互联网上的客户端访问内部网络服务器时进行中继的代理服务器则称为反向代理服务器（reverse proxy）。使用代理服务器和代理服务器专用硬件都可以组成相同的结构。

● **端口转发方式**

端口转发方式也称为瘦客户端 SSL-VPN。

该方式使用 ActiveX 或 Java applet 等浏览器插件来创建个人计算机与服务器之间的 SSL 隧道。用户只需要登录 Web 门户（SSL-VPN 网关）并完成认证，就能够下载相关插件。通过设置操作系统内部通讯处理，用户能够使用位于公司内部网络特定服务器上的应用程序，也能够使用端口固定且无需浏览器支持的 TCP 应用程序（如 E-mail）。有些产品还能够支持端口号变动的应用和 UDP 应用程序等。

Juniper 公司的 SA 系列产品便提供了类似的功能，命名为 SAM（Security Application Manager），而且 SAM 还分为对应 Java applet 版的 JSAM 和对应 ActiveX 版的 WSAM 两种。

F5 公司的 FirePass 也提供了名为 App Tunnel 的类似功能 ①。

● **隧道方式**

隧道方式是使用 SSL-VPN 客户端软件的方式。

隧道方式和 IPsec-VPN 一样,支持网络层以上所有协议的隧道传输。

用户通过浏览器访问 SSL-VPN 硬件并完成认证后,便会使用 Java 等程序自动下载相关安全功能的应用程序并安装在用户的个人计算机上。接下来与 IPsec-VPN 一样,通过客户端软件建立个人计算机和 SSL-VPN 设备之间的隧道,但是由于应用程序的设置能够在 SSL-VPN 硬件上进行,安装和执行也能够实现自动化,因此隧道方式在管理上相当便捷。虽然不同的厂商不能一概而论,但由于使用了客户端软件,还是会不可避免地受到操作系统的限制。

表 5-24　各厂商隧道方式的功能名称

厂商、产品名称	SSL-VPN 隧道方式的功能名称
Cisco Systems ASA 系列、IOS	SSL VPN CLIENT
F5 FirePass 系列	Network Access
Juniper Networks SA 系列	Network Connect(NC)
Palo Alto Networks	NetConnect、GlobalProtect

表 5-25　主要的 SSL VPN 集中器产品

产品名称	照片(某系列产品中的 1 个型号)	系列产品允许同时连接的用户数[注1]
SSL-VPN 专用装置		
SA 系列(基于 Neoteris 公司的产品)		10~40,000
F5 BIG-IP Edge Gateway		300~40,000
DELL SonicWALL Aventail 系列		25~20,000
Barracuda SSL-VPN		15~1,000
Array Networks AG 系列		10~128,000

---

① FirePass 于 2012 年停止销售,其后继产品 BIG-IP APM/EDGE 也提供了与动态 App Tunnel 类似的功能。

产品名称	照片（某系列产品中的 1 个型号）	系列产品允许同时连接的用户数[注1]
Check Point 系列		100~10,000
防火墙、UTM 产品		
Cisco Systems ASA5500 系列		25~5,000
Palo Alto Networks PA 系列		100~10,000
Fortinet Fortigate 系列		50~25,000

注 1：同时连接的用户数是指在相同系列产品中能够支持连接的用户数的范围。照片中的产品型号能够支持该范围内的其中任何一个数目。另外，也有些产品会根据购买的许可证（license）内容，对支持的最大连接用户数做出相应调整。

图 5-28　SSL 会话建立的序列

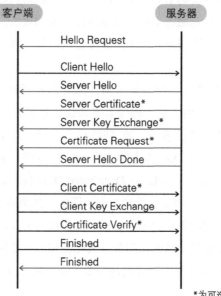

*为可选项

● 主机检查

支持主机检查（Host Checker）功能的 SSL-VPN，在客户端同 SSL-VPN 装置连接时，能够对所连接的客户端主机进行检查，通常会检查以下信息。

表 5-26 主机检查所涉及的内容范例

是否安装了防毒软件	检查反病毒软件的签名版本信息
是否安装了个人防火墙	检查特定的进程是否启动（硬盘加密软件以及日志收集软件等）
OS 和 Service Pack 的种类、补丁兼容性	检查特定的注册信息值
MAC 地址	检查是否存在特定文件

如果主机检查结果 OK，则允许客户端的 SSL-VPN 连接，这时就能够从公司外部网络访问内部网络。如果结果为 NG[1]，则拒绝客户端的 SSL-VPN 连接，或者只能进行软件升级等特定范围内的访问操作。

主机检查大多使用由 OPSWAT 公司开发的工具[2] 来完成。

05.07.07　DoS 防御

■ 什么是 DoS 攻击?

DoS 是 Denial of Service 的简称，也就是无法继续提供服务的意思。这里的服务是指服务器提供的应用程序服务，如客户端发起 HTTP 请求时，服务器如果能够做出 HTTP 响应就表明能够完成 HTTP 服务。DoS 攻击是针对服务器以及网络硬件发起的攻击，使服务器以及网络硬件无法完成正常的应答响应，从而使应用服务程序无法继续提供服务。因此，DoS 攻击也称为"停止服务攻击"或"服务障碍攻击"。

这就好比明明没有事要找别人，却频繁按别人家的门铃后逃走，将 DoS 攻击理解为这种"门铃恶作剧"可能会更加容易。由于别人的家人不知道这是恶作剧，听到门铃声后，也频繁跑到大门口来确认，结果就造成家里的事情，如"做饭"等家务（家中日常所要做的事情）被搁置一旁。有时，骚扰邮件也能算作是 DoS 攻击的一种。在 DoS 中，通过僵尸网络的多个跳板（即僵尸），对服务器发起攻击的方式称为 DDoS（Distributed Denial of Service）攻击。

由于服务器以及网络硬件的处理能力总归是有上限的，如果在某一时刻出现大量访问请求，则会造成服务器或网络硬件因瞬间繁忙而无法处理。由于这类突发状况在正常业务状态下也有可能发生，因此在设计时往往会根据预计的访问数量来配备相应的处理能力。

DDoS 攻击能够制造出远超于预先设计的访问量（通信量），从而使得被攻击的系统进入无法提供服务的状态。

另外，DoS 攻击也可以通过利用操作系统或程序的脆弱性（如安全漏洞等），以少量的通信

---

[1]　即 No Good。——译者注
[2]　2002 年成立的一家位于美国的私营公司，以提供安全有关的软件产品以及认证出名。——译者注

流量使系统发生异常。

■ DoS 攻击的种类

防火墙会针对各类不同的 DoS 攻击做出防范对策。

表 5-27 列出了主要的 DoS 攻击种类。

表 5-27　主要的 DoS 攻击种类

攻击名称	说明
Syn Flood	向攻击对象发送大量的 TCP SYN 分组，从而造成服务器资源过度消耗，一段时间内不能提供服务的状态 在防火墙内定义每秒允许通过防火墙的 SYN 分组数量，当防火墙遇到网络中 SYN 分组超过该域时，便会执行一种称为 SYN Cookie 的策略来应对。SYN Cookie 策略中当服务器收到来自客户端的 SYN 分组时，并不建立 TCP 连接，而是将 TCP 首部内容的散列值作为序列号放入 SYN-ACK 消息中返回。随后收到来自客户端包含正确响应编号的 ACK 消息时，才将会话信息存储在内存中。因此，能够有效防止修改了首部内容的分组攻击对服务器内存的消耗
ICMP Flood	也称为 ping flood，该攻击向攻击对象发送大量的 ICMP echo request 分组来消耗服务器内存，使得服务器进入暂时无法提供服务的状态。防火墙通过定义 1 秒内能够允许的最大 ICMP 分组数量，对于超过该值的 ICMP 分组暂时不予处理
UDP Flood	该攻击向攻击对象发送大量的 UDP 分组来消耗服务器内存，使得服务器进入暂时无法提供服务的状态。防火墙通过定义 1 秒内能够允许的最大 UDP 分组数量，对于超过该值的 UDP 分组暂时不予处理
IP Flood	该攻击向攻击对象发送大量的 IP 分组来消耗服务器内存，使得服务器进入暂时无法提供服务的状态。防火墙通过定义 1 秒内能够允许的最大 IP 分组数量，对于超过该值的 IP 分组暂时不予处理
Land	该攻击向攻击对象发送源地址和目的地址相同的分组。受到这类攻击、自身又较为脆弱的硬件，会因为不断向自己转发数据而进入当机的状态。防火墙对于收到的这类分组一律丢弃
Tear Drop	该攻击向攻击对象发送经过伪造的、含有重叠偏移量（offset）的非法 IP 分组碎片。这类攻击对于较为脆弱的硬件而言，会发生无法重新生成分组的现象发生，导致当机的状态。防火墙对于收到这类分组时，一律丢弃
Ping of Death	该攻击向攻击对象发送超过 IP 分组最大长度 65535 的 ping（ICMP echo request）信息。这类攻击对于较为脆弱的硬件而言，会导致其无法运行的情况发生。防火墙对于收到的这类分组一律丢弃
Smurf	该攻击将攻击对象的地址设置为发送源地址，并广播发送 ICMP Echo Request 消息，使得攻击对象的地址因收到大量 ICMP Echo Reply 消息而消耗带宽资源
fraggle	属于 Smurf 攻击的子类型，使用 UDP 取代 ICMP 发起攻击，并同时利用 echo、Chargen、daytime、qotd 等多种端口。防火墙一般将关闭该类型端口或使用安全策略进行拦截作为防范对策
Connection Flood	反复生成大量长时间为 open 状态的连接，从而占据攻击对象的套接字（socket）资源。如果服务器端没有最大连接数目的限制，就会发生系统崩溃。该攻击也称为 Unix 进程控制表（Unix process table）攻击
Reload	该攻击在 Web 浏览器中连续按下 F5 键，使得 Web 页面反复执行刷新操作，因此也称为 F5 攻击。在 Web 通信较大时，会让服务器负载加剧

■ DoS 防御功能

DoS 的防御功能也就是限制被判定为 DoS 攻击的异常高速率通信流量的功能，一般通过设置区域、网络接口、网络等单位来实现。

另外，DoS 防御也可以拦截具有非法内容或低安全性的分组，这类分组交由防火墙或下游路由器处理的话，会导致额外资源的浪费（CPU 以及内存使用率上升），因此需要使用专门的 DoS 防御功能来阻挡该类攻击。

■ 端口扫描防御

攻击者在发起攻击前，会对攻击对象的硬件情况进行调查，这时最为基础也最为惯用的伎俩便是端口扫描（port scan），也称为 port sweep。端口扫描大致分为 TCP 端口扫描以及 UDP 端口扫描两大类，对 TCP 端口以及 UDP 端口顺序发送分组进行通信，从而探测目标机器是否开启了对应的服务。例如某台设备的扫描结果为开启了 23 号端口，攻击者便会得知该设备开启了 Telnet 服务，从而可以利用 Telnet 服务访问该设备并发起后续攻击。

这类在发起攻击前进行的信息搜集行为也称为"侦查"（Reconnaissance）。

防火墙能够探测出端口扫描行为的存在从而阻断该行为。

表 5-28 总结了主要的端口扫描类型。

表 5-28 端口扫描类型

名称	内容
TCP 端口扫描	对 TCP 的 0 号到 65535 号端口全部进行扫描，或者是在一定范围内扫描端口从而探测服务器有哪些端口可以使用（图 5-29） 扫描过程是向端口扫描对象服务器发送 TCP（SYN）分组，如果收到了响应的 TCP（SYN+ACK）分组，则判定该端口处于打开状态。如果该端口关闭，则会从服务器处收到 TCP（RST+ACK）分组
SYN 端口扫描	属于 TCP 端口扫描的一种，无需完成 3 次握手过程，直接针对回复消息中的 SYN 分组进行端口扫描，也称为半扫描（half scan）。在 3 次握手过程中，根据服务器回复的是 ACK 消息还是 RST 消息来判断某端口是否打开
ACK 端口扫描	为了回避防火墙对 SYN 端口扫描的检测，向服务器发送 ACK 分组，根据回复的 RST 分组窗口尺寸的大小来判断端口开关状态（图 5-30）。该类型端口扫描对于在端口打开或关闭时会发送不同窗口尺寸分组的服务器有效
Null 端口扫描	向服务器发送 TCP 首部所有标志位为 0 的分组，通过服务器是否返回 RST+ACK 分组消息来判断服务器端口是否打开
FIN 端口扫描	向服务器发送 FIN 分组，根据是否收到 RST+ACK 分组来判断某端口是否打开
Xmas 端口扫描	向服务器发送 TCP 首部标志位均置为 1 的分组，根据是否收到 RST+ACK 分组来判断某端口是否打开
UDP 端口扫描	对 UDP 的 0 号到 65535 号端口全部进行扫描，或这是在一定范围内扫描端口从而探测服务器有哪些端口可以使用

（续）

名称	内容
Host Sweep	向大量的主机发送 ICMP 分组或 TCP 分组，如果获得应答则根据返回的应答消息判断主机是否存在，并获得主机上都运行了哪些应用程序等信息。TCP SYN Host Sweep 会同时向多台主机的相同端口发送 TCP SYN 分组。sweep 在这里有 "席卷" 的意思

图 5-29 根据 TCP 端口扫描确认端口是否打开的方法

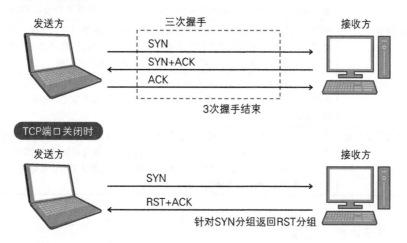

图 5-30 ACK 端口扫描

05.07.08 防范基于分组的攻击

防火墙同样能够防范使用非法分组这类基于分组的 DoS 攻击和非法入侵。表 5-29 汇总了防火墙能够防范的非法分组攻击的主要类型。

表 5-29 基于分组的攻击

攻击类型	内容
IP 地址欺骗（IP Spoofing）	为了突破限制访问的防火墙过滤器以及避免被监控日志记录，伪造 IP 首部中发送源 IP 地址的攻击方式。在 DoS 攻击以及非法入侵中也会使用
碎片分组	碎片的 IP 分组由于安全性较为脆弱，容易被用于攻击，因此防火墙中通常会设置拦截碎片分组功能。但如果分组与通信链路 MTU 大小一致，则不会发生碎片，该功能也不会影响正常的通信
ICMP 碎片	同 IP 碎片分组类似，防火墙也设置了拦截 ICMP 分组碎片的功能
巨型 ICMP 分组	通过设置防火墙拦截一定大小以上的 ICMP 分组，从而避免 Ping of Death 攻击
ICMP 分组按类控制	根据 ICMP 首部中的类型以及代码值，对 ICMP 分组进行区别处理。对于在接收到的消息中发现消息首部出现了未预定义值或未被支持客户端等情况时，需要进行额外的异常处理。此时希望通过防火墙对这类非法的 ICMP 分组予以拦截
SYN 以外的 TCP 分组控制	TCP 会话开始前，必会发送 SYN 分组。如果在尚未确认的 TCP 会话中收到了除 SYN 以外的标志位为 1 的 TCP 分组，很有可能就是端口扫描等攻击，这时就需要通过防火墙拦截该类分组
IPv6 多播 / 单播发送源地址	IPv6 尚未完全普及，也可能存在安全漏洞。一般来说，会有目的地址为 IPv6 多播或单播地址的通信，但如果出现发送源为该类型地址时，则有可能是经过伪装的分组发起的攻击。为了防止意外泄露网络中存在使用 IPv6 主机现象发生时，可以通过防火墙拦截发送源地址为 IPv6 单播或多播的分组

05.07.09 基于内容的扫描

2004 年左右，各个厂商发布了配有多个基于内容扫描功能的 UTM 防火墙产品。基于内容是指以应用程序数据作为防火墙的监控对象（文件或命令）。

■ IDS/IPS

IDS（Intrusion Detection System）即入侵检测系统，IPS（Intrusion Prevention System）即入侵防御系统，二者合称为 IDS/IPS。二者共同的 Intrusion 是指怀有恶意的用户通过网络或终端进行的非法入侵行为。

IDS 系统负责检测非法入侵并告知系统管理员，而 IPS 系统则通过设置对非法入侵所使用的协议以及应用程序进行拦截。

二者还能够对路由器访问控制列表和防火墙无法防范的伪装性正常访问予以阻止。

IDS/IPS 能够检测出下列威胁。

- DoS 攻击
- P2P 造成的信息泄露
- 运行蠕虫、特洛伊木马、键盘记录器等恶意软件

- 入侵 Intranet 与入侵侦查行为

另外，当 IDS/IPS 检测到入侵行为后，会做如下处理。

- 通知管理员（通过电子邮件或 SNMP 等方式）
- 记录日志
- 拦截通信（向攻击方发送 TCP RST 消息）

■ Deep Inspection

ScreenOS 带有名为 ALG 的 Deep Inspection 功能。

防火墙的 Deep Inspection 功能能够针对表 5-30 中列出的应用层协议，重组（assemble）应用程序数据流中的 TCP 数据段，检测其中是否包含了非法应用程序参数。

在 FTP 中，还能够通过允许 / 拒绝策略来控制 GET 以及 PUT 等命令级别的操作。

对于由 SIP 或 H.323 这类多协议以及数据流组成的应用程序通信，Deep Inspection 功能同样可以识别允许通过的数据流并动态生成防火墙针孔（pin hole），即防火墙上允许数据流通过的小孔（在安全策略允许的前提下）。以 SIP 协议为例，IP 电话的语音数据通过 RTP（Real-time Transport Protocol）协议的哪个端口号来完成通话终端之间的信息交互，是在 SIP 会话控制中协商的。这时防火墙即使没有设置允许 RTP 使用的端口，但只要设置了允许 SIP 端口，就会在语音数据开始传输时自动打开 RTP 端口供用户使用。

在能够基于应用程序识别的新一代防火墙中都能完成上述的类似处理。

表 5-30 实施 Deep Inspection 功能的协议清单

DNS	PPTP	APPLEICHAT
FTP	REAL	SIP
H.323	RSH	SQL
HTTP	RTSP	SUNRPC
MGCP	SCCP	TALK
MSRPC	SCTP	TFTP
XING		

IDS/IPS 以及 Deep Inspection 均能够检测并拦截表 5-31 所列出的攻击类型。

表 5-31 IDS/IPS 能够检测的攻击范例

脆弱性攻击类型	说明
信息泄露	攻击者利用带有恶意脚本的邮件或附带恶意软件的 URL 地址发起的攻击。攻击成功的话，能够获取受攻击方的机密信息

（续）

脆弱性攻击类型	说明
执行代码	向服务器发送非法数据，使得被攻击的服务器接受并执行位于远程地理位置的代码
DoS 攻击	通过发送大量分组使被攻击服务器 CPU、内存负担上升，妨碍服务器（或程序）正常提供服务的攻击
缓存溢出 （Buffer Overflow）	通过恶意程序诱导被攻击服务器运行内存超过上限，导致缓存溢出的攻击
SQL 注入	针对 Web 应用程序，使用数据库 SQL 语言对数据库进行非法操作的攻击
暴力破解 （Brute Force Attack）	也称为循环攻击，使用密码字典等工具反复尝试管理员口令的攻击手法。为了防止该类攻击，需要执行类似于口令 3 次输错则切断会话的策略
跨站脚本攻击 （Cross-site Scripting）	简称为 CSS 或 XSS。利用 Web 应用程序的脆弱性，在提交页面表单时，通过服务器执行携带 HTML 标签的脚本，从而达到劫持会话或钓鱼的目的
exploit 攻击	利用软件脆弱性发起的攻击中使用的程序或脚本
浏览器劫持	通过操纵携带恶意软件的浏览器，在用户浏览 Web 页面时篡改显示的页面形式和内容。一般会导致持续弹出广告栏、自动添加 URL 连接以及跳转其他网页失败的情况
钓鱼	使用携带伪造官方网站站点 URL 链接的邮件或网站，骗取用户的个人信用卡以及银行账户信息
僵尸网络	通过僵尸程序感染多台个人计算机，并根据攻击命令同时发送垃圾邮件和实施 DoS 等攻击。主要通过使用 IRC（Internet Relay Chat）对僵尸下达进攻命令

● CVE

IPS 和 Deep Inspection 一般会给检测出的安全脆弱性添加 CVE 标识编号。

CVE（Common Vulnerabilities and Exposures，通用脆弱性标识）是由美国政府支持的非盈利机构 MITRE 公司采用的识别标识。该机构会为软件以及设备产品发现的安全脆弱性问题分配一个 CVE 识别编号（CVE-ID），当安全厂商提供多个脆弱性防范对策时，通过使用该标识告知用户某对策针对的是哪个安全脆弱性问题。CVE 标识编号如表 5-32 所示，以"CVE-（公元纪年）-（4 字符编号）"的格式记录，表明使用该编号的安全脆弱性问题已广为人知。

表 5-32 CVE 识别编号范例

CVE 识别编号	内容
CVE-2006-0900	FreeBSD nfsd NFS Mount Request Denial of Service
CVE-2007-2881	Sun Java Web Proxy Server Buffer Overflow Vulnerability
CVE-2009-1923	Microsoft Windows WINS Service Heap Overflow Vulnerability

■ 反病毒

反病毒也称为防病毒对策，通过在个人计算机和服务器上安装防病毒软件来保护计算机免遭病毒侵袭。

在终端安装防病毒软件的方式称为主机型防病毒。

而通过设置位于互联网网关的防火墙以及专用设备，对网络上所有传输的通信数据进行扫描的方式则称为"网关型防病毒"。使用网关型防病毒，能有效防止 Intranet 中病毒的蔓延以及作为跳板攻击网络的发生。

确认是否存在病毒的处理操作称为扫描（scan）或病毒扫描。主机型防病毒的扫描在计算机内进行，而网关型防病毒的扫描在通信流量中完成。二者的比较结果如表 5-33 和表 5-44 所示。

表 5-33 网关型防病毒的优点与主机型防病毒的缺点

网关型防病毒的优点	主机型防病毒的缺点
能够对所有客户端实施相同的策略 →针对客户机 PC 以及虚拟 PC 的对策	客户机 PC 以及虚拟 PC 无法采用相同的安全策略
不依赖客户端的操作系统 →即使操作系统停止支持，也不影响扫描的进行	很难应用于停止支持或不支持的操作系统
节省了为客户端安装软件以及升级软件的麻烦	所有的客户端都需要安装软件，耗费精力
用户无法主观停止扫描过程	用户可以主观停止扫描或升级
能够防止来自内部客户端的病毒	虽然能够扫描外部流入数据，但对于已经感染的文件通信则无法检测
能够通过网关设备对日志、报告等实施统一化管理	日志等保存在各台 PC 上，统一化管理需要其他系统支持

表 5-34 主机型防病毒的优点与网关型防病毒的缺点

主机型防病毒的优点	网关型防病毒的缺点
不依赖于具体的通信协议	不支持所有的通信协议 → Palo Auto 公司产品支持 FTP、HTTP、IMAP、POP3、SMB、STMP 协议的解码 →其他厂商仅支持 FTP、HTTP 以及电子邮件协议
能够对所有接收的文件进行扫描	无法对所有文件进行扫描
能够对具体安装的操作系统进行定制扫描	→例如附带密码的压缩文件等

防病毒软件扫描通过防毒引擎（engine）程序完成，防毒引擎使用名为"特征签名"（signature）或"病毒定义文件"的数据库，判断在扫描对象中是否存在已经被注册过的病毒等。表 5-35 列出了防毒软件所能检测的病毒（恶意软件）类型。

表 5-35 防毒软件能够检测的恶意软件类型

恶意软件	说明
病毒（计算机病毒）	通过 Web 站点以及电子邮件附件等入侵计算机系统，趁用户未察觉之际，修改计算机运行方式的程序。病毒入侵计算机称为"感染"，会造成显示画面异常以及磁盘文件损坏等现象。病毒程序能够自我运行，自我复制（繁殖）

（续）

恶意软件	说明
蠕虫	反复自我繁殖并破坏数据的程序。病毒只感染程序文件，而蠕虫则能够存在于 Word、Excel 文档的内部，并能通过发送附带感染文档的电子邮件来进行繁殖
特洛伊木马	伪装成合法文档的破坏程序。利用互联网上可免费下载的共享软件诱导用户下载带有木马的应用程序。同病毒不同的是，木马程序自身不会繁殖。如果运行了含有木马的恶意程序，则会造成数据损失或被盗用的严重后果
间谍软件	指将用户个人计算机内部信息以及 Web 浏览器访问的历史记录在没有得到用户许可的前提下，擅自向第三方发送的程序。通过间谍软件盗取的用户信息，可能会用于在线广告以及调查统计等领域
广告软件	在用户画面中强制弹出广告的程序。英文为 adware，ad 表示广告（advertisement）。有时仅仅是普通的广告，有时则是可以使用的免费软件
恶意软件	病毒、蠕虫、特洛伊木马、间谍软件、广告软件这类带有"恶意"的程序（软件）总称。英语为 malware，mal 前缀表示怀有恶意的意思。软件以及硬件如果带有"恶意软件防范"的宣传字样则表示能够防范恶意软件带来的损害。也可以称为不良软件（badware）
犯罪软件	以犯罪为目的编写并使用的软件
键盘记录软件	用于记录键盘输入内容的软件。原本该类软件在 Telnet 等用于确认发送命令，但后来也被用于盗取用户信用卡账号、密码等不良用途。一般隐蔽安装在网吧等不特定多人使用的计算机中记录信息并生成报告
屏幕记录软件	一定时间间隔内，定期捕获屏幕画面（screen shot）的软件。该类软件还会将捕获的画面以电子邮件的形式发送，常用于盗取网络银行密码等
后门软件（rootkit）	入侵服务器等系统的破解者在实施恶意操作时使用的工具的集合。对于恶意软件不时针对"安全漏洞"发起的进攻，希望用户能够及时安装最新补丁来予以避免

● 基于文件和基于数据流的网关型防病毒

网关型防病毒可以分为两类，一类是基于文件（代理）型，另一类是基于数据流型（flow）。

基于文件型会将作为扫描对象的文件数据存在缓存中，等待扫描对象全部传输完毕才会自动开启扫描。

基于数据流型是新型防病毒方式，无需等待文件整体接收完毕，而是接收到文件开头部分的分组时便能立刻开启扫描。扫描结束后转发文件时，也同样无需等待文件整体扫描结束，而是直接将完成扫描的分组直接转发即可。该类型同基于文件型扫描相比，等待时间大幅缩短，实现的延迟很低（图 5-31）。

图 5-31 基于数据流型同基于文件型的延迟比较

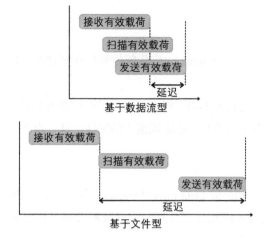

表 5-36 基于数据流型的优点与基于文件型的缺点

基于数据流型的优点	基于文件型的缺点
• 能够进行高速扫描 • 高吞吐率、低延迟 • 扫描能够不受文件大小限制	• 扫描耗费时间 • 低吞吐率、高延迟 • 扫描受文件大小尺寸限制 • 启发式扫描（heuristic scan）误检率很高

表 5-37 基于文件型的优点与基于数据流型的缺点

基于文件型的优点	基于数据流型的缺点
• 能够支持 zip/gzip 以外的压缩算法 • 能够解压展开深层级目录 • 能够复原整个文件扫描 　→执行启发式扫描	• 不支持 zip/gzip 以外的压缩算法 • 通过压缩算法也只能够展开较小层级的目录（Palo Alto Networks 产品中也最多只能展开 2 层）

　　基于文件的网关型防病毒装置同基于数据流型的装置相比，虽然能够扫描更多的文件，但仍无法扫描那些附带密码、加密、不支持协议等文件，因此这些文件还是需要通过客户端上的主机型防病毒来进行扫描（表 5-37）。

　　基于文件型的装置是耗费 CPU 资源对积累并复原的文件进行扫描，因此设备的吞吐率一般只能维持在几 M 到几百 Mbit/s 之间，不得不说这是一个缺点。另外，在遇到大文件时，从扫描启动到扫描结束也需要花费几分钟到几十分钟不等，在这期间用户无法使用文件，从网关处下载文件也需要耗费大量时间。另外，如果不同时使用基于 web 浏览器的重定向控制或 ICAP Trickle[1] 等回避手段，就会导致在网关扫描期间，端到端的会话丢失，从而永远无法获取目标文

---

[1] 本质上是利用在 HTT message 上执行 RPC 远程过程调用，通过 ICAP 协议进行数据的分流。——译者注

件，这样的风险同样需要引起用户注意。

■ 反垃圾邮件

垃圾邮件是指骚扰邮件（spam mail）、广告邮件和欺诈邮件等，很多产品提供了过滤这类垃圾邮件的反垃圾邮件功能。

虽说该功能同基于内容的扫描如出一辙，但反垃圾邮件很容易引发误检。如果将非骚扰邮件归档到了骚扰邮件中，则有可能丢弃了本应该接收的邮件，这一点必须引起注意。

■ DLP

DLP 是 Data Loss Prevention 或 Data Leak Prevention 的缩写，即防范信息泄露功能。

该功能检测网络上交互的应用程序数据内容，当发现存在特定文件或数据时，及时执行告警、断开会话、记录日志等操作。

对于机构而言，该功能还可以识别该机构机密数据的文字序列、文件名以及文件类型等，防止机密数据从内部泄露到外部。

有些产品还能够应用该功能，对于来自外部入侵的或内部之间转发的恶意软件（可执行文件）及时予以检测、删除并告知用户。

该功能最主要由"文件过滤"与"数据过滤"两大部分组成。

表 5-38 DLP 功能

功能	说明
文件过滤	通过检测会话内交互的文件信息，阻拦不必要文件的流入和涉密文件的流出。一般对文件的名称、扩展名、文件内部数据进行解析后分类，从而判断文件是否有必要阻拦
数据过滤	通过检测会话内交互的数据信息，发现匹配特定关键字的数据便予以丢弃或告警

■ URL 过滤

URL 过滤功能是指在 HTTP 通信中，当客户端向服务器发起请求时，能够对 URL 信息进行检查，判断该 URL 是否能够访问，并对不友好的 Web 站点予以拦截的功能，通常作为通用服务器上的软件、专用装置、防火墙装置以及代理服务器的功能之一提供给用户。

例如，提供移动通信服务的运营商同用户签署了禁止向未成年人提供有害站点访问的服务条款，该条款的具体实现就是通过 URL 过滤功能完成的。

另外，普通公司、学校等地方会有禁止用户访问与工作、学业无关站点的规定，或者需要禁止防问钓鱼网站、易被蠕虫病毒等感染的网站时，这类控制也会通过 URL 过滤实现。

URL 过滤功能分为"数据库型"和"云服务型"两大类。

数据库型 URL 过滤使用了称为 URL 信息目录的群组分类数据库。管理员通过设置禁止访问

URL 类别，便能够在用户访问这类 URL 地址时向用户弹出告警信息。

管理员同样能够使用静态生成的数据库信息进行 URL 过滤。这时，能够访问的 URL 数据库称为"白名单"，不能访问的 URL 数据库则称为"黑名单"。

虽然数据库能够做到定期更新，但同时拥有世界上所有的 URL 信息在物理层面上是无法实现的。因此，后来针对这类问题新开发了云服务型的 URL 过滤。

云服务型的 URL 过滤中，服务供应商负责控制互联网上的分类服务器并向服务器发送用户请求的 URL 数据。分类服务器根据收到的 URL 数据，对实际 Web 站点访问的内容进行确认，并藉此分类。

05.07.10 监视、报告功能

监视功能是防火墙的重要功能之一，表 5-39 列出了监视功能的几个方面。

表 5-39 防火墙的监视功能

监视（monitoring）	对网络以及网络设备的实时状态予以监视，及时观测通信流量状态以及故障信息。当发生故障、异常情况以及出现预定义事件时，能够即使告警通知管理员		
告警通知（alerting）	属于监视功能的一个部分，发生故障以及出现预定义事件时，向管理员进行告警通知。告警方式可以是发送 SNMP Trap、向 Syslog 服务器发送 syslog 通信以及向指定服务器发送电子邮件等		
日志获取（logging）	记录流量日志、事件日志等各类日志的功能。根据不同的防火墙产品，日志能够导出为纯文本格式、CSV 格式、PDF 格式等不同格式		
	日志种类	**说明**	
	通信流量日志（会话）	记录依据安全规则允许或拒绝的通信。一般在会话结束时记录，一个会话占据日志的一行。	
	AV 日志、IPS 日志、URL 过滤日志等	属于通信流量日志的一种，记录由反病毒、IPS、URL 过滤等各种安全功能检测出的恶意软件以及目的地 URL 地址信息等。	
	事件日志（系统日志）	用于记录类似网络接口开闭、签名获取情况、VPN 连接情况等系统发生的各类事件的日志。其中包括系统事件发生的时间、重要级别、事件种类、事件内容等。	
	设置日志	管理员变更设备设置时记录的日志。有时在事件日志中同样也会包含相关内容。	
报告（reporting）	通过 WebUI 对收集的日志进行加工处理，从而向管理员提供显而易见的图表等信息。有的产品还能够将报告结果以 PDF 的格式导出。有些防火墙设备不是提供报告导出功能，而是采用预先配备的管理服务器接收防火墙传输过来的 Syslog 形式日志（包含通信流量日志）或专用格式日志，在管理服务器上展示报告		

同报告功能相关的另一部分便是将防火墙设备生成的告警及日志等传输至管理服务器。管理服务器可以是由防火墙设备厂商提供的专用硬件产品，也可以是有第三方提供的通用产品（表 5-40）。

表 5-40 主要设备厂商提供的专用管理产品

Cisco ASDM（Adaptive Security Device Manager）	ASA 系列使用
Juniper NSM（Network and Security Manager）	SSG/SRX 系列使用
Palo Alto Panorama	PA 系列使用
Check Point Horizon Manager/Network Voyager	IP 系列使用
Fortinet FortiAnalyzer/FortiManager	Fortigate 系列使用

05.07.11 分组捕获

有些安全设备产品提供了分组捕获的功能。

捕获的分组可以放在设备上浏览，也可以导出为 WinPcap 格式的 pcap 文件在 Wireshark 这类应用程序中进行浏览（图 5-32）。

当发生通信故障时，可以根据所捕获的分组信息进行进一步的分析。

图 5-32 Wireshark

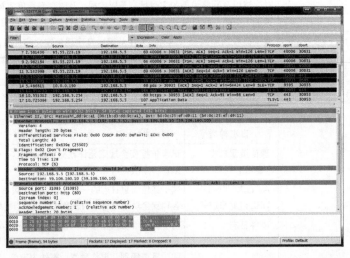

05.07.12 虚拟路由器

几乎所有的防火墙均实现了静态路由和动态路由的功能。在防火墙中实施路由选择的功能特性称为虚拟路由器，表示位于防火墙中存在虚拟的路由器。

当使用多个虚拟路由器时，即使遭到某个攻击导致数据被篡改或窃听，也不会对其他虚拟路由器造成影响，能够进一步提高网络的安全性。另外，通过每生成一个虚拟防火墙，都能够复用同一子网地址的物理网络端口。

05.07.13 虚拟防火墙

高端的防火墙产品还能够提供虚拟防火墙的功能。虚拟防火墙也成为虚拟系统（VSYS，Virtual System），能够在1台物理设备上虚拟出多个逻辑防火墙在网络中使用。

其中每一个逻辑防火墙均使用附带 IEEE 802.1q 标签的 VLAN 子接口进行分割。分割后的逻辑防火墙可以同时使用相同的私有地址，也能对同一触发对象预定义不同的执行行为。

虚拟放火墙主要用于网络服务供应商同时为多个企业提供企业防火墙服务的业务中。

05.08 决定防火墙性能的要素

05.08.01 同时在线会话数

防火墙通过管理会话表，以会话为单位来控制通信流量。会话表能够记录的表项数目表明了该防火墙能够处理的同时在线会话（也称为同时连接会话）数量。

桌面型小型防火墙设备一般能够管理几万个会话，而通信服务供应商使用的防火墙设备一般能够同时管理数百万个会话。

05.08.02 NAT 表数目

根据设备厂商的不同，某些厂商的路由器或防火墙产品会分别携带维护会话表和 NAT 表。NAT 表的数量用来表示"同时在线 NAT 的会话数"，该数值也意味着设备所能支持建立 NAT 会话数目的最大值。

没有给出 NAT 表数目上限的防火墙，一般就是使用会话数的上限以及内存的上限来表示 NAT 会话数的上限情况。

除了 NAT 表数目以外还有"NAT 规则数目"这一指标。NAT 规则，以发送源与发送目的地网络地址组合作为条件，能够指定静态 NAT、动态 NAT、1 对 1 的 NAT 或者 NAPT 等操作。其中用来说明这条 NAT 规则的表项数就是 NAT 规则数目。

另外，在设置计算时还要注意动态 NAT 中 IP 地址池的数量同样有限。

对于 NAT 处理，小型路由器只通过 CPU 来完成，因此会对设备的吞吐率有一定影响，但更为高端的路由器则是使用硬件进行 NAT 处理，因此不会出现吞吐率低下的情况。

05.08.03 每秒新建的会话数目

路由器的性能一般使用每秒能够传输的 bit 数 bit/s 和每秒能够转发的分组数 pps 这两个参数来描述。

而防火墙还需增加一条每秒能够建立的会话数（new session per second）这一参数指标。例如在状态检测型防火墙（stateful inspection）中，该指标表示在 1 秒内能够完成多少次完整的会话建立过程。其中，1 个完整的会话建立过程包括：监控 TCP 连接的 3 次握手，握手正常则生成会话信息，将信息记录至会话表等一系列操作。

每秒新建会话值一般仅仅针对 TCP 会话为统计对象，因此也可以引入另一个指标来表示在 1 秒内能够完成会话从建立到结束的次数，该指标名为每秒连接数（connection per second）。

其他同防火墙性能相关的指标可以参考本书第 7 章中的每秒完成事务（transaction）数量等。

05.09 同信息安全范畴相关的标准

05.09.01 ISCA

企业或政府引入安全产品时，有时会以产品需通过 ISCA（International Computer Security Association，国际计算机安全协会）的相关认证作为前提条件。

ICSA 认证是指 ICSA Labs 对安全类产品或服务进行的统一标准的认定。

安全设备厂商往往会委托 ICSA Labs 进行相关测试，如果产品合格即通过 ISCA 认证。

测试内容按照每项安全技术内容依次进行，通过认证的产品均能够在 ISCA Labs 官方网站上记录。表 5-41 列出了 ISCA 认证的主要技术分类。

表 5-41　ISCA 认证的主要技术分类

反恶意软件	IPS
反间谍软件	SSL-TLS
反病毒	Web 应用程序防火墙
IPsec	防火墙

以 ISCA 认证 IPsec 网络硬件为例，由于经由 ISCA 认证的网络硬件之间可以不分具体的生成厂商，做到无缝互联。因此是否通过 ISCA 认证往往在很多场合成为应急按钮采购方对候选硬件进行甄选而关注的参考材料之一。

ISCA Labs 前身为 1989 年成立于美国的 NCSA（National Computer Security Association，国家

计算机安全协会）组织，1998 年正式更名为 ISCA[1]，2004 年成为美国 Cybertrust 公司的一个部门，而 2007 年随着 Cybertrust 公司的被收购又成为 Verizon Business 公司的一个子部门。

05.09.02　FIPS

FIPS（Federal Information Processing Standard，联邦信息处理标准）是由美国联邦政府开发的信息通信硬件相关标准。对于网络硬件的认证内容如表 5-42 所示。该标准由 NIST（National Institute of Standards and Technology，美国国家标准技术研究所）负责起草，其中有多项条款同信息安全标准有关。除军事机关以外的美国政府以及关联组织必须采用符合 FIPS 标准认证的产品。以防火墙为代表，各类设备厂商提供的安全设备都需完成 FIPS 认证。日本政府以及相关组织没有特别规定必须选择 FIPS 相关产品。

表 5-42　FIPS 的认证内容

FIPS 标准	说明
FIPS 46-3	DES 加密
FIPS 140-2	加密模块产品的认证标准与通过认证的产品清单
FIPS 171	ANSI X.9.17 密钥交换
FIPS 180-2	散列函数（SHA-1、SHA-256、SHA-386、SHA-512）
FIPS 197	AES 加密

05.09.03　ISO/IEC 15408（公共标准）

1983 年美国 NSA（National Security Agency，美国国家安全局）下属的 NCSC（National Computer Security Center，国家计算机安全中心）制定了军用计算机产品采购的评估标准 TCSEC（Trusted Computer System Evaluation Criteria），该标准说明书的封面为桔红色因此也被称为桔皮书。

上世纪 90 年代，欧洲各个国家均制定了信息安全评估标准或相关认证制度，唯有通过认证的产品方能进入军方以及政府机关的信息安全产品采购范围。1991 年，英国、德国、法国与荷兰 4 国开始实施全欧洲统一的 ITSEC（Information Technology Security Evaluation Criteria，信息技术安全评估准则）标准。

基于这些安全认证规范，加拿大、法国、德国、荷兰、英国和美国 6 国又开始启动制定适用范围更广的公共标准（Common Criteria）工程，并于 1996 年发布了公共标准版本 1。到了 1998 年，公开标准版本 2.1 发布，并在 1999 年被认定为由国际标准 ISO/IEC 15408[2]。

---

[1]　区别于日本儿童网络色情防范管理组织 ICSA（Internet Content Safety Association）。

[2]　该标准对应日本于 2000 年发布的 JIS X 5070 标准，目前已废止。

虽然公共标准是通用的评价标准体系，但必须使用 CEM（Common Evaluation Methodology，公共评价方法）作为其评价方法。目前（2011 年），该标准为 CC/CEM 版本 3.1 release 3。

通过 ISO/IEC 15408 认证的产品会在公开标准的门户站点公布，日本还可以参考 IPA（Information-tech Promotion Agency）的官方站点。考虑到 IT 投资减税的政策（中小企业基础设施强化税收制度）①，企业或公共团体等特别是在采购安全类设备时，需要将该设备是否通过认证作为甄选采购设备的参考标准之一。

■ EAL

EAL（Evaluation Assurance Level，评估保证级别）定义了公共标准（Common Criteria）中的 7 级安全保障评估级别。评估保障级别用来表示实现装置的安全性能和可信程度的高低（表 5-43）。数字越大表示级别越高，上位级别包含了下位级别的所有要求。EAL1 至 EAL3 用于民用，EAL4 用于政府机关，EAL5 以上用于军队以及政府的高度机密机构。

在日本，防火墙这类安全产品一般由美国、欧洲、以色列厂商提供的产品为主，占据市场份额高的产品往往都通过了公共标准的认证，基本都符合 EAL 标准中 EAL2 或 EAL4 的程度。EAL2 需要花费 5-10 个月时间获得，而 EAL4 则需花费 10-25 个月才行。

需要对某个 EAL 评估标准条件添加内容进行扩展时，可以在 EAL 级别中添加标识符。如防火墙产品通过 EAL4 认证后，又通过了 EAL4 扩展标准 EAL4+ 的认证，这些信息一般都会记录在产品目录说明书中。

表 5-43 EAL 的安全评估级别

CC EAL	设想的安全保障级别	评估概要	ITSEC	TCSEC
EAL1	以封闭环境应用为前提，能够保障安全使用、利用时使用产品的保障级别	功能测试	E0 ~ E1	D ~ C1
EAL2	用户或开发人员限定，不存在威胁安全使用的重大隐患时使用产品的保障级别	结构测试	E1	C1
EAL3	不特定用户可利用，需要防范非法使用时产品的保障级别	功能测试以及检查	E2	C2
EAL4	为保障商用产品以及系统的高安全性，在考虑了安全性的开发与生产环境中生产产品的保障级别	功能设计、测试以及评审	E3	B1
EAL5	为在特定领域的商用产品以及系统中能够最大限度保护安全性，在安全专家的支持下完成开发与生产的产品的保障级别	准形式设计以及测试	E4	B2
EAL6	为了对抗重大风险环境、保护高价值的资产，适应安全工程技术标准的开发环境中生产的特殊产品的保障级别	完成准形式验证的设计以及测试	E5	B3
EAL7	为保护风险极大和开发费用极高环境中的高昂资产而开发的安全保障级别最高的产品的保障级别	完成形式验证的设计以及测试	E6	A

① 该制度仅在日本实行。——译者注

第 **6** 章

高速普及的无线LAN 及其基础知识

本章将介绍无线 LAN 的历史、标准以及接入点（Access Point）的功能等内容。

另外，本章还会介绍无线 LAN 安全性以及无线 LAN 性能的考量方法。

最后，还会对 IEEE 802.11 标准中的内容尤其是传输标准进行详细地说明。

06.01 无线 LAN 是如何诞生的？

世界上最早的计算机无线通信是 1968 年开始研究的 ALOHA 网。该实验网络将夏威夷诸岛以无线通信的方式进行连接，后来在该实验网的基础上开发了以太网。

1985 年，经美国 FCC 批准，原来仅用于军方的扩频通信向民间开放，900MHz 频带（902～928MHz）、2.4GHz 频带（2.4～2.5GHz）、5.7GHz 频带（5.725～5.875GHz）这三个被称为 ISM 频带的无线频带开始可供商业使用。

1991 年，IEEE 召开了首个无线 LAN 相关的会议，同时成立了 IEEE 802.11 委员会。1992 年，NCR 公司的 WaveLAN、Proxim 公司的 RangeLAN 以及 Telesytems 公司的 ArLAN 等无线产品在美国市场上发布，这些产品使用 900MHz 频带，最大速率为 2Mbit/s。随后，市场上又出现了使用 2.4GHz 带宽的 2Mbit/s 无线 LAN 产品。当时 Proxim 公司的 RangeLAN2 接入点价格大约为 1985 美元，另一方面，需要在每台作为客户端的计算机上安装无线 LAN 适配器，该适配器为 PCMICA TYPE II 类型 PC 扩展卡，售价为 695 美元（当时价值 7 万 5 千日元）。

日本于 1992 年根据无线电相关法律，规定只有在省电数据通信系统管理局登记、符合法定技术标准的无线 LAN 硬件产品才能在市场上销售，而符合技术标准的认证必须由 TELEC（财团法人 telecom engineering center）机构进行。由于在当时，认证无线通信设备需要将不同的天线和计算机组合后逐一认证，因此最终只有少部分能够使用无线 LAN 的计算机种类获得了该认证，这在一定程度上妨碍了无线 LAN 的普及程度。

1997 年 IEEE 完成了首个无线 LAN 标准——802.11 的标准化工作，该标准让使用 2.4GHz 频带、通信速率为 2Mbit/s 的无线 LAN 得到普及。而之前在市场上销售的无线 LAN 产品属于非标准化范畴，多数产品同标准化后的 10Mbit/s 以太网技术相比，只能提供速率很低 2Mbit/s 的网络吞吐率并且价格不菲，不同厂商的产品之间兼容性差，难以在市场上得以普及。

1999 年 11Mbit/s 的无线 LAN 通过 802.11b 标准完成了标准化工作。就在该标准颁布前，苹果公司发布了一款名为 AirPort（日本该产品名为 AirMac[①]）的无线接入点产品。当时 AirMac 售价 299 美元，无线 LAN 网卡价格为 99 美元，相对于之前的无线 LAN 产品，价格可谓非常低廉。日本 Melco 公司（现在的 Buffalo 公司）在国内也发布了支持 IEEE 802.11b 的产品，其中包括价格为 59800 日元的无线接入点和 29800 日元的无线 LAN 网卡。

1999 年日本修改了无线电管理法律，首次将原本只认定单个信道的无线 LAN 专用频段扩大到了 14 个信道，使得无线 LAN 在日本迅速普及。

随后，IEEE 制定了提高通信速度的 802.11g 以及 802.11n 等标准，这些标准沿用至今。

---

① 该产品没有进入中国市场。——译者注

　　2002年日本再度修正无线电管理法律，允许总务省认可的民间TELEC认证机构进行相关认证工作。

图6-1　Mac AirPort基站(base station)

图6-2　Melco公司(现为Buffalo公司)的AIRCONNECT(接入点)产品

图6-3　Melco公司(现为Buffalo公司)的AIRECONNECT(无线LAN网卡)产品

06.02 理解无线 LAN 所需的基础知识

06.02.01 CSMA/CA

以太网传输媒介访问控制方式为 CSMA/CD，而 IEEE 802.11 无线 LAN 所采用的是 CSMA/CA 方式。通过使用 CSMA 技术，使得多个终端设备在共享传输媒介（无线 LAN 中则是指无线带宽频带）时能够实时检测出那些未被占用频点。

以太网的冲突域（CD，collision domain）是指在数据发送时检测出冲突，当发生冲突时等候某随机时间再次发送。而在无线 LAN 中，如果在进行载波侦听（carrier sense）遇到其他终端正在发送数据，那么就在对方终端发送完成后，再次等待某个随机时间继续发送数据。该过程称为冲突避免（CA，collision avoidance），因为如果在对方发送完毕后直接发送数据，也有可能会造成无线传输的冲突。

在以太网中，传输媒介能够通过异常电气信号检测到冲突的发生。但由于无线通信不会产生电气信号，因此需要使用 CSMA/CA 来取代 CSMA/CD（表 6-1）。

表 6-1 以太网与无线 LAN 的比较

	以太网	无线 LAN
标准	IEEE 802.3	IEEE 802.11
地址	MAC 地址	MAC 地址
传输媒介	线缆	无线电波
接入控制	CSMA/CD	CSMA/CA
传输方式	半双工或全双工	半双工

06.02.02 无线 LAN 的架构

IEEE 802.11 无线网络由表 6-2 列出的要素组成。图 6-4 则展示了这些组成要素的图例。

表 6-2 IEEE 802.11 无线网络的组成要素

组成要素	说明
STA（Station，工作站）	无线连接需要使用的配有适配卡、PC 卡、内置模块的物理无线终端
AP（wireless access point，无线 LAN 接入点）	在 STA 与有限网络之间承担桥梁角色的物理硬件
IBSS（Independent basic service set，独立基本服务集）	包含 1 个或 2 个以上 STA 的无线网络，无法访问 DS 时使用该模式。也称为 ad-hoc 无线网络（ad-hoc 模式）

（续）

组成要素	说明
BSS（basic service set，基本服务集）	由 1 个无线 LAN 访问点和 1 个以上无线客户端组成的无线网络，也称为基础设施无线网络（基础设施模式）。BSS 内所有的 STA 通信均通过 AP 完成，AP 不仅提供与有线 LAN 的连接，而且还提供 STA 与其他 STA 或 DS 节点之间通信的桥接功能
ESS（extended service set，扩展服务集）	与同一有线网络连接的、2 个以上的 AP 群，与 1 个子网概念相当
DS（distribution system，分发系统）	放置于不同 BSS 内的 AP 之间通过 DS 路由相互连接，使 STA 能够从某个 BSS 向其他 BSS 移动（mobility）。各个 AP 之间可以是无线互联也可以是有线互联，不过多数场合采用有线互联。DS 是 BSS 之间进行逻辑连接的要素，使 STA 在 BSS 之间能够实现漫游（roaming）

图 6-4　**IEEE 802.11 无线网络要素**

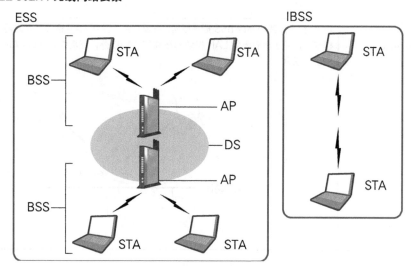

06.02.03　无线 LAN 的拓扑结构

无线 LAN 的拓扑结构分为用于通信终端之间直接互联的"ad-hoc 模式"以及通过 AP 连接有线网络的"基础设施模式"两种（表 6-3）。这里提到的终端是指搭载了无线 LAN 模块的个人计算机、便携终端、游戏设备等。

表 6-3 无线 LAN 拓扑结构的种类

模式	说明
ad-hoc 模式 （ad-hoc mode）	即 IEEE 802.11 无线网络的 BSS，在两台终端（STA）之间直接通过无线信号互联，从而组成的网络，也称为点到点（peer to peer）或孤立（independent）的网络模式。该网络模式在个人计算机与打印机之间进行无线连接或者多台便携式游戏机进行无线联机对战时经常使用。入网终端一般直接搭载无线 LAN 模块或配备 PC 扩展卡、USB 接口的无线 LAN 适配模块，在该模式下，入网设备往往不能连接到互联网上
基础设施模式 （infrastructure mode）	指 802.11 无线网络的 BSS 形式组网，在需要经由无线 LAN 连接至互联网时使用。在该模式下，除了载有无线 LAN 模块的终端（STA）以外，还需要有无线 LAN 的 AP 方能连接至互联网 接入点 有线LAN

■ 无线 LAN 的接入点

有线 LAN 通过使用有线电缆将个人计算机同交换机（交换性集线器）连接，从而完成组网。而在无线 LAN 的基础设施模式中，则是通过一种称为无线 LAN 接入点（Access Point）的装置，将多台个人计算机连接到 LAN 网段中。IEEE 802.11 无线网络的 AP 可以直接称为接入点。接入点装置一般会配备 RJ-45 网络接口同交换机或路由器进行连接，从而使得无线 LAN 的终端能够访问有线 LAN 或互联网。

06.03　各种各样的无线 LAN 标准

和以太网一样，无线 LAN 的标准也是由 IEEE 组织制定的。

以太网标准统称为 IEEE 802.3，而无线 LAN 标准则统称为 IEEE 802.11。

同 IEEE 802.3 一样，IEEE 802.11 在物理层和数据链路层之间也定义了 MAC 子层。整个 IEEE 802.11 标准定义了无线 LAN 采用何种频带和调制方式，传输速率能够达到何种程度等传输标准，还定义了安全性、QoS、管理、调试方法等各种涉及无线 LAN 的相关内容。

表 6-4 汇总了主要的无线 LAN 传输标准。

表 6-4　主要的无线 LAN 传输标准

IEEE 标准	制定年份	使用频带	最大传输速率	调制方式	无线许可
802.11	1997 年	2.4GHz	2Mbit/s	DSSS[注1]	无需许可
802.11b	1999 年	2.4GHz	11Mbit/s	DSSS（CCK[注2]）	无需许可
802.11a	1999 年	5GHz	54Mbit/s	OFDM[注3]	5.15~5.35GHz：室内使用无需许可。5.47~5.725GHz：室内室外均无需许可
802.11g	2003 年	2.4GHz	54Mbit/s	OFDM	无需许可
802.11j	2004 年	4.9~5.0GHz 5.03~5.091GHz	54Mbit/s	OFDM	需要出具许可
802.11n	2009 年	2.4GHz / 5GHz	600Mbit/s	OFDM（MIMO[注4]）	2.4GHz 频带：室内室外均无需许可[①] 5.15~5.35GHz：室内使用无需许可 5.47~5.725GHz：室内外均无需许可
802.11ac	预定 2013 年	5GHz	6.93Gbit/s	OFDM（MIMO[注4]）	5.15~5.35GHz：室内使用无需许可 5.47~5.725GHz：室内外均无需许可
802.11ad	预定 2013 年	60GHz	6.8Gbit/s	SC（Single Carrier）、OFDM（MIMO[注4]）	无需许可

注1：DSSS（Direct Sequence Spread Spectrum），直接序列扩频。扩频通信技术的一种，在发送一侧将调制信号经过高频巴克码（barker code，11bit 脉冲码）的 XOR 运算后进行发送。

注2：CCK（Complementary Code Keying），补充编码键控。不使用巴克码，而是使用被称为补充序列（complementary sequence）的代码对信号进行编码。[①]

注3：OFDM（Orthogonal Frequency Division Multiplexing），正交频分复用。

注4：MIMO（Multiple Input Multiple Output）[②]。

---

① 为了防止同频段无线通信的相互干扰，每个国家均会指定无线电频段的管理办法，指定频段内的通信需要得到相关部门的许可方可使用。——译者注

② 中文译为多输入多输出。——译者注

在完成 LAN 以及 WAN 等网络标准规范化工作的 IEEE 802 中，制定无线 LAN 相关标准的团体称为 IEEE 802.11 工作组（working group），工作组下还分为很多任务组（task group）。这些任务组从罗马字母 a 开始编号，如 IEEE 802.11b 就表示为 TGb（Task Group b）。

表 6-5 中列出了 IEEE 802.11 标准的清单。

表 6-5　IEEE 802.11 标准一览

标准种类	标准种类	制定时间	说明
802.11	传输标准	1997 年	使用 2.4GHz 以及红外线频带、速率为 1Mbit/s 和 2Mbit/s 的无线 LAN 标准
802.11a	传输标准	1999 年	使用 5GHz 频带、最大速率在 54Mbit/s 的无线 LAN 标准
802.11b	传输标准	1999 年	IEEE802.11 的扩展。使用 2.4GHz 频带、最大速率为 11Mbit/s 的无线 LAN 标准
802.11c		2001 年	有线 LAN 与无线 LAN 之间的桥接标准。后并入 IEEE 802.1D
802.11d		2001 年	用于国际漫游的扩展协议
802.11e	QoS	2005 年	无线 LAN 中实施 QoS 控制的标准
802.11F		2003 年	不同厂商的 AP 之间漫游的协议，即 IAPP（Inter-Access Point Protocol）标准
802.11g	传输标准	2003 年	使用 2.4GHz 频带、最大传输速率为 54Mbit/s 的无线 LAN 标准，向下兼容 IEEE 802.11b
802.11h	应对法律限制	2004 年	为应对欧洲对 5GHz 频带的使用限制、作为 IEEE 802.11a 的扩展而制定的标准
802.11i	安全	2004 年	为消除 WEP 加密的缺陷而对无线 LAN 安全机制进行扩展的标准
802.11j	应对法律限制	2004 年	作为 IEEE802.11a 的补充标准来应对日本对于 5GHz 频带的使用限制
802.11k	管理	2008 年	无线 LAN 中对无线资源进行监控的标准
802.11ma/mb			IEEE 802.11 系列标准文件的修订与管理
802.11n	传输标准	2009 年	使用 MIMO 技术的高速无线 LAN 标准，使用 2.4GHz 以及 5GHz 频带，最大速率可达 600Mbit/s
802.11p	应用	2010 年	车载（移动装置）可用的无线 LAN 应用标准
802.11r	应用	2008 年	实现高速漫游的方法
802.11s	应用	2011 年	无线 LAN 之间网状组网（mesh network）架构的标准
802.11T	试验		IEEE802.11 测试方法与检测相关的规程与设计
802.11u	互联互通	2011 年	同 IEEE 802.11 以外的网络之间进行互联互通的相关标准
802.11v	管理	2011 年	使用 802.11k 测定的信息对无线网络进行管理的标准
802.11w	管理	2009 年	IEEE 802.11 管理数据帧的安全相关标准
802.11y	应对法律限制	2009 年	美国国内使用 3.65~3.7GHz 频带的无线 LAN 标准
802.11ac	传输标准	预定 2013 年	使用 5GHz 频带、传输速率最大能够达到 6.83Gbit/s 的无线 LAN
802.11ad	传输标准	预定 2013 年	使用 60GHz 频带、最大传输速率为 6.8Gbit/s 的短距离无线通信 LAN 标准

06.03.01　IEEE 802.11

最早的 IEEE 802.11 标准于 1997 年制定，采用的是工作组命名（不含有罗马字母）。该标准规定了数据链路层中 MAC 子层的媒介传输方式为 CSMA/CA。

物理层采用 2.4GHz 频带的 DSSS 方式或 FHSS（Frequency Hopping Spread Spectrum，跳频扩频技术）方式以及红外线方式 3 种标准（图 6-5、表 6-6），通信速率为 1Mbit/s 或 2Mbit/s。但是该物理层标准目前已经不再使用。

图 6-5　IEEE 802.11 在网络分层模型中的地位

数据链路层	LLC 子层	802.2 逻辑链路控制（LLC）					
	MAC 子层	802.11 CSMA/CA					
物理层	物理层	802.11 PHY			802.11b PHY 无线电波 2.4GHz 频带 DSSS/CCK	802.11a PHY 无线电波 2.4GHz 频带 OFDM	802.11g PHY 无线电波 2.4GHz 频带 OFDM、PBCC DSS/CCK
		红外线	无线电波 2.4GHz FHSS	无线电波 2.4GHz DSSS			

表 6-6　IEEE 802.11 的传输方式

传输方式	说明
DSSS（Direct Sequence Spread Spectrum，直接序列扩频）	扩频通信技术的一种，在发送一侧将调制信号经过高频巴克码（barker code，11bit 脉冲码）的 XOR 运算后进行发送。将信号分散在整个宽带域的同时进行发送。同 FHSS 相比，抗干扰性差，传输速度快
FHSS（Frequency Hopping Spread Spectrum，跳频扩频技术）	扩频通信技术的一种，在短时间内变更信号发送频率的通信方式。即使某个频率发生噪音干扰，也能够通过变更为其他频率来修正数据，选择干扰较小的频率进行发送。同 DSSS 相比，虽然传输速度慢，但抗干扰性十分优越。另外，该方式在 Bluetooth 中也能够使用
红外线（Infrared）	使用红外线（波长为 850~950nm）进行数据的无线传输。最大传输距离只有 20m 左右，无法跨越墙壁等障碍物

06.03.02　IEEE 802.11a

IEEE 802.11a 于 1999 年 10 月制定，最大传输速率为 54Mbit/s，使用 5GHz 频带。

数据链路层协议以及数据帧格式均和 IEEE 802.11 相同，物理层调制方式变为 OFDM。

通信速率能够根据无线电波的信号情况能够做到 54、48、36、24、12、6Mpbs 自适应，这点通过无线 LAN 客户端的 fallback 功能来实现。

在可使用的频带范围内，5.15~5.35GHz 的频带在室内使用无需许可，5.47~5.725GHz 频带在室内外使用均无需许可。

IEEE 802.11a 与 IEEE 802.11b 虽都于 1999 年完成标准化，但由于 5GHz 频带在日本和欧洲等地用于气象雷达等其他系统[1]，再加上无线电波在室外传播时使用的天线也有所约束，因此该标准的普及花费了不少时间。后来由于日本无线电管理法律的修正以及 IEEE 802.11j 这种应对法律限制的新标准制定，再加上能够使用没有干扰的 8 个频段，因此最近 IEEE 802.11a 才逐步流行开来。

06.03.03 IEEE 802.11b

IEEE 802.11b 于 1999 年 10 月指定，最大传输速率为 11Mbit/s，使用 2.4GHz 频带且无需许可。

数据链路层协议与数据帧格式同 IEEE 802.11 相同，物理层使用基于 DSSS 的 CCK 调制方式。

该标准开启了无线 LAN 的历史篇章，在该标准制定完成的前后时间段，对应 IEEE 802.11b 的廉价无线 LAN 卡开始销售，并在之后的几年里得到迅速普及。

06.03.04 IEEE 802.11g

IEEE 802.11g 是于 2003 年 6 月制定的标准，向下兼容 IEEE 802.11b。调制方式同 IEEE 802.11a 相同，采用 OFDM 方式，最大传输速率为 54Mbit/s。

由于使用了 ISM 频带的 2.4GHz 频带，因此能够无需许可自由使用。可是同 IEEE 802.11a 相比，更容易受到其他无线硬件设备的干扰，很可能造成实际速率下降。

06.03.05 IEEE 802.11n

IEEE 802.11n 标准于 2009 年制定完成，最大传输速率为 600Mbit/s，该标准通过使用 MIMO 多通道技术使传输速率大幅上升。

IEEE 委员会于 2006 年推出了 Draft 1.0 版本[2]，2007 年发布了 Draft 2.0。这时市场上就已经开始销售仅支持 Draft 版本的无线 LAN 接入点产品。因此，包括无线 LAN 客户端内，产品在互联互通时需要注意支持的 IEEE 802.11n 版本信息。

IEEE 802.11a、IEEE 802.11b、IEEE 802.11g 能够做到互联互通。

---

[1] IEEE 名为美国电子和电气工程师协会，属于美国的行业协会，因此所制定的标准往往会参考美国本地实际情况，而美国的 5GHz 频带当时并没有这类用途。——译者注

[2] Draft 这里是草案的意思，即该版本为规范草案，之后还有可能进行修改。——译者注

06.03.06　IEEE 802.11ac

IEEE 802.11ac 使用 5GHz 频带，是计划于 2013 年完成制定工作的新标准[①]。

在 IEEE 802.11n 标准中，使用 MIMO 最多利用 4 个空间数据流，而在 IEEE 802.11ac 中，则最多能够使用 8 个数据流。每个信道增加 20MHz 或 40MHz 的带宽，能够使用 80MHz 或 160MHz 带宽的信道。如果使用 160MHz 信道配和 8×8 MIMO，则最大通信速率能够达到 6.93Gbit/s。

06.03.07　IEEE 802.11ad

IEEE 802.11ad 使用无需许可的 60GHz 频带，是计划于 2013 年完成制定的最新传输标准。虽然该标准使用高频频带导致传输距离只有几米远，但是能够达到最大 6.8Gbit/s 的传输速率、完成高速通信。

06.03.08　Wi-Fi

Wi-Fi 是在使用了 IEEE 802.11 系列标准的无线通信设备进行组网时，认证不同厂商生产的各个设备之间能否互联互通的品牌标识。由业界团体 Wi-Fi 联盟完成互联互通的认证[②]。

在酒店或公共设施中经常可以看到"能够使用 Wi-Fi"的标识，这就表示此处的接入点已通过 Wi-Fi 认证。除了个人计算机外，家电以及游戏设备均能够接受 Wi-Fi 的认证。

凡是经 Wi-Fi 认证的无线客户端设备或接入点均能够无障碍地互联互通。

Wi-Fi 还定义了类似 WPA 这类无线加密的相关标准。

图 6-6　Wi-Fi 的 Logo

① 该规范实际于 2011 年起草，2013 年制定，并计划在 2014 年对外发布。——译者注
② Wi-Fi Alliance 的 Web 站点（英语）是 http://www.wi-fi.org/。

06.04 无线 LAN 搭载的各种功能

06.04.01 关联

使用无线 LAN 的个人计算机连接至互联网或有线 LAN 时，需要使用基础设施模式，通过无线 LAN 接入点完成连接工作。

无线 LAN 终端同接入点的连接过程称为关联（Association）（图 6-7）。在进行关联操作时，个人计算机的无线 LAN 适配器必须处于工作状态。

图 6-7 关联操作的流程

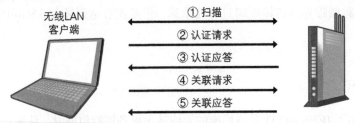

无线LAN
客户端

① 扫描
② 认证请求
③ 认证应答
④ 关联请求
⑤ 关联应答

①：根据扫描结果获取信道或 SSID 信息
②、③：执行开放认证或共享密钥认证
④、⑤：接入点接收来自客户端的关联请求，如果请求无误，则回复状态码为
"success" 的应答消息

在无线 LAN 中，有时个人计算机（客户端）可以和多个接入点进行连接，这时就需要将目标接入点的 SSID 信息注册到个人计算机中。这样，个人计算机就只能接入 SSID 同注册 SSID 相一致的接入点。

接入点会定期发送名为灯塔（beacon）的控制信号。无线 LAN 的客户端能够根据灯塔控制信号，获得 AP 的 SSID 信息、支持的无线传输速率以及无线信道编号等信息。

客户端在关联过程中，向接入点发送关联请求数据帧，接入点收到请求后则向客户端返回附带状态码的关联应答数据帧。

客户端会确认来自接入点的状态码，如果得到 "successful" 的信息时表示关联成功，如果返回的是其他信息则表示失败。客户端在收到 "successful" 的同时，还会分配到一个名 Association ID（AID）的识别号。

在进行无线 LAN 认证（参见后文）时，关联需在无线 LAN 通过认证后才能进行。

关联过程使用的 MAC 数据帧如图 6-8 所示。

图 6-8　IEEE 802.11 中使用的 MAC 数据帧

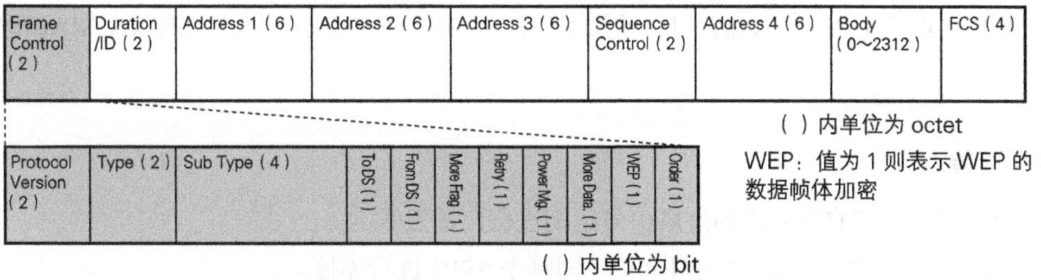

Frame Control (2)	Duration /ID (2)	Address 1 (6)	Address 2 (6)	Address 3 (6)	Sequence Control (2)	Address 4 (6)	Body (0~2312)	FCS (4)

Protocol Version (2)	Type (2)	Sub Type (4)	To DS (1)	From DS (1)	More Frag (1)	Retry (1)	Power Mg. (1)	More Data. (1)	WEP (1)	Order (1)

（ ）内单位为 octet

WEP：值为 1 则表示 WEP 的
数据帧体加密

（ ）内单位为 bit

IEEE802.11 的 MAC 数据帧类型分为 3 类。

① 管理数据帧（Managed Frame）
①-1 传递无线信息的灯塔（Beacon）数据帧：默认时每 100 毫秒由接入点广播。
①-2 认证使用的认证数据帧：接入点和客户端之间进行信息交互时使用的关联数据帧。
② 控制数据帧（Control Frame）
③ 纯数据帧（Data Frame）：管理数据帧中使用 "Address 1" 表示目的地地址，"Address 2" 表示发送源
地址，"Address 3" 表示 BSSID 信息

■ IEEE 802.11 MAC 帧的数据域

表 6-7 汇总了图 6-8 中各 MAC 帧的数据域相关说明。

表 6-7　IEEE 802.11 MAC 帧的数据域

数据域	说明
Protocol Version（协议版本）	表明使用 IEEE 802.11 协议的版本。接收终端根据该信息判断是否支持接收数据帧的协议版本
Type（类型）	表示数据帧的功能。有控制（control）、数据（data）、管理（management）三种
Subtype（子类型）	每个数据帧类型均有若干个子类型，用于执行某类型下特定的功能
To DS 与 From DS	DS 是指分布式系统（Distributed System），一般只用在与接入点关联的终端之间传输的数据帧类型。"1" 表示发送源为信号基站，"0" 表示发送源为终端
More Frag	在将上层分组碎片（fragment）后进行发送时使用。"1" 表示后续存在碎片数据帧，"0" 表示当前数据帧为最后的碎片数据帧或不存在碎片数据帧
Retry	"1" 表示再次发送数据帧，"0" 表示不再发送该数据帧
More Data	表示是否存在等待后续发送的分组。"1" 表示存在后续分组
WEP	表示是否进行 WEP 加密。"1" 表示进行加密
Order	"1" 表示数据帧严格按照 strictly ordered（发送接收顺序无法替换）的标准进行发送

06.04.02　接入点的接入控制

通过对接入点的设置，无线客户端就能接入互联网。

但是，由于无线电波肉眼不可见，因此会造成外来陌生用户在未经允许时，擅自使用接入点

的情况发生。只要在无线信号能够到达的范围内并知道 SSID，客户端都能够与接入点进行关联。为了防止不明第三者使用接入点，可以使用 ESSID 隐身（ESS-ID stealth）功能以及 MAC 地址过滤功能。

■ ESSID 隐身

SSID 信息是由来自接入点的灯塔信号定期进行广播发送的。

一般而言，客户端使用灯塔信号来确认同哪个 SSID 进行连接。

但是，由于无线信号能够到达的地方，无论是谁都能够通过灯塔信号，使用对应的客户端搜索到 SSID 信息并连接。

为了遏制这类风险，就可以使用不发出灯塔信号的 ESSID 隐身功能。客户端需要通过其他途径获得 SSID 信息，并设置自身终端，从而完成隐蔽的网络连接。该方法也可以称为"SSID 广播无效化"或"拒绝 Any"。

但是，由于 SSID 在无线网络上的传播并不采取加密措施，当某个无线客户端使用 SSID 同接入点进行关联时，还是可以通过无线监控（窃听）工具获取该无线网络的 SSID，因此 ESSID 隐身不能说是非常完备的安全对策。

图 6-9　ESSID 隐身的结构

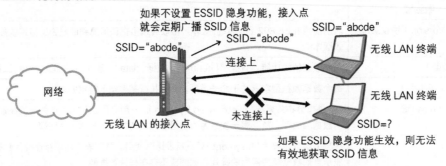

■ MAC 地址过滤

在接入点中事先设置允许关联的 MAC 地址列表，能够防止设置以外的无线客户端接入 AP 使用无线网络的情况发生，该方法称为 MAC 地址过滤或 MAC 地址认证（图 6-10）。

除了设置接入点之外，还可以通过 RADIUS 服务器设置允许访问接入的 MAC 地址信息，在认证的同时完成 MAC 地址过滤。但是，MAC 地址同样能够通过工具伪装和冒充，对能够接入无线 LAN 的 MAC 地址进行监听，就能够得到具体的 MAC 地址信息，因此该方式也同样不能称为完备的安全对策。

图 6-10　MAC 地址过滤的结构

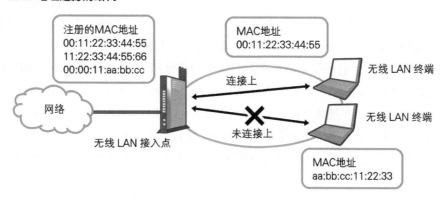

06.04.03　接入点的认证

　　在接入点上使用 ESSID 隐身以及 MAC 地址过滤功能均不能完全防止第三者恶意访问的情况，因此为了彻底防止不明意图的用户访问接入点，需要执行认证行为。

　　IEEE 802.11 作为最初的 LAN 标准提供了名为"开放系统认证"和"共享密钥认证"两种认证方式。

■ 开放系统认证

　　开放系统认证（Open System Authentication）属于无线 LAN 认证方式中的一种，该方式无需客户端输入用户名以及密码等认证信息就能向接入点发出认证请求。

　　无线 LAN 接入点能够容纳所有接入认证请求，这也就意味着无论是谁都能够同接入点进行关联。

　　开放系统认证一般用于公共无线 LAN 中。无论是谁都能够完成接入甚至是无加密地接入 LAN，因此在使用中还需要配合 IPsec VPN 或 SSL VPN 技术来完成用户最终访问网络的需求。

■ 共享密钥认证

　　共享密钥认证（Shared Key Authentication）在接入点和客户端之间进行无线加密通信时使用。使用 WEP 或 WPA 加密标准时，对接入点以及客户端预先设置同样的口令，通过该口令就可以建立二者间的无线通信链路。

　　该口令称为预共享密钥（pre-shared key），不知道该预共享密钥的客户端无法和接入点进行关联。

■ IEEE 802.1X

IEEE 802.1X 是用户认证与访问控制协议, 不仅仅适用于无线 LAN, 有线 LAN 也同样适用。

IEEE 802.1X 认证如图 6-11 所示, 由认证请求方、认证者、认证服务器 3 部分组成。请求认证的终端(或终端上运行的请求认证的软件)称为认证请求方(Supplicant)、同终端相连的接入点、交换机以及其他网络设备称为认证者(Authenticator)。认证方式采用 EAP(Extensible Authentication Protocol, 扩展认证协议), 认证者将来自认证请求方的 EAP 消息封装成 RADIUS 数据帧中继给认证服务器, 当认证服务器完成认证工作后, 认证者会通知认证请求方并同时将认证请求方视为通过认证的终端, 以后从该终端发来的 MAC 数据帧均能够转发至 LAN 上的其他终端或互联网上。

认证信息使用用户名、口令、数字证书等任意一种方式即可, 对应的认证协议有 EAP-MD5、EAP-TLS、EAP-TTLS 等各种类型。关于 IEEE 802.1X 认证的详细内容可以参考本书 02.08.09 节 "基于端口认证" 的相关内容。

图 6-11   IEEE 802.1X 中的用户认证

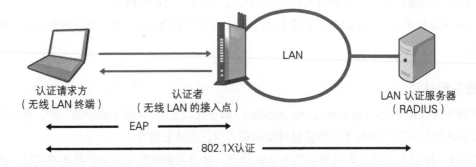

06.04.04   无线 LAN 通信的加密

空气中传输的无线电波只要在覆盖范围内就能被第三方接收到, 再加上无线 LAN 数据解析工具的存在, 恶意用户能够相当轻松地窃听他人的无线通信内容。

为了防止无线通信被窃听以及篡改, 必须在无线通信过程中对信息进行加密处理。无线 LAN 加密一般有 WEP、WPA、WPA2 等这些标准。

随着计算机能力的提高, 加密技术也迅速发展, 因此尽可能使用最新的加密标准比较好。下面本书将会对各类无线 LAN 加密标准逐一介绍。

■ WEP

WEP(Wired Equivalent Privacy, 有线等效保密)是 1999 年作为 IEEE 802.11b 标准安全系统

采用的无线加密技术，通过使用基于 RC4 算法的密钥加密形式完成无线 LAN 数据的加密（图 6-12）。该加密方式的密钥称为 WEP key。

WEP 一共有 3 种加密方式：40bit 长度的密钥同 24bit 长度的初始向量（IV，Initialization Vector）值组成 64bit 长的加密方式，104bit 长度的密钥同 24bit 长度的初始向量值组成 128bit 的加密方式，以及 128bit 长度的密钥同 24bit 长度的初始向量值组成 152bit 的加密方式。

WEP 属于最早的无线安全标准，密钥长度越短，破解花费的时间也越短，因此目前主流的加密通信最短也会采用 128bit 的总密钥长度，甚至有的还采用了尚未通过标准化的、由 128bit 长度的密钥和 24bit 的初始向量值组成 152bit 的 WEP 加密方式进行通信。

图 6-12 WEP 的无线通信加密技术

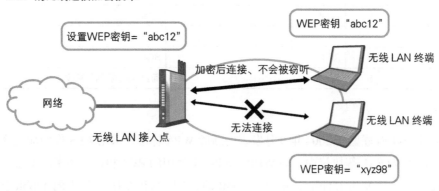

表 6-8 WEP 密钥的种类

	ASCII 设置	16 进制设置
能够使用的字符	数字 a-z、A-Z、0-9	A-F、0-9
40bit（60bit）的 WEP key	5 字符	10 位数
104bit（128bit）的 WEP key	13 字符	26 位数
128bit（152bit）的 WEP key	16 字符	32 位数

■ WPA

WEP 存在较明显的脆弱性，为了弥补该缺陷而制定的无线 LAN 安全标准就是 WPA（Wi-Fi Protected Access，Wi-Fi 保护接入）。

WPA 是由 Wi-Fi 联盟于 2002 年 10 月发布的 Wi-Fi 安全性标准。该标准将 SSID 与 WEP 密钥一同加密，并且使用了能够定期自动更新用户认证功能和密钥的 TKIP（Temporal Key Integrity Protocol，临时密钥完整性协议）。

WPA 原本属于 2004 年制定的 IEEE 802.11i 中加密标准的一部分，但为了使实现了 IEEE 802.11a/b 等早期标准的硬件设备也能够使用 WPA，因此该加密标准先于 IEEE 802.11i 进行了公布。

WPA 提供了用于小规模的个人模式（Personal Mode）和用于企业的企业模式（Enterprise Mode）两种模式。

在个人模式中的 WPA 也称为 WPA-PSK，同接入点之间连接的客户端使用所有密钥都相同的预共享密钥（PSK，Pre-shared Key）方式。

企业模式的 WPA 主要用于企业网络，在 PSK 的基础上增加了 IEEE 802.1X 认证服务器，使得不同用户能够使用不同的用户名和密码连接至接入点。

表 6-9 WEP 与 TKIP 的比较

	WEP	TKIP
密钥长度	40bit 或 104bit	128bit
初始向量	24bit	48bit
密钥更新	无	有
加密算法	RC4	RC4
防篡改	无	通过 MIC 机制防篡改

■ WPA2

WPA2 是 Wi-Fi 联盟于 2004 年 9 月发表的新版 WPA 标准，采用 AES 作为加密算法。AES 多用于 IPsec 以及 SSL 等协议中，同 WEP、WPA 所使用的 RC4 相比，加密的安全性更高（表 6-10）。AES 支持长度为 128bit、196bit、256bit 的密钥，WPA2 使用其中的 128bit 长度类型。WPA2 兼容前一代 WPA，支持 WPA2 的硬件设备和只支持 WPA 的设备也能够进行通信。AES 中采用了类似 TKIP 的协议 CCMP（Counter mode CBC-MAC protocol，CBC-MAC 计数模式协议），其中 CBC-MAC（cipher block chaining/message authentication code）是密码段连接 / 消息认证码的意思。

接入点的加密设置可以选择 WPA-PSK（TKIP）、WPA-PSK（AES）、WPA2-PSK（TKIP）或 WPA2-PSK（AES）。

■ IEEE 802.11i

IEEE 802.11i 是由 IEEE 在 2004 年完成标准化的无线 LAN 安全标准。虽然之前无线 LAN 有 WEP 加密标准，但其安全性尚不足以保障高安全的通信过程。

因此，IEEE 802.11i 成为了新版无线 LAN 安全性标准。在该标准的标准化工作完成之前，Wi-Fi 联盟使用了其中的部分内容作为 WPA 加密标准进行了发布。

IEEE 802.11i 加密通信标准几乎包括 WPA、WPA2 的所有内容，另外还添加了 IEEE 802.1X 与 EAP 作为用户认证的标准。

表 6-10 WEP/WPA/WPA2 的比较

	WEP （IEEE 802.11）	WPA （Wi-Fi Alliance）	WPA2 （IEEE 802.11i）
标准制定时间	1997 年	2002 年	2004 年
加密方式	WEP	TKIP	CCMP
加密算法	RC4	RC4	AES
数据完整性保证	基于 CRC32 的校验和	MIC	CCM（Counter with CBC-MAC）
认证方式	WEP 自身不提供但可和 IEEE 802.1X 配合使用	PSK 或 IEEE 802.1X	PSK 或 IEEE 802.1X
安全强度	弱	中	强

06.04.05　自治型接入点

能够自身进行无线控制以及安全管理功能设置的接入点称为自治型接入点（Autonomous Access Point），与其相对的概念是集中管理型接入点。在通过 1 台或者多台的接入点构建无线 LAN 时，部署自治型接入点较为轻松，费用也相对低廉。在多台接入点环境中，若想变更通用的安全策略等参数设置时，需要重新设定每一台接入点。

06.04.06　集中管理型接入点

在大规模办公区这种很广的范围内部署 LAN 时，需要管理的接入点数目非常庞大。这种情况下，每个接入点只需保留最基本的设置，安全策略等组网共同的参数则通过一种称为无线 LAN 控制器（无线 LAN 交换机）的硬件设备进行集中统一设置与管理，这类无线 LAN 中的接入点就称为集中管理型接入点。

2002 年 Airspace 公司（2005 年被思科公司收购）开发了 LWAPP（Lightweight Access Point Protocol，轻型接入点协议），通过该协议接入点能够只需完成 MAC 管理和数据帧控制，认证以及安全等功能则交给无线 LAN 控制器，这样的接入点称为轻型接入点（Light weight Access Point）。

只要是支持 LWAPP 的接入点，不管是哪个厂家生产的都可以进行上述管理。LWAPP 协议在 RFC5412 文档中进行描述，但标准化工作却未能进行，因此只能放于 Historic 分类中。在 RFC 标准体系中，CAPWAP（Control And Provisioning Of Wireless Access Points，无线接入点的控制和配置）的制定基于 LWAPP 协议，通过 RFC5415 以及 RFC5416 完成了标准化。

接入点由于产品类型以及软件版本的不同，有些产品只支持 LWAPP 协议，而有些产品只支持 CAPWAP。新上市的产品一般都支持 CAPWAP。

无线 LAN 控制器有供小规模无线 LAN 网络使用的产品,例如 1 台控制器管理 10 台左右的接入点,也有供大规模无线 LAN 网络使用的控制器产品,例如 1 台控制器控制多达 2000 台以上的接入点。

06.04.07 无线 LAN 的桥接

在无法布线的楼宇之间以及在物理位置相距较远的站点之间部署无线连接时,需要使用无线 LAN 的桥接技术。

在通信距离较长时,需要使用导向天线来增强某个特定方向的电波强度。

图 6-13 桥接示意图

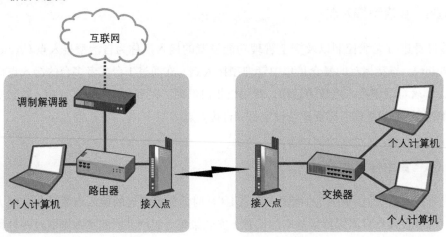

06.04.08 中继器连接

通过连接中继器,将从无线 LAN 客户端收到的数据转发给拥有相同 SSID 的接入点,就能够扩大无线 LAN 的范围(图 6-14)。

1 级中继器连接后,网络吞吐率会减半。

图 6-14 中继器连接图

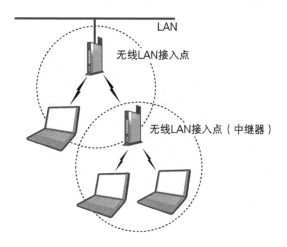

LAN

无线LAN接入点

无线LAN接入点（中继器）

06.05 无线 LAN 通信速率与覆盖范围的要点

参考无线 LAN 标准，可以得知 IEEE 802.11b 最大支持 11Mbit/s 的传输速率，IEEE 802.11g 最大支持 54Mbit/s 的传输速率，不过需要注意这里的速率数据都是在最优条件下得出的值。

无线 LAN 和有线 LAN 不同，通信速率根据与接入点之间距离的变化以及建筑物、墙壁等物理障碍物阻挡程度的不同，会有很大差异。

06.05.01 无线 LAN 的最大通信速率

虽然说有线 LAN 的以太网类也有最大通信速率的限制，但是快速以太网的 100Mbit/s 和 IEEE 802.11g 的 54Mbit/s 都表示的是在物理层进行数据通信时的传输速率极限。

另外，由于在无线 LAN 中使用了 CSMA/CA 的冲突回避协议，使得数据在发送时有等待的时间。因此无线 LAN 实际的最大通信速率一般在 IEEE 802.11a 中只能达到 20 多 Mbit/s，IEEE 802.11b 中只能达到 4.5Mbit/s，在 IEEE 802.11g 中只能达到 20Mbit/s 左右。

06.05.02 覆盖范围

在基础设施模式下，终端能够同接入点进行通信的最大距离半径称为覆盖范围（coverage area），也称为小区（cell）。根据终端同接入点之间距离的不同，最大数据传输速率（最大传输速度）也会有所不同，离接入点越远，通信延迟越大，数据传输速率也就越低。在没有障碍物的前提下，无线 LAN 的覆盖范围如图 6-15 所示，呈同心圆状分布。

图 6-15 通信覆盖的范围

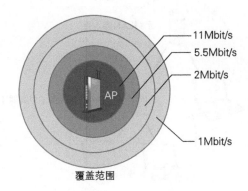

- 11Mbit/s
- 5.5Mbit/s
- 2Mbit/s
- 1Mbit/s

AP

覆盖范围

■ 不同无线 LAN 标准的数据传输速率

IEEE 802.11a/b/g 中采用 OFDM 调制方式提供了 8 个数据传输速率，DSSS 调制方式则提供了 4 个数据传输速率（表 6-11）。

表 6-11 IEEE 802.11a/b/g 的数据传输速率

标准	调制方式	数据传输速率（Mbit/s）
IEEE 802.11a	OFDM	6 / 9 / 12 / 18 / 24 / 36 / 48 / 54
IEEE 802.11g	DSSS、OFDM	1 / 2 / 5.5 / 6 / 9 / 11 / 12 / 18 / 24 / 36 / 48 / 54
IEEE 802.11b	DSSS	1 / 2 / 5.5 / 11

■ IEEE 802.11n 的数据传输速率

IEEE 802.11n 使用 OFDM 调制方式，能够根据各种可选调制方式与符号速率，定义 0 至 31 个 MCS 索引（Modulation and Coding Scheme index），每个 MCS 索引又分别定义了一种数据传输速率。表 6-12 列出了各 MCS 索引使用的数据流数量、调制方式以及数据传输速率。

数据传输速率根据信道带宽和保护间隔（GI，Guard Interval）[1] 的组合在每个 MCS 中存在 4 种模式。

使用 20MHz 作为信道带宽的称为 HT20 模式，使用 40MHz 作为信道带宽的则称为 HT40 模式。

在 IEEE 802.11n 中，通过 MIMO 技术能够将发送数据分割成多个数据流（stream）（即数据

---

[1] 当被建筑物或墙壁反射回来的无线电波经过多条路径到达接收方（多径传输）时，延迟的信号可能会与后续信号同时到达，这会造成多个数据信号合成电磁波进而形成噪音干扰的现象发生。为了防止这种噪音干扰，需要复制一部分后续数据来制造出前后信号之间的间隔，该间隔即称为保护间隔。

信道），每条独立的数据流通过多个天线使用相同的频带同时发送。在使用HT40模式时，单个数据流能够获得150Mbit/s的吞吐量，因此在根据IEEE 802.11n标准使用最多4条数据流时，理论上能够得到最大600Mbit/s的数据传输速率。

在HT20模式下时，单个数据流最大也能够获得75Mpbs的吞吐率。

对HT40模式继续扩展，使用80MHz或160MHz作为信道带宽时，能够得到2倍甚至4倍于IEEE 802.11n的通信速率，目前能够实现该通信速率的IEEE 802.11ac标准正在制定中。

在IEEE 802.11n中使用2.4GHz频带时，如果每条信道使用20MHz的带宽，最多也能够有3条信道同时工作，而如果使用40MHz带宽则只有1条可用信道，因此在2.4GHz频带下几乎不使用HT40模式。

保护间隔在IEEE 802.11a/g使用的800ns基础上，又添加了400ns。

目前（2011年9月）市场上只有支持两条数据流的产品，支持所有数据速率的无线LAN硬件尚未出现。IEEE 802.11n中HT20模式可以选择400ns作为数据传输速率的保护间隔，也尚无支持该项特性的无线模块在市场上销售。

表 6-12 各 MCS 索引对应的数据传输速率

MCS 索引	数据流数量	载波调制方式	符号速率	数据传输速率（Mbit/s）			
				HT20		HT40	
				GI=800ns	GI=400ns	GI=800ns	GI=400ns
0	1	BPSK	1/2	6.5	7.2	13.5	15.0
1		QPSK	1/2	13.0	14.4	27.0	30.0
2		QPSK	3/4	19.5	21.7	40.5	45.0
3		16-QAM	1/2	26.0	28.9	54.0	60.0
4		16-QAM	3/4	39.0	43.3	81.0	90.0
5		64-QAM	2/3	52.0	57.8	108.0	120.0
6		64-QAM	3/4	58.5	65.0	121.5	135.0
7		64-QAM	5/6	65.0	72.2	135.0	150.0
8	2	BPSK	1/2	13.0	14.4	27.0	30.0
9		QPSK	1/2	26.0	28.9	54.0	60.0
10		QPSK	3/4	39.0	43.3	81.0	90.0
11		16-QAM	1/2	52.0	57.8	108.0	120.0
12		16-QAM	3/4	78.0	86.7	162.0	180.0
13		64-QAM	2/3	104.0	115.6	216.0	240.0
14		64-QAM	3/4	117.0	130.0	243.0	270.0
15		64-QAM	5/6	130.0	144.4	270.0	300.0

（续）

MCS 索引	数据流数量	载波调制方式	符号速率	数据传输速率（Mbit/s）			
				HT20		HT40	
				GI=800ns	GI=400ns	GI=800ns	GI=400ns
16	3	BPSK	1/2	19.5	21.7	40.5	45.0
17		QPSK	1/2	39.0	43.3	81.0	90.0
18		QPSK	3/4	58.5	65.0	121.5	135.0
19		16-QAM	1/2	78.0	86.7	162.0	180.0
20		16-QAM	3/4	117.0	130.0	243.0	270.0
21		64-QAM	2/3	156.0	173.3	324.0	360.0
22		64-QAM	3/4	175.5	195.0	364.5	405.0
23		64-QAM	5/6	195.0	216.7	405.0	450.0
24	4	BPSK	1/2	26.0	28.9	54.0	60.0
25		QPSK	1/2	52.0	57.8	108.0	120.0
26		QPSK	3/4	78.0	86.7	162.0	180.0
27		16-QAM	1/2	104.0	115.6	216.0	240.0
28	4	16-QAM	3/4	156.0	173.3	324.0	360.0
29		64-QAM	2/3	208.0	231.1	432.0	480.0
30		64-QAM	3/4	234.0	260.0	486.0	540.0
31		64-QAM	5/6	260.0	288.9	540.0	600.0

● 多径

MIMO 使用配有天线的多个无线通信线路使通信速率大幅上升。

空间上相互独立的多个天线会同时发送频率相同的无线信号（图 6-16），各个同频信号可以称为空间数据流。各空间数据流由发送天线进行路径[1]分割，最终到达多个接收天线。

发送方使用空时编码（STC，Space-Time Coding）将发送信号在时间和空间上进行重组形成并列传输信号，然后通过 M 个天线发送通信电波。

接收方通过 N 个天线接收多径传输来的无线电波，同样使用空时解码（STD，Space-Time Decoding）对信号进行分离组合，从而成功接收所有信号。

---

[1] 指空间上的传输路径。多个路径汇总后形成多径传播。

图 6-16　使用 MIMO 进行无线通信

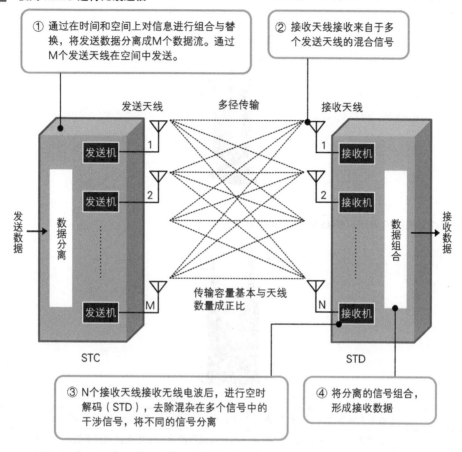

① 通过在时间和空间上对信息进行组合与替换，将发送数据分离成M个数据流。通过M个发送天线在空间中发送。

② 接收天线接收来自于多个发送天线的混合信号

发送天线　　　　多径传输　　　　接收天线

发送数据

数据分离

发送机　1

发送机　2

发送机　M

STC

传输容量基本与天线数量成正比

接收机　1

接收机　2

接收机　N

数据组合

接收数据

STD

③ N个接收天线接收无线电波后，进行空时解码（STD），去除混杂在多个信号中的干涉信号，将不同的信号分离

④ 将分离的信号组合，形成接收数据

在多径传输中通过使用多条路径，能够与天线数量（空间数据流）形成正比来提高无线数据的传输速度。

● **天线数量**

如图 6-17、图 6-18 中所示，支持 IEEE 802.11n 标准的无线 LAN 接入点同时带有多个天线。

空间数据流的数量依赖于天线的数量，一般使用"a×b:c"或"a×b"来表示无线 LAN 硬件所能使用的天线数量。a 表示发送天线或发送的无线信号数量，b 表示接收天线或接收的无线信号数量，c 表示可以利用的最大空间数据流的数量。IEEE 802.11n 最大支持 4x4:4 的数量。IEEE 802.11n 对应的无线 LAN 装置一般有 2x2:2，2x3:2，3x3:2 等规格。例如 2x3:2 表示由 2 根发送天线与 3 根接收天线组成，使用 2 个空间数据流进行无线数据的传输。

也有硬件规格说明书中采用了"天线：3 根发送、3 根接收"这种形式来描述。

图 6-17　3x3:3 规格的 WZR-450HP（Buffalo 公司）

图 6-18　2x2:2 规格的 WHR-HP-G300N（Buffalo 公司）

2x2:2	收发天线各有两根，整体使用 2MHz 带宽进行通信。最大速率为 144.4MHz
2x3:2	使用 2 根天线同时发送，使用 3 根天线进行接收。收发均使用两条数据流进行。通过 3 根天线对接收的数据进行整合，合成效果多样化，即使在障碍物阻挡导致无线信号反射的环境下，也能够稳定地通信
4x4:4	收发均使用 4 根天线进行，使用 40MHz 带宽。通信速率约为 2x2 结构的 2 倍

06.05.03　干涉

　　根据词典的解释，波的干涉意为"两个以上相同种类的波在某点相遇时，使该点处波的振幅为两个波振幅之和的现象"。不仅仅是无线 LAN 使用的电磁波有该现象，光波、声波均会发生干涉现象。

　　在电气传输中会产生电磁波，但出现预料之外的电磁波就是造成干涉现象的原因。比如突然出现的雷声会造成收音机杂音的混入等。

　　在无线通信中，不同频率的无线电波均有各自的传输路径，在各传输路径上进行数据的收发，这个传输路径就称为信道（channel）。

在电磁波能够到达的范围内，如果多个无线 LAN 系统在同一条信道内进行通信，就会发生干涉现象。

另外，如同打雷造成收音机杂音的例子，那些诸如雷电、微波炉携带的电磁波如果和载有无线 LAN 数据的电磁波发生重合，就会破坏传输的数据进而造成无法通信的结果。这类情况也属于干涉现象。

防止打雷这类电磁波带来的影响非常困难，但是避免来自其他无线 LAN 系统的干涉还是可以通过更改信道信息做到的。

06.05.04 无线 LAN 信道

无线 LAN 标准中使用 2.4GHz 和 5GHz 频带，各频带均存在多条信道。在办公室内设置接入点时，为了防止干涉需要将信道设置为内嵌式。（图 6-19）

图 6-19 防止干涉的信道设置

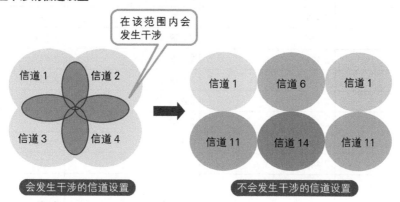

■ IEEE 802.11b 的信道

IEEE 802.11b 中定义了从 1 至 14 的 14 个信道。但并不是说，只要选择了数字不相同的信道就一定不会发生干涉。

如图 6-20 所示，1ch 使用的频带同 2ch~5ch 使用的频带有一定的重合，因此还是会发生干涉。这样看来，在 IEEE 802.11b 中能够使用不发生干涉的最大信道数量有 4 个（1ch、6ch、11ch、14ch）。

如果附近有使用了 1ch 的无线 LAN 系统，则须将 2ch、7ch、12ch 这三组信道组合使用。

图 6-20 IEEE 802.11b 的信道干涉

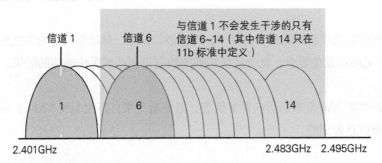

表 6-13 IEEE 802.11b 的信道与频带

信道	无线频带（GHz）		中心频带（GHz）
	下限	上限	
1ch	2.401	2.423	2.412
2ch	2.406	2.428	2.417
3ch	2.411	2.433	2.422
4ch	2.416	2.438	2.427
5ch	2.421	2.443	2.432
6ch	2.426	2.448	2.437
7ch	2.431	2.453	2.442
8ch	2.436	2.458	2.447
9ch	2.441	2.463	2.452
10ch	2.446	2.468	2.457
11ch	2.451	2.473	2.462
12ch	2.456	2.478	2.467
13ch	2.461	2.483	2.472
14ch[注1]	2.473	2.495	2.484

注 1：只有 IEEE 802.11b 中存在。

■ IEEE 802.11a 的信道

IEEE 802.11a 是使用 5GHz 频带的无线 LAN 标准。在该标准颁布时，由于日本无线电管理法对该频段有所限制，因此日本分割的频带同美国、欧洲有很大的不同。

在 2003 年的世界无线通信大会上，诸国对 5GHz 频带的分配意见达成共识，因此日本也于 2005 年修改了无线电管理法相关法规。

如此一来，各无线信道的中心频带以 10MHz 划分，同国际标准一致，而且在原有的基础上又添加了 5.25~5.35GHz（室内使用无需许可）与 4.9~5.0GHz（室外使用）两个频带。其中 4.9~5.0GHz 频带于 2004 年 12 月由 IEEE 802.11j 完成了标准化工作 [1]。

另外，2007 年 1 月日本再度修改了无线电管理法，又添加了 5.47~5.72GHz 之间的 11 个信道（W56）。目前，日本在 5GHz 频带能够使用的无线 LAN 信道有多达 19 个（图 6-21）。

在使用支持 IEEE 802.11a 标准的无线 LAN 接入点时，需要注意其使用的信道频带是否符合需求。无线 LAN 的接入点还可以通过升级固件将支持的旧信道升级为支持新的信道。

图 6-21 日本 5GHz 频带中信道的发展

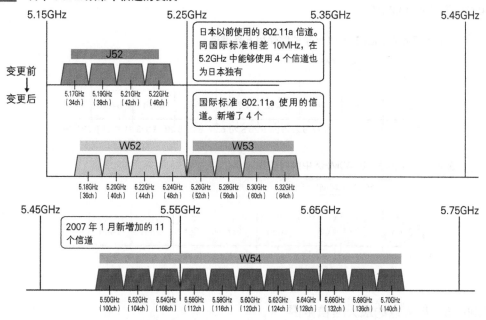

在 IEEE 802.11a 中 J52 标准范围内使用时，如图 6-21 所示，所有信道均能够无干涉地使用。

在 W52 与 W53 标准范围内使用时，所有信道也能够无干涉地使用，但 J52 和 W52 中的无线信道不能同时使用。

■ IEEE 802.11g 的信道

在 IEEE 802.11g 标准中，有 1 至 13 共 13 个信道。频段划分同 IEEE 802.11b 中 1ch 至 13ch 完全相同（表 6-13）。这些信道之间最多能够无干涉使用的信道数量有 3 个（如 1ch、6ch 和 11ch 的组合）。

IEEE 802.11g 同 IEEE 802.11a（5GHz 频带）一样使用 OFDM 技术能够支持最大通信速率为

① 我国 5GHz 频带也正有工信部处于规划阶段，5150-5350MHz 已划分供 Wi-Fi 使用。详情可参考 http://www.ccstock.cn/finance/hangyedongtai/2013-08-07/A1283907.html。——译者注

54Mbit/s 的高速传输。但因为使用的是 2.4GHz 频带（ISM 频带 ①），所以和其他硬件间的干涉较多，实际吞吐速率要低于 IEEE 802.11a。

■ IEEE 802.11n 的信道

2007 年 6 月日本修改了无线电管理法。在这之前的无线 LAN 数据传输，如图 6-22 所示只能使用 1 个 20MHz 带宽的信道，但无线电管理法修改以后，如图 6-23 所示可以同时使用相邻的信道，在 40MHz 的带宽中传输数据。这样一来，IEEE 802.11n 最大通信速率的理论值也从 144.4MHz 提升到 300MHz。

图 6-22 5GHz 频带下每信道 20MHz 中能够使用 8 条信道

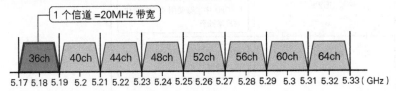

图 6-23 5GHz 频带下每信道 40MHz 中能够使用 4 条信道

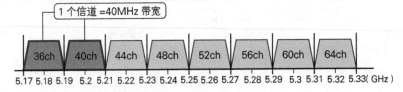

06.05.05　接入点的最大通信范围

无线 LAN 通信中，离开接入点多远依然能够进行通信？和其他无线电产品类似，这一问题的答案取决于天线。天线根据不用的用途分为不同的种类（表 6-14）。

家庭以及小型办公区经常使用不定向型的天线。在无线 LAN 的通信距离中，室内覆盖的范围一般在几十米至几百米之间，室外覆盖的范围则常常需要达到几百米至几公里的程度。

表 6-14 天线的种类

名称	是否定向	说明
全方向天线（Omni Antenna）	不定向	能够全方位发送信号
双极天线（Dipole Antenna）	不定向	使用 2 根一波长或半波长的细金属棒制作的天线，一般在接入点中作为标准天线使用

---

① Industrial Scientific Medical，工业、科学和医疗用波段，有很多非通信领域的设备使用该频段工作。——译者注

（续）

名称	是否定向	说明
接线天线（Patch Antenna）	定向	在墙壁或天井处展开，向某一方向发出信号
八木天线	定向	向某个方向的狭窄范围发出强力信号，一般在道路、隧道、办公室之间连接时使用
抛物面天线（Parabola Antenna）	定向	向某一方向非常狭窄的范围发出强力信号，一般在连接长距离办公室时使用

图 6-24 某产品无线覆盖范围示例

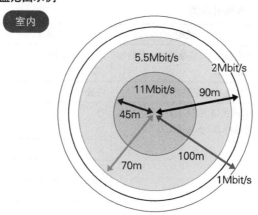

室内

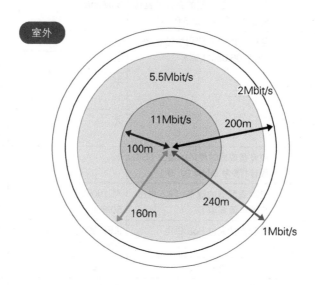

室外

06.06 无线 LAN 的接入点产品

06.06.01 产品规格书的阅读方法

无线 LAN 接入点产品的规格书如表 6-15 所示，该规格书以无线 LAN 搭载的各种功能（参见 06.04 节）以及各传输标准信道的相关信息为主要内容。

表 6-15 无线 LAN 接入点产品规格书范例

功能等			说明	产品 1	产品 2
固定端口			同有线 LAN 连接的接口数量与接口标准	10/100BASE-TX（RJ-45）x 1	10/100/1000BASE-T（RJ-45）x1
天线			天线是内置还是外带	内置	外带
无线网络	802.11a（W52/W53）		是否支持 IEEE 802.11 中的各传输标准（参考 06.03 节）	○	○
	802.11a（W56）			×	○
	802.11b/g			○	○
	802.11n	5GHz		×	○
		2.4GHz		×	○
最大数据传输速率			理论上能够达到的最大数据传输速率（参考 06.05.01 节）	54Mbit/s	300Mbit/s
同时工作的信道数量	802.11a		各标准能同时使用的信道数目（参考 06.05.04 节）	8	8
	802.11b/g			3	3
	802.11n	5GHz		无	8（HT20）、4（HT40）
		2.4GHz		无	3（HT20）、不支持（HT40）
最大 SSID 数量			能设置或同时使用的最大 SSID 数目（参考 06.04.02 节）	16	16
电源	电源适配器		电源适配器的规格（输入电压、交流电源频率）	AC100V、50/60Hz	AC100V、50/60Hz
	PoE		是否支持通过 PoE 供电	IEEE 802.3af PoE（Class 3）	IEEE 802.3af PoE（Class 3）
最大消耗电能			最大消耗电能	15.4W	15.4W
质量			质量	0.67kg	1.04kg
工作温度			正常工作的温度范围	0~40℃	0~40℃

06.06.02 无线LAN硬件的制造厂商

用于企业的无线LAN产品以思科公司的Aironet为代表，Aruba Networks公司、Contec公司 [①]、Allied Telesis公司、Proxim Wireless公司、Motorola Solutions公司的产品均在业内赫赫有名。

■ Cisco Aireonet

思科公司的Aireonet系列无线LAN产品在日本以及在全世界都享有很高的市场占有率，其前身是在FCC开放ISM频带后的1986年，由私人 [②] 创办的加拿大Telesystem SLW公司销售的ARLAN系列产品。Telesystem SLW公司在1992年被Telxon公司收购，随后无线通信部门在1994年独立出来，设立了新公司Aironet Wireless Communication。1999年思科公司收购该公司，直至现今。

Cisco Aironet系列产品的无线LAN接入点如表6-16所示。

表6-16 Cisco Aironet系列

型号	照片	说明
1130系列 （室内AP）		双频IEEE 802.11a/b/g接入点产品。内置天线、外形美观、部署方便，适合办公室使用。有自治型和集中管理型两种可以选择
1140系列 （室内AP）		重视便捷部署与节能，多用于企业的IEEE 802.11n接入点产品。产品设计适用于办公环境，支持标准的IEEE 802.3af Power over Ethernet，部署方便电源消耗少。能够提供高可靠性以及稳定性的WLAN覆盖，对于支持IEEE 802.11a/b/g标准的老客户端以及支持IEEE 802.11n的新客户端均能保持兼容并提升了用户体验。有自治型和集中管理型两种可以选择
1250系列 （室内耐用型AP）		符合Wi-Fi 802.11n Draft 2.0标准的商用型接入点产品。能够提供高可靠性以及稳定性的WLAN覆盖，对于支持IEEE 802.11a/b/g标准的老客户端以及支持IEEE 802.11n的新客户端都均能保持兼容并提升了用户体验。使用了MIMO（Multiple-Input Multiple-Output，多输入输出）技术保障稳定性，能够在2.4GHz和5GHz频带工作，提供最大300Mbit/s的数据传输速率

---

① 1975年成立于日本电子产品公司。——译者注
② 该公司创始人为前马可尼无线通信公司的员工。——译者注

（续）

型号	照片	说明
1240 系列 （室内耐用型 AP）		第二代双频 IEEE 802.11a/b/g 接入点产品。金属外壳，经久耐用。适应工作温度的范围广。通过加装外部天线，能够覆盖很大的范围。在工厂、仓库、店铺等各种 RF 环境中均能够灵活组网配置。有自治型和集中管理型两种可以选择
1300 系列 （室外耐用型 AP）		单频 IEEE 802.11a/b/g 室外接入点 / 网桥产品。最适合用于室外空间、校园内网络连接以及移动网络的基础设施建设中。有自治型和集中管理型两种可以选择

第 **7** 章

网络硬件设备的选购要点

本章将介绍用户在购买、制定需求、选定网络设备时，考量设备性能的方法。

另外，本章还将介绍产品性能说明书的阅读方法、产品调试方法、从性能和价格两方面选择产品的方法以及产品售后支持等内容。

07.01　选择产品的类别

选择产品类别（参考 01.04.02 节）时需要考虑以下因素：是否需要一台主要进行路由选择的路由器，是否需要核心交换机，是否需要负责安全控制的防火墙，以及上述设备在网络中将要如何配置。

产品类别

- 路由器
- L2 交换机
- L3 交换机
- 防火墙
- 无线 LAN 接入点

- 负载均衡器（负载均衡装置）
- 带宽控制装置
- 代理
- ⋮

图 7-1　普通校园网络的组成

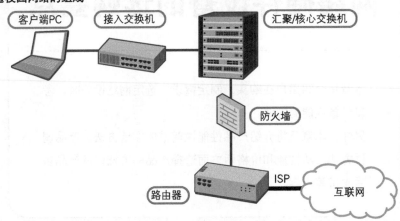

在新建 LAN 时，根据图 7-1 中组成普通校园网络的产品类别去选择对应的产品即可。

当现存网络中需要替换某些网络硬件时，大致上也会选择相同类别的产品。不过如果性能允许，使用 L3 交换机或者防火墙来替换路由器也是可以的。另外，使用 L3 交换机替换 L2 交换机也不会带来什么问题。

在涉及安全设备时，由于某些防火墙产品搭载了基于内容的安全控制功能，因此可以考虑统一使用防火墙来取代独立的防病毒设备、URL 过滤设备、IDS/IPS 设备等，从而达到降低成本的目的。

07.02　基于功能需求汇总备选设备型号

选定了产品类别后，就要根据所需的功能需求，在该类别内检索出符合要求的备选产品型号，一般需要考虑下面这些要点来进行这一步骤。

■ 网络接口与网络接口速率

- WAN 侧和 LAN 侧物理网络接口的数目是否符合需求。像 RJ-45 的 10/100/1000BASE-T 或 SFP 的 1000BASE-SX 这类，网络接口形状和物理层协议是否符合要求。
- 当使用 VLAN 或虚拟路由器时，需要子网络接口（逻辑网络接口）的数量是否符合需求。
- 当需要使用 IEEE 802.1ad 等汇聚接口时，汇聚后能否保障足够的网络带宽。

■ 性能

- 吞吐率（传输速率）是否足够。
- 使用 ASIC 或 FPGA 等硬件处理的功能范围和使用 CPU 等软件处理的功能范围是多少，根据这些信息处理哪些通信流量能够得到高性能，处理哪些通信流量很难得到高性能。
- 在进行内容扫描时，能够被扫描多大容量的文件。
- 如果想要同时运行多个功能，设备的 CPU 使用率以及内存占用率是否有盈余。

■ 软件的功能

- 支持各种协议的情况，拥有哪些独立的功能。
- 网络功能。
- 管理功能。
- 报告功能。

■ 迁移的便捷性

- 替换设备时，使用和现有设备相同厂商并运行相同操作系统的设备更容易迁移。

■ 售后支持

- 产品是能够现场维护还是需要寄回原厂。
- 支持受理的时间。

07.03 网络硬件的采购流程

在采购包括网络硬件设备在内的信息系统产品时，灵活使用 RFI 以及 RFP 将大有裨益。

07.03.01 RFI 与 RFP

RFI（Request for Information，信息提供请求书）是指企业或机构在进行产品采购或业务委托时为了明确需求，从外部业务供应商获取信息的做法，也可以指记载了这些信息的文档资料。RFI 提供了编写 RFP（Requests for Proposal，征求建议书）的基础信息。例如，某用户企业在采购最新的网络硬件时，用户企业的负责人仅根据产品目录、宣讲会、互联网资料等普通的公开信息往往很难做出选择。这时他就会联系销售公司或者系统集成厂商等潜在采购对象，请求他们提供选定产品时需要的信息。

RFI 是在交涉具体的提案、报价之前进行的。当收到多个供应商提供的 RFI 时，采购方的用户企业会向候补供应商提供 RFP。RFP 中记载了具体的需求信息，供应商将根据 RFP 编写详细的方案建议书并递交给用户企业。用户企业对该方案建议书进行探讨研究后，最终决定选择哪个供应商的产品（图 7-2）。

图 7-2 RFI 实施的流程

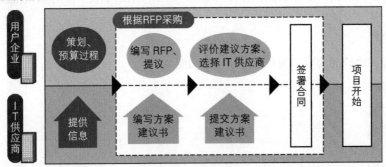

表 7-1 展示了 IT 协调委员会（http://www.itc.or.jp/index.html）制作的 RFP 样书（并非所有 RFP 都要按照此样书的项目和内容编写）。

表 7-1 RFP 中的项目范例

1. 系统概况	系统架设的背景、系统架构的目的和方针、想解决的问题、目标预期的效果、同现有系统的关联、公司和组织的架构、新系统的用户、预算
2. 方案建议书的相关手续	方案建议书的操作手续和日程表、方案建议书的接口人、方案的相关资料、参与的资格条件、选定方案书的方法

（续）

3. 方案建议书包含事项	提供方案的公司信息、方案的范围、采购的内容和提供服务的业务详细信息、系统的组成、产品的质量和达到性能的前提条件、使用的前提条件、交付日期以及日程表、交付条件、常规报告以及共同评审内容、开发推进的机制、开发管理、开发方法、开发语言、迁移方法、培训内容、维护条件、采购的环保情况、费用预估、其他
4. 开发的前提条件	开发时间、开发地点、开发使用的计算机硬件和材料的情况、借用物品及其资料
5. 保修需求	系统质量保修的标准、安全性
6. 合同相关	订单形式、签收、付费条件、保修年限（无缺陷的责任担保时间）、保密事项、知识产权、其他
附加资料	需求功能清单、DFD（Data Flow Diagram，数据流图）、信息模型、当前的文档卷、当前的文档布局

表 7-2 网络产品采购的 RFP 范例

- 采购的背景和目的
- 规格与编写投标规格说明书的注意事项
- 系统需求规格
  - 系统需求条件（共同规格、通信协议、网络组成、系统组成）
  - 采购产品需要达到的技术条件
- 实施需求规格
  - 网络设计
  - 网络架构
- 网络硬件的配置
- 交付条件（交付期限、交付场地）
- 维护

表 7-2 展示了网络产品采购相关的 RFP 内容范例。在"采购产品需要达到的技术条件"中记载了采购网络设备应该具备的功能、性能等内容，有时也指定了产品的类型编号。更加详细的规格需求说明书范例如表 7-3 所示。

表 7-3 网络设备的规格需求说明书范例 [①]

需求条件	内容
电气条件	• 符合电气产品安全法、电气产品安全实施法、电气产品安全实施法细则和满足制定电气产品技术标准的各部委相关规定 • 保证产品不会因突发电流冲击对其他网络产品带来影响
电磁波妨碍	• 需要达到电磁波妨碍自主控制规定 VCCI Class A 级[①]的标准
运行环境	• 周围温度在 10℃~35℃ 之间时设备不会发生异常行为 • 湿度在 20%~80% 范围内时设备不会发生异常行为 • 同带电物品接触时不会用放电现象导致设备发生异常行为
外观	• 产品构造便于维护检查以及操作 • 产品机框结构能够抵抗外部压力且不易破损 • 可以安装在 19 英寸通用机架上

① VCCI 是日本的电磁兼容认证标志，由日本电磁干扰控制委员会 (Voluntary Control Council for Interference by Information Technology Equipment) 管理。——译者注

（续）

需求条件	内容
可靠性条件	• MTBF[1]在 50000 小时以上
电气条件	• 电源电压为 AC 单相 100~110V 或 200~220V 之间（交流电频率为 50Hz 或 60Hz）范围内时设备不会发生异常行为 • 电源插座能够配备平行 2P 接地线 • 消耗电能（标准配置下）在 350W 以下
硬件条件	• 机框配有 4 个端口以上的 10BASE-T/1000BASE-TX 自动识别网络接口 • VPN 性能在 500Mbit/s 以上
软件功能条件	• 配有主备方式（Active/Standby）或双活方式（Active/Active）的冗余结构 • 配有 VLAN 功能 • 支持 VLAN 的 AES 加密
硬件维护条件	• 维护形式采用现场维护（厂商出差修理） • 维护受理时间是除休息日以外的 9:00 到 17:30。休息日是指周六、周日、节假日（国家的法定节假日）以及年末年初（12 月 29 日至来年 1 月 1 日）[2]。另外，产品咨询接待时间也如上所示 • 在全国各个都道府县[3]均设有维护机构，支持当地的维修请求 • 有 2 名以上拥有至少 3 年经验的工程师参与支持工作 • 在产品售出的 5 年内免费提供维护零部件
软件维护条件	• 维护受理时间同硬件维护受理时间相同。维护方式包括电话、FAX、电子邮件等，对软件相关的问题与咨询进行全面的支持 • 当被要求拿出紧急方案来应对操作系统的 bug 时，能够迅速提供方案。应急方案的形式包括（1）提供软件补丁、（2）提示回避软件 bug 引发的异常操作的措施
环境要求	• 符合"合理使用能源相关法律（节省能源法规）"的产品也同样符合"汽车、家电、OA 硬件相关判定标准（节省能源标准）" • 不含有附件中说明的规定以外的违禁物质。如果经调查发现含有违禁物质，需要提供相关废弃方法、能够进行废弃处理的从业公司信息等，建立携手促进环境保护的保障制度

■ 功能证明

为了保障提供的产品能够真正满足用户企业要求的规格与功能，在根据 RFP 信息提交的方案建议书中还可以附加产品目录、操作手册等产品相关的公开文档给用户企业。如果无法提供这些文档，生产厂商或销售公司也可以编写并提交产品的功能证明书这一类文件资料给用户企业。

07.03.02　RFQ

用户企业通过 RFI 以及 RFP 接受了供应商提供的系统方案建议书后，如果需要进行涉及预

---

[1] Mean Time Between Failures，平均故障间隔时间。——译者注
[2] 这里的节假日指的是日本的情况。——译者注
[3] 日本的行政单位，相当于国内的省市、直辖市、自治区等。——译者注

算费用的报价步骤，则可以要求供应商提供详细的 RFQ（Request For Quotations，报价请求说明书）文档。

07.04 根据性能选择产品的型号

07.04.01 收集同网络延迟相关的信息

路由器之类的网络硬件一般都会有转发分组的操作，分组离开发送地向地理位置分离的目的地传输的过程中，总会有延迟（delay）产生。

在网络中传输声音以及影像等实时通信流量时，需要收集各个路由器之间同延迟有关的参数信息，必须将减少端到端（end to end）的网络延迟作为整个网络设计的重要目标。

ITU-T 推荐的 G.114 定义了从发送源至发送目的地单向发生的网络延迟信息，并将延迟分成了 3 个类别，具体如表 7-4 所示。

表 7-4　延迟的定义（单向延迟）

延迟的数值	说明
150 毫秒以内	几乎所有的用户应用程序都能使用
150~400 毫秒	对于传输时间以及传输质量要求不高的用户应用程序能够使用
400 毫秒以上	一般网络设计不允许存在该延迟

延迟的分类如表 7-5 所示。

表 7-5　延迟的种类

延迟的种类	说明
端到端延迟 （end-to-end delay）	分组从发送源转发后，到达目的地所需要的时间。分组在路途中经过的网络硬件数量越多该值就越大
处理延迟 （processing delay）	从分组进入设备流入接口后，到进入流出接口的队列之间所需要的时间，一般只有几微秒左右 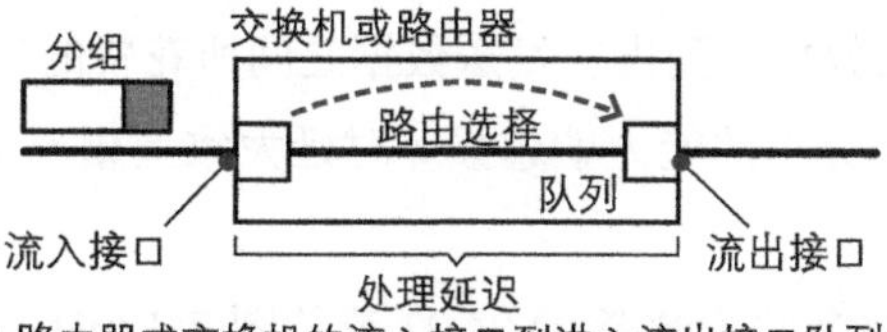
分组化延迟 （packetization delay）	数据在进行编码、压缩，填入有效载荷等操作需要的时间，一般在几十毫秒左右

（续）

延迟的种类	说明
队列延迟 （queuing delay）	分组在流出接口的队列中停留的时间。进行 QoS 控制时，优先级越低的分组在队列中停留的时间越长即延迟越大，一般在几毫秒至 10 毫秒左右 流出接口 流入接口 队列 队列延迟 分组进入后在队列中停留的时间 QoS优先级控制=队列中的延迟控制
串行化延迟 （serialization delay）	分组在接口进行发送时，进行电气、光、电磁波等物理信号转换时需要花费的时间，具体数值可以通过"分组尺寸÷带宽"的公式计算得到。速率越高的网络接口，串行化延迟时间就越低。64 字节的分组使用 64kbit/s 带宽进行传输时，串行化过程所需时间为 8 毫秒 流出接口 流入接口 串行化延迟 分组进行物理信号变换所花费的时间 分组尺寸/带宽
传播延迟 （propagation delay）	物理信号通过线缆或无线电波等传输媒介到达下一个设备所花费的时间，依赖于介质的传输速度。光纤一般 1km 的距离需要 6 微秒左右的时间 传输延迟 物理信号传输所花费的时间约6 μs/km
网络延迟 （network delay）	途经 WAN 以及互联网进行通信时，分组通过这些网络需要的时间。根据电气通信管理办法，用于 IP 电话的网络一般平均延迟时间需在 70 毫秒以下
去抖动延迟 （de-jitter delay）	使用缓存去除抖动需要的时间，一般在几十毫秒之间

■ 时延

　　网络硬件从接收数据后到再次发送数据之间所花费的延迟时间称为时延（latency）。时延越小说明设备高速处理分组的能力就越强。时延大致上相当于"处理延迟＋队列延迟＋串行化延迟"的时间。

　　"吞吐率测试的结构"（参考 07.04.02 节的图 7-3）中，从测试仪器输出的分组经过路由器（DUT[①]）后再度返回测试仪器所花费的时间，也被测试仪器定义为时延。最新的网络设备产品该

---

① Device Under Test，被测仪器。——译者注

数值一般在几微秒左右。

　　可以收发的最大数据帧数能够在几微秒的处理延迟时间内全部转发出去，该项特性指标称为实现线速率或对应线速，体现了物理线路传输数据能够达到的最高速度。具体以快速以太网为例，快速以太网线速为在 1 秒内能够转发 148810 个大小为 64 字节的数据帧（参考 07.04.03 小节中的"交换能力"）。

■ 抖动

　　以一定时间间隔进行分组发送时，该时间间隔在实际传输途中变长或变短的现象称为 jitter 或抖动。例如，从发送源每隔 5 毫秒发送分组，接收方接收到分组的实际时间间隔却是 4、3、6、5、7 毫秒这样不停变化的结果。VoIP 以及流媒体应用程序能够通过反抖动缓存（de-jitter buffer）来吸收部分抖动，但如果抖动过大就会导致声音、画面突然中断的后果。在举行实时双方向流媒体视频会议时，一般推荐延迟在 150 毫秒以内，抖动在 35 毫秒以内的网络环境。与之相比，进行单向视频流媒体由于应用程序接收缓存能够处理部分延迟和抖动，因此能够允许双向 10 倍以上的网络延迟时间。

　　根据电气通信相关法律法规，IP 电话网络产生的抖动（ITU-T Y.154 建议书中提及的分组传输平均延迟时间中的抖动值）必须在 20 毫秒以下。

■ 分组丢失

　　网络上传输的分组没有如期达到目的地的现象称为分组丢失，也可称为分组损失（packet loss）或分组丢弃（packet drop）。分组丢失通过分组丢弃率的百分比来表示。根据电气通信相关法律法规，IP 电话网络的分组丢弃率须在 0.1% 以下。

■ 往返时间

　　发送源发送的分组到达发送目的地后，目的地生成应答分组返送给发送源，直到发送源接收到应答分组的这个过程需要的时间称为往返时间（RTT，Round Trip Time）。往返时间可以使用通过 ping 命令发送 ICMP Echo 消息，再收到 ICMP Echo Reply 消息的方式来检测（单位为毫秒）。

表 7-6　根据通信距离不同需要往返时间的差异

通信距离	往返时间
LAN 内（几百米左右）	1 毫秒 ~2 毫秒左右
广域以太网 VPN（日本国内）	5~20 毫秒左右
东京至冲绳的 WAN	50~100 毫秒左右
东京至美国的互联网通信	200~300 毫秒
通过移动电话网络接入互联网	100~300 毫秒

如果互联网发生延迟过长的问题，则需要通过 QoS 装置或路由器的 QoS 功能对分组转发进行优先级控制，保障对实时性要求高的应用程序通信量优先转发，尽可能减少队列延迟。另外，Riverbed Technology 公司销售的 WAN 优化装置也能够调整网络通信流量，减少应用程序的延迟时间。

07.04.02　网络设备产品性能的测量方法

网络设备产品的性能可以通过通信流量测试负载生成器（traffic generator）进行统计测量。这类产品中比较有名的有 Spirent 公司的 SmartBits、IXIA 公司的 IxNetwork 以及安立公司（Anritsu）的 MD1230B 等（参考表 7-8）。

产品目录中会标有 bit/s 以及 pps 等指标单位数值，有时还会说明厂商是在什么样的测试环境下进行计算并得到该数值的。当在产品目录中标明了 bit/s 数值时，需要特别注意该数值是使用多大字节的 IP 分组计算得出的。

图 7-3　吞吐率测试的结构

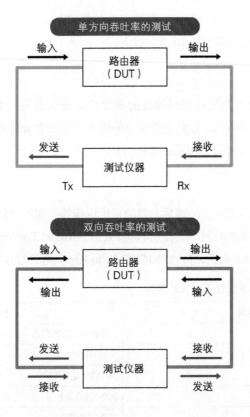

测试结构如图 7-3 所示。测试对象装置称为 DUT（Device Under Test）。测试仪器在发送端口（Tx，Transmit 发送）逐步增加发送至路由器的分组数量，然后在接收端口（Rx，Receive 接收）测定 DUT 返回的分组数量。当到达 DUT 的性能极限时，DUT 上就会发生分组丢失的现象，相对于测试仪器发送的分组数量接收到的分组数就会减少。

描述 DUT 不发生分组丢失而持续活跃的传输能力指标称为 NDR（non-drop rate），在产品目录中一般记为"最大传输能力"或"最大吞吐率"（图 7-4）。

图 7-4　NDR（non-drop rate）

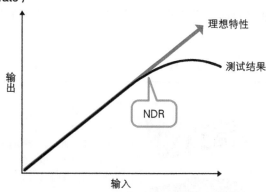

RFC2544 中定义了网络硬件吞吐率的测试方法，并推荐了各个数据链路层协议测试时使用的数据帧尺寸。例如在以太网环境中，推荐使用 64、128、256、512、1024、1280、1518 字节大小的数据帧进行测试。

测试路由器时，测试仪器经常使用能够模拟互联网实际通信流量、被称为 IMIX（Internet Mix）的各类尺寸分组组合来进行测试。表 7-7 列举了 IMIX 的范例。

表 7-7　IMIX 的范例

例 1	例 2
58.33% 的 64 字节数据帧 33.33% 的 570 字节数据帧 8.33% 的 1518 字节数据帧	57% 的 64 字节数据帧 7% 的 570 字节数据帧 16% 的 594 字节数据帧 20% 的 1518 字节数据帧

■ 字节数据帧

如果路由器产品在其产品的规格说明书中告知了使用 IMIX 测出的 NDR 值，那么该路由器在实际网络中运行的性能一般也会与该值保持相近的高度。

■ 使用通信流量负载测试装置进行测试

用来测试网络硬件性能的装置一般可以称为通信流量测试负载生成器（traffic generator）、分组负载测试器（packet generator）或者网络模拟器（network emulator）。

在这些产品中，Spirent 公司的 Avalanche/Reflector、Smartbit、IXIA 公司的 IxLoad/IxNetwork、Empirix 公司的 PacketSphere、BreakingPoint 公司[①]的 FireStorm 以及 Anritsu 公司的 MD1230 等较为著名（表 7-8）。

1 台通信流量测试负载生成器通过生成 L2 至 L7 的各种分组，能够模拟百万台客户端连接的网络环境。通过该测试仪器的测试能够明确网络硬件的最大吞吐率、最大在线会话数等各项性能指标数据。

表 7-8 主要的通信流量测试负载生成器产品

产品名称（制造商）	照片	说明
Avalanche C100GT （Spirent）		支持生成 HTTP、FTP、DNS、电子邮件、流媒体、文件访问等几十种以上的应用程序通信流量负载。支持 10G 网络接口，能够同时生成 4500 万 TCP 连接以及每秒 250 万次以上的 HTTP 请求
IxLoad（IXIA）		能够同时模拟多个协议和模拟百万级别的会话。在模拟新增网络用户单位时，能够自动根据时间的推移自动变更通信量负载情况
MD1230B （Anritsu）		支持比特率范围是 10Mbit/s~10Gbits/s，用于 IP 传输设备、系统的开发、制造与维护的测试仪器
IxN2X （IXIA）		IXIA 公司于 2009 年收购安捷伦科技有限公司的 N2X 产品线后将其更名为 IxN2X。支持 MPLS VPN 等运营商级以太网（carrier ethernet）业务测试，并能够构建面向运营商业务的测试环境
FireStorm CTM （BreakingPoint）		能够模拟 L2 至 L7 上 150 种以上的应用程序。能够支持安全防范场景的网络攻击模拟。一般用于 IPS 以及 UTM 设备的测试中

■ 规格说明书中的吞吐率与实际的吞吐率

假设某位 IT 负责人遇到了这样的需求："由于网关处设置的路由器停止了工作，因此需要使用当前新产品来替换，当前公司的网络通信流量约为 500Mbit/s，因此希望采购一台吞吐率同样为 500Mbit/s 的路由器。"

---

① 该公司于 2012 年 7 月被 IXIA 公司收购。——译者注

这时，这位 IT 负责人该如何去选择吞吐率为 500Mbit/s 的路由器呢？

从互联网上获取的通信设备目录或性能数据清单中，都会通过"最大吞吐率（Mbit/s）"的指标来表示产品的最大通信速率，那是否选择了该值为 500Mbit/s 的产品就足够了呢？

所谓的最大吞吐率，一般是指连续处理长度为最大长度 1518 字节的以太网数据帧时的吞吐率。在 1518 字节中去掉 18 个字节的帧首部，剩下的 1500 字节为 IP 分组。随后，再次去掉 20 个字节的 IP 首部，剩下的 1480 字节为 IP 数据有效载荷，最终处理的便是这 1480 字节。

路由器处理一般不以字节为单位，而是以分组（数据帧）为单位进行转发处理。因此，路由器 1 秒内能够处理多少个分组的指标 pps 的最大值加上 1518 个字节数所得到的数值就表示了路由器的最大吞吐率[①]。

对于搭载安全功能等进行传输层以上数据解析的通信设备而言，其产品的性能会根据 IP 数据有效载荷内容的不同而发生变化。这时，同使用 TCP 相比，使用 UDP 这类首部简单的分组进行测试能够得到更好的吞吐率数值。

07.04.03 交换机性能的考量方法

由于 L2 交换机以及 L3 交换机的数据帧传输一般通过 ASIC 来完成，因此产品目录中记载的交换容量与交换能力可以认为是该设备实际的性能指标。

需要注意的是，由于现在的交换机一般都支持全双工通信，因此在使用 CSMA/CD 半双工通信时，会发生冲突导致性能同全双工相比会有一定的下降。

■ 交换容量

交换容量也称为背板（backplane）容量，是交换机内部数据传输的带宽容量。详细内容可参考本书第二章。

当高于交换容量的通信流量到达交换机时，交换机就会由于缓存不足或内部带宽（交换总线带宽）不够而无法处理，进而导致数据帧丢失、网络接口停止以及废弃帧数上升等现象。

■ 交换能力

除了用 bit/s 表示的交换机容量以外，单位时间内能够处理的数据帧数目——pps（分组每秒）也能用来表示交换机的交换能力。该项指标也可称为最大分组转发能力，由于在 L2 转发的数据单位为数据帧，因此又称为数据帧转发能力。

交换机通过查看以太网数据帧首部的信息，事先确认转发目的地的 MAC 地址，并校验数据帧尾部是否有异常，最后查阅访问控制列表是否含有预配信息，如果有预配信息则根据该信息对数据帧进行过滤处理。可见，随着数据帧数目的增加，交换机需要处理的数据量也会随之增大，路

---

① 原文这个转换方法值得商榷，不应该简单加上 1518 个字节，而是需要根据 RFC2544 性能测试标准来进行换算。——译者注

由器也同样如此。

所以，如果处理通信流量的 bit/s 相同，数据帧尺寸越小处理的工作量就越大，系统负载也会随之变大。

以太网数据帧最小的数据帧尺寸是 64 字节，算上先导域和 SFD（Start Frame Delimiter，帧首定界符）的 8 字节，数据帧之间的 IFG（Inter-Frame Gap，数据帧间隔）所需的 12 字节，总共 84 字节，也就是说交换机在转发 1 个数据帧时需要处理 672 bit 的数据。

对于 10Mbit/s 的以太网而言，则是 10000000bit/s ÷ 672bit=14880pps。如果交换机拥有 14880pps 以上的交换能力，就意味着该交换机可以实现线速率（理论上的最大线路速度，也称为线速）处理。

快速以太网的线速一般为 148800pps，千兆以太网的线速为 1488000pps（1.488Mpps），万兆以太网线的线速为 14880000pps（14.88Mpps）。

交换机是由多个物理网络接口组成的。假如一台交换机有 24 个 10/100/1000BASE-T 的端口，那么能够拥有 24 × 1.488Mpps=35.712Mpps 的非阻塞交换能力。如果使用交换容量小于该值的交换机，就会发生阻塞现象，导致所有的端口无法达到理论的最大线速。

实际在交换机上进行传输的通信多为 TCP 或 UDP 的应用程序数据。在 UDP 中，对实时性要求较高的分组一般平均长度需在 100~300 字节之间才能进行通信。而在 TCP 中，由于需要进行窗口尺寸等带宽控制，因此实际的通信速率往往达不到理论线速水平。

■ MAC 表数量与 L3 表尺寸

L2 交换机使用 MAC 表管理 MAC 地址，L3 交换机除了使用 MAC 表来管理 MAC 地址以外还会使用 L3 表来管理 IP 地址。

如果表项超出了管理表最多能容纳的数量，那么设备将无法进行正常的传输处理从而造成分组丢弃的结果。

在使用通信流量生成测试仪器对设备性能进行测试时，必须将所施加分组所使用的地址限定在设备的 MAC 地址表所支持的范围内进行。

■ 替换或新增网络硬件时的选择

虽然大多数机构的内部网络中都会有存量交换机，但是在进行更新替换时，仍需要确认存量交换机性能方面的统计信息以及现有用户的数量，还要确认 MAC 地址表表项数量，从而选择最大交换容量、交换能力和 MAC 地址数量都满足需求的交换机。

除了性能以外，还需要了解硬件最大支持的 VLAN 数目、是否具备 SNMP 等管理功能，将这些作为辅助材料，推进网络逻辑设计阶段的工作顺利进行。

■ 广播风暴

广播风暴（broadcast storm）是指多个交换机连接成回环时，MAC 数据帧不停来回传递的现象（图 7-5）。这种现象会造成网络带宽、交换机资源的过度消耗，最终导致整个网络的瘫痪。

使用生成树功能（参考 02.08.03 节"生成树功能"）可以避免该问题。生成树通过 NDP 端口的开闭来解决网络的回环问题。

另外，在遇到 DoS 攻击、操作系统出现 bug 或者 NIC 出现故障导致生成树无法正常工作时，同样也会产生广播风暴。

这时，可以使用交换机中的广播风暴控制（storm-control）功能来避免该现象。

广播风暴控制功能的原理是在端口监视流向内部总线的数据帧，如果数据帧的数量超过了预先设置的上限阈值，就将超出该阈值的部分丢弃。数据帧阈值通过 pps 值来指定，能够分别对单播、多播、广播进行定义与配置。

如果没有回环状态，广播数据帧只会转发到广播域内的所有终端。相反，如果网络存在回环，广播数据帧将会永远在回环内循环转发，导致数据帧数量越来越多，最终整个 LAN 的带宽被广播数据帧消耗殆尽。

图 7-5 发生广播风暴的 LAN 结构

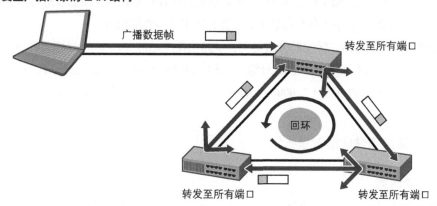

■ 半双工与冲突

如本书第二章所述，在半双工通信中，在 1 根线缆（传输媒介）上运行 CSMA/CD 并进行载波侦听时，有可能会发生冲突。随着冲突域中终端数目的增多，冲突发生的概率也就越大，且呈指数上升的趋势。另外，在进行载波侦听时传输媒介处于使用状态，因此还会产生随机等待时间。由于等待、冲突而导致的数据再次发送，会降低整个系统的通信效率。即使传输媒介没有处于使用状态，也需要费时进行载波侦听的处理，从而导致延迟产生。

因此，使用全双工通信方式来取代半双工通信方式比较好。

全双工通信中不再使用 CSMA/CD，不进行载波侦听操作也不发生冲突，而且发送和接收能够充分利用传输媒介的最大传输速率。比如在快速以太网中，若发送与接收的速度各为 100Mbit/s，则共计能够使用 200Mbit/s 的线路带宽。而在半双工通信中，发送和接收的占用带宽总和只有 100Mbit/s。

■ 自适应

如果设置了交换机的自适应功能，那么交换机的网络接口会根据使用的以太网速度以及双工通信方式，自动选择同对方交换机交互的最佳通信模式组合。如果由于交换机或交换机以外的网络设备实现不同或存在 bug 而导致自适应功能无法工作，则交换机端口会默认自动进入半双工通信模式。这时，就需要事先关闭自适应功能，通过手动置指定交换机端口在全双工模式下工作来避免这类问题。

07.04.04　路由器性能的考量方法

路由器性能一般用单位时间内的转发能力来表示，也可使用吞吐率（throughput）来描述。

虽然通信速率的单位 bit/s（比特每秒）常被用来描述吞吐率，但在路由器进行以分组为单位的处理时，往往也会使用 pps（分组每秒）来描述吞吐率这一性能情况。

pps 性能相同的路由器，转发的分组越大，该路由器产品的 bit/s 值就越高。例如，处理能力为 100pps 的路由器在以太网上处理 IP 分组，虽然处理 64 字节（512bit）分组时，其速率只能为 51.2kbit/s，但在处理 1500 字节（12000bit）的分组时，其速率则达到 1.2Mbit/s。

07.04.05　防火墙性能的考量方法

■ 同时在线会话数

防火墙使用会话表管理通信会话，并以会话为单位进行通信流量的控制。会话表能够记录的表项数目表明了该防火墙所能处理的同时在线会话（也称同时连接会话）数量。

小规模的桌面型防火墙设备一般能够支持几万个会话，通信服务供应商使用的防火墙设备则能够同时管理数百万个会话。

■ 会话生存时间调整

通过安全策略的 UDP 分组或 TCP 的 SYN 分组到达防火墙时，防火墙会生成对应的会话信息。如果在此后的一定时间内，该会话没有通信量的产生，则需将会话删除，该时间段则成为会话生存时间。

会话信息被删除后，当该会话相关的分组继续到达防火墙时，防火墙需要重新生成会话信息。如果是 UDP 类型，只需再次生成会话信息即可，但如果是 TCP 类型，除了再次到来的 SYN 分组以外，其余的分组都将被丢弃（可以通过更改配置改变丢弃分组的行为）。如果 SYN 以外的分组遭到了防火墙拒绝，就需要客户端的应用程序进入重发流程，同服务器之间使用 3 次握手重新建立 TCP 连接。

会话生存时间能够根据 TCP、UDP 以及其他 IP 协议的不同进行针对性的设置。在新一代防火墙系列产品中，还能够以应用程序为单位进行设置。一般将 TCP 的会话生存时间设置为 1 小时左右，UDP 以及其他 IP 协议的会话生存时间设置为 30 秒左右。

如果没有设置会话生存时间（或者生存时间过长），TCP 中在收到 FIN 或 RST 之前，连接将始终保持开放，而 UDP 中会话不会结束，会话信息也会一直保留。这么一来就会使得那些碰巧和残留会话信息相一致的分组能够顺利通过防火墙，从而造成潜在的安全问题。

另外，由于会话信息表中会话表项记录的数量有限，如果很长一段时间不予以清除，将会使表项数量很快到达会话表能够容纳的上限值。

当会话表项数量达到能够记录的上限值后，将无法生成新建会话，从而造成无法建立新会话进行通信的后果。

■ 老化时间调整

在 TCP 会话中如果 TIME_WAIT 状态的时间持续很长，就会导致即使通信结束也会有会话信息残留并占用会话信息表的空间。

有些防火墙产品会提供当会话信息表使用率即将超过阈值时，提前删除 TIME_WAIT 状态会话的功能。

■ 每秒会话值

路由器的性能一般使用每秒能够传输的 bit 数 bit/s 和每秒能够转发的分组数 pps 这两个单位来描述。

而对于防火墙而言，还必须增加每秒能够建立的会话数（new session per second）这一参数指标。以基于状态检测型的防火墙（stateful inspection）为例，该指标表示在 1 秒内能够完成多少次会话建立。其中，1 个完整的会话建立过程包括：监控 TCP 连接的 3 次握手，握手正常则生成会话信息，将会话信息记录至会话表等一系列操作。

如果该数值不满足网络需求，就会导致旧的会话信息不能被及时删除，从而造成网络中的新会话信息无法建立的情况。站在用户角度来看，就会觉得该网络的响应速度非常低。

■ 对象尺寸的不同导致性能的差异（L7 硬件）

对象尺寸中的"对象"一般是指文件。目前活跃的 Web 站点中 1 个页面往往会由几十个文件对象组成。例如，使用 HTTP 访问门户网站时，会在客户端浏览器中看到 HTML 文件、JPEG 或 GIF 等图像文件以及 Flash、JavaScript、ActiveX 等各种不同类型的文件。另外，在使用 Web 电子邮件、FTP 等工具在进行交互时，也会用到 ZIP 文件甚至 EXE 文件。网络上进行交互的文件大小一般称为对象的尺寸。

虽然防病毒检查和文件检查等操作称为基于内容的扫描，但实际上在防火墙、代理服务器、安全相关的设备中往往是以文件为单位进行该处理。1 秒内能够扫描多少个文件的单位称为处理对象每秒（object per second）或处理事务每秒（transaction per second）。

也就是说，对象尺寸越小，网络硬件在单位时间内能够处理的、基于内容扫描的数据量就越大。和分组尺寸越小、分组每秒（pps）的值就越大而最大吞吐率（bit/s）就越小一样，当对象尺寸最小时，能够得到的 pps 值就最大。

在测量各个不同对象尺寸的吞吐率时，常使用 4KB（千字节）、16KB、64KB、128KB、512KB、1024KB（1MB）大小的对象来进行测量。

表 7-9 列出了不同对象尺寸所对应的处理对象每秒的数值范例。网络硬件在进行基于内容扫描时，如果平均对象尺寸为 1MB，那么设备的吞吐率为 740Mbit/s，如果对象尺寸为 4KB，则吞吐率为 129Mbit/s。

在互联网上进行交互的对象平均尺寸在 64KB 左右，移动电话所使用的对象内容尺寸会更小。

需要注意的是，当需要安全设备在进行基于内容的扫描时，所要考虑的不仅仅是设备的吞吐率，还需考虑处理对象每秒的数值。

表 7-9 对象尺寸与处理对象每秒的对应关系

对象尺寸	处理对象每秒	吞吐率	协议开销所占比例
4KB	3,352	129.01	23.16
16KB	2,121	298.16	12.46
64KB	1,026	560.30	9.22
1024KB（1MB）	86	742.90	7.98

注 1：（对象尺寸 [B]×8[bit]×处理对象每秒）＝文件实体部分的吞吐率
　　　文件实体部分吞吐率×（100＋协议开销所占比例 [%]）＝吞吐率
　　　1MB=1024KB=1048576B

文件实体部分的吞吐率还包括协议开销（以 HTTP 分组为例，包括以太网首部、IP 首部、TCP 首部、HTTP 首部、以太网尾部的总和）、控制分组（TCP 3 次握手、ACK 分组等）等，这些都会成为设备整体吞吐率的组成部分。在文件实体部分的吞吐率中，对象尺寸越小协议开销以及控制分组所占的比例就越大。

当处理对象每秒的数值超过网络硬件上限值时，就会导致设备的处理延迟加大。如果继续保持该状态，设备就会发生分组丢弃现象，从而导致客户端无法传输请求文件的后果。这种情况在 HTTP 中就会显示 Web 浏览器错误，在 FTP 中则会告知文件传输失败。

■ VPN 和加密的性能

防火墙或安全设备中都会支持站到站的 IPsec-VPN、远程接入的 IPsec-VPN 或 SSL-VPN 集中器的功能。另外，有些产品还支持用户通信的 SSL（HTTPS）解密功能。

这类执行加密或解密的操作，与使用不加密的明文通信或执行基于内容的扫描相比，系统的负载也会相应增加，从而导致性能的下降（表 7-10）。

虽然使用 ASIC 这类硬件芯片来完成加密处理则不会带来性能下降的问题，但是几乎所有的设备都采用了基于 CPU 的软件处理方式，因此当通信流量增大时，性能还是会有大幅的下降。

简而言之，加密处理仅仅是在隧道建立时进行，还是全程（包括隧道建立后的用户会话交互过程）都进行，对于设备的性能而言有着截然不同的影响。

表 7-10 **VPN 吞吐率的范例（信息来自产品目录）**

	Juniper Networks SSG140	Palo Alto Networks PA-5020
防火墙吞吐率	350Mbit/s	5Gbit/s
VPN 吞吐率	100Mbit/s	2Gbit/s

■ 对象的容量

这里所提到的对象并不是处理对象每秒中的对象，而是构成安全策略的要素对象。例如，用来指定地址信息的地址对象、指定端口信息的端口对象等。根据设备种类的不同，这些对象可配置数量的上限也有所不同。另外，安全策略本身的配置数量上限也会由于设备的种类不同而不同。一般设备所支持设置的上限会在规格说明书中标注。如果该信息未曾在规格说明书中提及，则表明该上限值将依赖于系统剩余内存的大小。

大型公司在因特网网关处设置的防火墙往往会有数千条安全策略，如果对这样规模的安全策略一一进行判断处理，设备的负载会相当大，有时就会造成性能下降的现象。尤其是防火墙会根据设置的安全策略列表从上而下顺序处理，如果到达的分组多数命中位于策略列表下位的策略，就会导致性能的下降。

07.04.06　无线 LAN 性能的考量方法

无线 LAN 理论上所能达到的最大吞吐率请参考本书 06.05.02 节。

在实际环境中，考虑到 CSMA/CA 的执行以及无线电波的干涉现象、距离的远近导致无线电波强弱的不同等原因，往往很难达到无线 LAN 理论所支持的最大吞吐率。

■ CSMA/CA

IEEE 802.11 中的无线 LAN 使用了 CSMA/CA（Carrier Sense Multiple Access/Collision Avoidance）通信方式。

CSMA 中 CS 用来执行载波侦听，当遇到其他终端正在发送数据帧时，该站点停止发送并等待，直至其他终端发送完毕。MA 是指多址接入，即 1 个传输媒介由多个通信终端共享。

CA 表示冲突避免（Collision Avoidance）的意思，执行补偿控制。通过无线 LAN 发送数据帧的移动站点等待一个随机长度的补偿时间，当确认传输媒介空闲时再继续发送数据帧。通过该机制可以错开多个节点同时进行数据帧发送的时机，有效地降低了冲突发生的可能性。

使用 CSMA/CD 的半双工有线 LAN 相比则无需等待补偿时间，在空闲状态能够通过连续发送数据帧间隔（IFG）完成整个通信过程（图 7-6）。当多个节点同时发送数据造成冲突（Collision）时，则执行相应的补偿算法。

由于有线 LAN 能够通过电气噪音及时检测冲突的发生，而无线 LAN 无法迅速有效地检测冲突，因此只能采用 CSMA/CA 的机制来避免冲突的发生。

图 7-6 CSMA/CD 与 CSMA/CA 发送数据帧时的不同

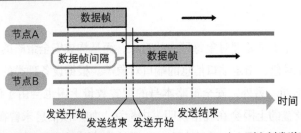

若空闲状态出现帧间隔（IFG，Inter Frame Gap），则立刻发送下一个数据帧

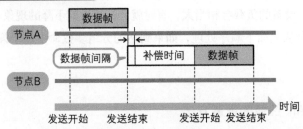

空闲状态出现帧间隔后，等待随机长度的补偿时间过去，再发送下一个数据帧

■ ACK 数据帧

接收数据帧之后的移动站点需要返回 ACK 数据帧，当发送方接收到 ACK 数据帧后表示整个数据通信过程结束。但无线信号状况较为糟糕时，如果接收方没有收到数据帧，就不会发送 ACK 数据帧，这时发送方会重发数据帧。另一方面，当接收方顺利收到数据并返回了 ACK 数据帧，但是发送方却因为某种原因没有收到 ACK 数据帧时，接收方也会再次发送 ACK 数据帧。移动站点和接入点之间的距离以及无线信号的状况会影响数据重发的概率。

一般在实际环境中，重发数据的概率大约在 20% 左右。

■ 现场调查

通过使用频谱分析仪进行的现场调查（事先现场勘查）工作，能够确认无线网络布网区域的无线信号干涉情况，反射波段、外部无线电波带来的影响以及噪音带来的影响，从而能够部署和配置最佳接入点。

一般现场调查可以按照下面的步骤来完成。

① 准备办公场所的平面图。
② 测试从相邻接入点发出的无线电波，了解当前位置无线电波的情况。
③ 通过模拟来确定需要部署的接入点数量、无线电波强度和使用的频带，并标记到办公场所的平面图上。
④ 根据模拟结果，对配置的接入点进行临时配置并进行验证。
⑤ 完成配置后，对接入点是否能够覆盖所有区域进行最终确认。

07.05　根据物理需求选择产品

07.05.01　交换机的选择

■ 接入交换机的选择

同客户端终端相连的交换机可以选择下行端口速度为 10/1000BASE-TX 或 10/100/1000BASE-T 的任意一款。

目前，大多数企业的接入交换机都配备了 10/100/1000BASE-T 类型的下行端口。如果选择了本书第 2 章提到的非阻塞式交换机，那么从客户端连接至服务器时，交换机不会成为整个网络的

瓶颈 [①]。而如果选择价格便宜的阻塞式交换机，就需要用户充分考虑网络瓶颈的情况。

图 7-7　接入交换机的下行链路

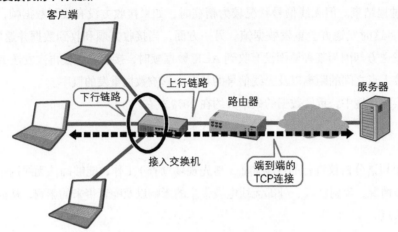

目前个人计算机一般都已配备 10/100/1000BASE-T 的网络接口，但如果接入交换机使用的是 10/1000BASE-TX，那么自适应功能就会使个人计算机与交换机之间的链路速度变为 100Mbit/s。如果除下行链路之外，其他通信路径的链路速度都达到了 1Gbit/s，那么下行链路就可能成为整个网络的瓶颈。

当接入交换机连接的客户端需要访问互联网时，如果出现下面这些情况，接入交换机才基本不会成为网络的瓶颈。

- 交换机上行链路连接的路由器或防火墙更容易成为网络瓶颈。
- 虽然下行链路达到了 100Mbit/s 或 1Gbit/s 的连接速度，但端到端（客户端至服务器）之间的 TCP 连接执行了流量控制，将普通 TCP 上应用程序中每个连接的最大吞吐量限制在了几 Mbit/s 的程度。

大多数接入交换机都采用 2 个或 4 个千兆上行端口的配置。交换机使用 2 个千兆上行端口时，同时连接网络上层的 2 台汇聚交换机或核心交换机组成了冗余组网结构。交换机使用 4 个千兆上行端口时，则构成 2 组以太网通道，以 2 倍的吞吐率和上层交换机组成了冗余组网结构（图 7-8）。

---

① 瓶颈是指网络线路的某个特定部分如瓶子的颈部般狭窄，从而限制了整个网络的通信流量。

图 7-8 冗余组网结构

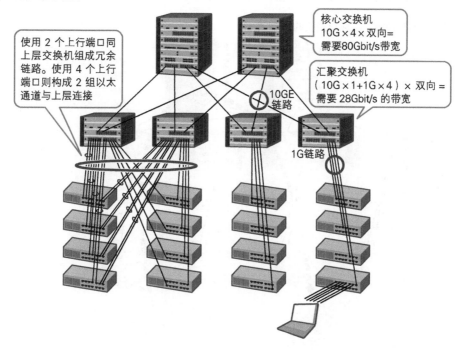

使用 2 个上行端口同上层交换机组成冗余链路。使用 4 个上行端口则构成 2 组以太通道与上层连接

核心交换机
10G×4×双向=
需要80Gbit/s带宽

汇聚交换机
（10G×1+1G×4）×双向=
需要28Gbit/s 的带宽

10GE
链路

1G链路

下行端口数目则根据客户端或打印机等通过有线 LAN 连接的终端数量来具体决定。

■ 汇聚交换机以及核心交换机的选择

在大规模校园网络中，需要引入接入交换机、汇聚交换机、核心交换机这样的分层化组网结构。这是，汇聚交换机以及核心交换机均需要使用非阻塞结构的设计。

汇聚交换机的下行链路一般使用千兆网络接口和接入交换机的上行链路进行连接。

在 3 层组网结构中，汇聚交换机的上行链路需要同核心交换机的下行链路进行连接，而在 2 层组网结构中，接入交换机的上行链路需要同核心交换机的下行链路进行连接。虽然在这类链路中 10Gbit/s 网络接口的使用正在逐渐增加，不过估计以后使用 40Gbit/s 以及 100Gbit/s 网络接口的情况也会越来越多。

如果从校园网络接入互联网，那么路由器以及防火墙往往会成为整个网络的瓶颈。但如果校园网络中 LAN 通信比较多，而汇聚交换机或核心交换机又是阻塞结构的话，交换机则可能成为最大的网络瓶颈（图 7-9）。如果预算足够，最好所有的交换机都采用非阻塞的设计，但是如果这点无法做到，就应该推测整个网络的通信流量，从而选择吞吐量满足最低需求的交换机。即使交换机成了网络的瓶颈，由于在校园网内部延迟很小（根据物理距离的不同，延迟在 1 毫秒至数毫秒之间），端到端的网络速度还是非常快的。另外，如果承载于 TCP 的应用程序实施了窗口控制或重发控制等流量控制措施，那么用户的通信则不会因为交换机成为了网络瓶颈而停止。

图 7-9 经由接入交换机、汇聚交换机的 LAN 通信

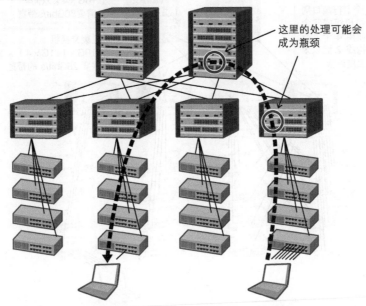

这里的处理可能会成为瓶颈

汇聚交换机以及核心交换机的端口数需要根据连接的接入交换机以及终端的数目来进行设计。机框式核心交换机能够通过增加线卡模块来满足端口的后续增加需求。

■ 设计能够通过 PoE 来供电的电源容量

通过 PoE 供电技术对无线 LAN 接入点、IP 电话等设备进行供电时，需要对能够供给的电源容量进行总体的设计与规划（表 7-11）。

表 7-11 能够实施 PoE 供电的规格范例

Cisco Systems Catalyst 3750 系列交换机	
WS-C3750E-24PD-S	PoE 能够供给 420W 的电能，所有 24 个端口都能够独立供给 15.4W 的电能
WS-C3750E-48PD-SF	PoE 能够供给 800W 的电能，所有 48 个端口都能够独立供给 15.4W 的电能
BUFFALO L2 PoE 智慧型交换机	
BUFFALO BS-POE-124GMR	PoE 最多能够供给 30W 的电能，24 个端口通过 10/100BASE-TX 线缆进行共享

07.05.02 路由器的选择

路由器的网络接口数目需要依据所连接的网段数量来选择。

在以太网中，使用的物理网络接口数目只要满足最低限就可以了，可以通过添加下行处

的 L2 交换机来增加网络接口的数目，也可以使用 VLAN 中的子网接口来缓解网络接口不足的问题。

遇到以太网之外的协议网络，则需要考虑端口的数目。如 VoIP 需要用到的 RJ-11 端口，ISDN 相关的接口以及 ATM、T1/E1、POS 等网络接口都需要配备同需求相一致的接口数量。大多数路由器产品都提供了搭载这些接口的接口模块卡，使得后期扩容工作中能够添加接口数。

07.05.03 防火墙产品的选择

在互联网网关处设立防火墙时，一般需要准备 2 个端口，即连接互联网的上行端口和连接内部网（Intranet）的下行端口。这样的连接方式称为内联连接（in-line），也是最为传统的防火墙设置方式。10 年之前几乎所有的防火墙均采用该设置方式，传统型的防火墙设备一般也就只配备 2~4 个板载端口。

当前的防火墙尤其是新一代防火墙有很多产品为了保障安全性，会设置在内部网中，并且同时配备 RJ-45、SFP/SFP+ 等接口，提供 8~24 个网络端口。如果要使用工作在内部网中的防火墙，就需要和网段数量相对应的端口数。

07.06 确认网络设备的互操作性

互操作性（interoperability）表示网络中不同类型的网络设备互相连接后也能够正常通信的情况，也称为互联性（interconnectivity）。

由于网络设备一般都实现了相同的 RFC 或 IEEE 等各种标准或协议，因此不同厂商之间的设备之间可以说应该是具备互联性的。

但另一方面，往往会有厂商独自实现一些尚未标准化的先进功能，这类功能则是无法在所有硬件上运行的。

当需要引入多个不同厂商生产的网络硬件进行组网时，就需要考虑到这些设备的互操作性，并以此作为选择设备的一项重要依据。

像访问控制列表或病毒扫描等能够在网络硬件内部处理，无需同网络上其他设备连接的功能，则可以不用考虑其互操作性。

需要考虑设备互操作性的功能种类可以参考表 7-12。

表 7-12 需要考虑互操作性的功能种类与范例

种类	说明	范例
由厂商独自实现的功能	不是同一厂商的硬件则无法协同工作	思科公司的 HSRP、EIGRP、PAgP 等
基于行业团体认定标准实现的功能	只要接受了认证不同厂商的产品也能协同工作	WiFi 联盟的 WPA、ICSA 认证的站到站 IPsec-VPN 等
基于标准化团体的草案标准实现的功能	相同标准草案对应的产品能够协同工作，但由于标准化工作尚未完成，可能部分实现还是会因厂商的不同而不一致	RFC 草案、IEEE 802.11n 草案等
基于标准化团体的正式标准实现的功能	任何厂商支持正式标准的硬件都可以互联并协同工作	RFC 的 VRRP、RIP、OSPF、BGP、IEEE 的 IEEE 802.3ad 等

07.07　高可用性的考量方法

MTBF 与 MTTR

包含网络设备的电气产品以及计算机系统等通常使用 MTBF（Mean Time Between Failures，平均故障间隔时间）指标参数来计算其出现故障的概率。

网络设备产品的规格说明书中一般都会记载 MTBF 数值，该参数以小时（hour）为单位，可以使用下面这个公式计算。

```
MTBF= 运行时间 / 故障次数
```

在实际运用中，MTBF 还能够使用预测法或推测法计算出来。

预测法之一的产品积点法首先会调查硬件内部芯片、电容等部件的故障率信息，然后使用系数将这些信息串联起来计算出 MTBF 值。该方法在产品开发的初级阶段也能够算出成型产品的 MTBF 参数值。

推测法之一的域数据计量法通过记录多个样本数据，观察在相对较短的时间内有多少台设备发生了故障，并以此推算出 MTBF 值。例如，同时启动 1 万台相同的设备运行 100 个小时，这个期间如果出现了 5 台设备故障，则可以通过"1 万台 × 100 小时 ÷ 5 次故障 =20 万小时"这样的方法来计算得到 MTBF 值。虽然计算 1 台台设备运行至发生第 1 次故障的时间值能够同实际的 MTBF 值更加接近，但这种想法在现实中并不具备可操作性。

　　根据日本厚生劳动省 [①] 的统计数据，在平成 19 年 [②]，日本 20 岁男性的死亡率为 0.056%。如果将其视为故障率的话，MTBF 值则为"1÷0.00056=1786 年"。但实际 20 岁男性的平均剩余寿命为 59.08 岁，人类的寿命也肯定超不过 1000 年。与此类似，MTBF 数值也同实际的耐用年限没有任何关系，仅仅是通过实际运行时间计算出的故障率理论值罢了，这一点需要注意。

　　故障率可以通过 MTBF 的倒数计算而得。

故障率 =1/MTBF

　　MTTR（Mean Time To Repair，平均修复时间）是指系统发生故障后至修复完毕所花费的平均时间。网络设备自身一般不存在 MTTR 的概念，但以端口、模块、机框为单位、由热备份或冷备份等冗余结构组成的系统中则有最小 MTTR 值的概念。对于非冗余结构系统而言，则需要考虑重新引入替换设备所花费的时间以及替换设备从输入设置到整机启动所花费的时间等，从而计算出 MTTR 的数值。

　　系统的运行概率可以通过下面公式计算而得。

正常运行概率 =MTBF/(MTBF+MTTR)

　　简而言之，就是 MTBF 值越大而 MTTR 值越小的系统可用性更高。

07.08　价格相关的考量方法

07.08.01　端口单价

　　网络设备的价格按端口数目来划分就能够计算出端口的单价。例如，某网络设备价格为 240 万日元，若该设备的端口数目为 24 个，则单个端口的价格为 10 万日元。端口的价格会随着端口速度的提高而上浮，若设备的端口速度相同，则设备价格还会根据搭载的功能而有所变化。对于搭载的功能与端口速度都相同的两款产品，选择的产品端口单价越低廉，所获得的成本收益就越大。

---

① 相当于我国国务院下属的人力资源和社会保障部。——译者注

② 即公元 2007 年。——译者注

07.08.02 比特单价

网络设备的价格还可以按照以 bit/s 为单位的吞吐率来进行划分，从而计算出比特单价。例如单价为 100 万日元的交换机容量为 10Gbit/s，则比特单价为 9.3×10^{-5} 日元。如果处理能力相同，那么比特单价越低的产品其单价也就越便宜。

07.08.03 学习成本

学习成本是指在买入产品后的 1 年之内（或某个固定期间内）使用产品时所花费的费用，其中包括支持费用、许可证费用、电费、人力资源费用等。

■ 许可证费用

许可证（license）表示用户能够使用产品某些功能的权力。一旦购买了许可证，便能够一直使用产品的该项功能，例如虚拟路由器、虚拟防火墙、远程接入 VPN、功能升级等功能。

对于反病毒以及基于内容的扫描等功能，许可证一般是按年发放的，即许可证的有效期为 1 年，以后每年都需要更新，这类方式的许可证称为订阅许可。订阅许可一般也就意味着需要支付订阅费，随着时间的推移，需要定期更新许可信息才能得到相关产品的使用权利。

许可证以及订阅许可有的能够单独购买，有的则必须同产品支持协议一同签订购买。

许可证以及订阅许可的购买分为"以机框为单位"和"以用户数为单位"两种类型。

以机框为单位表示 1 台设备只需购入 1 份许可证或订阅许可，使用该设备的功能时对于设备承载的用户数量、会话数目、通信流量均不做限制。

以用户数为单位，则表示根据设备产品具体的用户数量来决定许可证或订阅许可的价格，用户数越多许可证价格就越贵，但厂商一般都会提供用户数量越多用户单价就越便宜的批量价格折扣服务。

■ 人力资源费用

用户企业购入产品后，需要使用多少人力来管理产品就决定了人力资源所需的费用。另外，人力资源费用还包括了在引入新产品时进行教育培训的费用成本。

使用越是便捷的产品需要的管理人员数量也就越少，因此能够节约人力资源费用的开支。

网络产品人力资源费用的价格还涉及到该产品是否配备了容易使用的 GUI 界面和设置方法，发生问题时是否容易诊断与区分，是否附带无偿或有偿的培训以及同第三方网络监控产品的互操作性情况等因素。

■ 电能消耗量

如果产品的功能以及吞吐率相同，一般选择消耗电能较少的产品为好，这样才能节省长期的运营成本。

表 7-13 不同网络设备机型所消耗的电能

设备名称	最大消耗电能（AC 电源）
Cisco Systems CRS-1（高端路由器）	8750W
ALAXALA Networks AX7702R（中端路由器）	495W
Cisco ISR 3845（中端路由器）	79～360W
YAMAHA RTX1100（低端路由器）	16W
BUFFALO BBR-4HG（宽带路由器）	3.55W
Juniper Networks EX4200-24T（箱式交换机）注1	190～930W
Apresia Light GM124GT-SS（箱式交换机）注1	30W
BUFFALO BS-G2108UR（桌面型交换机）注1	7.5W

注 1：交换机中如果打开 PoE 功能，则会导致消耗电能的增加。

另外，大多数网络硬件一般都使用 AC（交流）电源供电，但也有些产品支持 DC（直流）供电。如果设备内部使用 AC 方式供电，就需要将外部的交流电转换为内部所需的直流电，这时的用电效率会根据功率因子的值而有所下降（参考 01.04.12 小节中的表 1-46）。因此，最好直接使用 DC 供电让用电效率最大化，尤其是数据中心以及安全设备等，它们大多都使用了 DC 电源进行供电。

■ 绿色 IT

为地球环境着想的 IT 产品、IT 基础设施，以及和环境保护、资源的有效利用相关联的 IT 应用理念都可以被称为绿色 IT。

为了降低对环境的负担，现在越来越多的用户企业开始在置办网络硬件时将绿色 IT 理念加入到选购条件中，例如要求网络硬件能够省电或者具有可回收性等。

网络硬件中与绿色 IT 理念相关的事项包括：设备的省电程度和降低发热，使用复合功能产品来替代多个单一功能产品，例如在安全设备中使用 UTM 或者在网络中使用虚拟路由器、虚拟防火墙来减少物理机框的数量，甚至使用虚拟化技术将网络设备和服务器产品统一整合等。

另外，使用 PoE 等供电技术改善现有供电设施以及改善空调系统都属于绿色 IT 范畴的一部分。

■ 节能法案

节能法案是"合理使用能源的相关法律"的简称，是日本在石油危机[①]期间于昭和54[②]年制定的法律。该法律旨在"以内部和外部能源为中心、确保有效使用与经济社会环境相适应的燃料资源"以及"为了综合推进工厂或施工场所、运输、建筑物、机械器具等领域合理使用能源而寻求必要的措施"。

目前市面上的产品均以节能法案中描述的拥有最高节能性能的设备为基准（领跑标准），参考整个市场高效使用能源的领跑标准，对特定的硬件（包括汽车以及家电）设置对应的节能标准。2009年7月修订、实施的节能法案中，关于网络硬件的特定设备中增添了传输速率总和在200Mbit/s以下且不配有VPN的小型路由器以及L2交换机，并制定了相应的领跑标准。同时，还规划了对速度在200Mbit/s以上的路由器以及L3交换机制定领跑标准的计划。

也有些网络硬件产品会提供类似于ALAXALA网络公司的"动态省电"这种功能，使设备运行在省电模式或是睡眠模式下从而达到节省电能的目的。

根据日本经济产业省绿色IT推进协会的估算（2008），2006年IT设备消耗电能为466亿kWh，其中网络硬件大约耗费了80亿kWh的电能，约占整个电能消耗的17%。估计在2025年，整个IT设备消耗电能将达到2417亿kWh，其中网络硬件将消耗1033kWh，占据整体能耗的43%，同2006年相比，大约将增加13倍。

在该背景下，实施网络硬件节能对策的呼声愈发高涨，其重要性也日渐突出。

07.08.04 支持的费用

大多数网络硬件厂商尤其是海外设备商生产的产品，用户如果想要获得日后这些产品升级更新的权利，就需要同厂商签订每年的支持合同。根据这些支持合同，当软件或硬件发生问题时，厂商的维护部门将无偿接受问询、向用户提供软件补丁或提供版本升级。用户向厂商维护部门提出的问询称为用户案例（Case）或服务指派（Service Ticket），这些用户案例或服务指派都会分配编号来进行管理。

硬件往往具有保修期，在该期间如果发生故障，那么即使没有支持合同也能获得厂商提供的无偿替换服务。

---

① 这里指的应该是爆发于1978年底的第二次石油危机。世界第二大石油出口国伊朗的政局发生剧烈变化，亲美的温和派国王巴列维下台，由此引发了第二次石油危机，油价在1979年开始暴涨，从每桶13美元猛增至1980年的34美元。——译者注

② 即公元1979年。——译者注

07.09 达到采购条件

07.09.01 绿色采购

绿色采购是指具有环保意识的用户在采购时着重考量产品在节省能源、节省资源、禁止或减少有害化学物质、产品回收等情况，优先采购零部件、使用材料和包装都符合环境保护需求的产品。

绿色采购不仅要求供应商采取环境保护的管理措施，而且对产品的使用材料也有一定的要求。

供应商采取的环境保护管理措施
（1）构建以 ISO14000 为基础的环境管理体制。
（2）实施绿色采购（或已有开始实施的计划）。
（3）掌握产品用料的化学物质成分并配有相应的管理体系。
（4）能够配合用户企业对其购买产品的用料进行化学物质调查。
（5）配合用户企业降低产品使用对环境的负担。

对产品用料的要求事项
（1）不含有标准规定的禁用物质成分，或者产品制造过程中没有使用标准规定的工程禁用物质。
（2）对于标准中虽未禁止但定义为"指定化学物质"的成分需要提供详细信息。
（3）明确告知产品部件及构成材料使用的材质信息。
（4）使用塑料成型品时，尽可能标明其在 JIS K6899、JISK6899-2 以及 JIS K6999 等清单中记载的材料编号信息。
（5）采用减少消耗电能与轻便化等节省能源和资源的设计。
（6）产品包装使用易回收的材料或对环境负担较小的材料（例如：聚乙烯、聚苯乙烯、聚酯、降解塑料等）。

07.09.02 符合 RoHS 要求

RoHS（Restriction of the use of certain Hazardous Substances，在电子电气产品中限制使用某些有害物质的指令）是指欧盟在电气、电子设备中限制使用特定有害物质的相关法案。

该法案规定在欧盟境内销售的网络硬件必须符合该项标准，但在日本也常常会要求采购的产品必须符合 RoHS 相关规定，不含有指定的有害物质。

表 7-14 RoHS 指令中提到的有害物质

铅	1,000ppm 以下
水银	1,000ppm 以下
镉	100ppm 以下

（续）

六价铬	1,000ppm 以下
多溴联苯（PBB）	1,000ppm 以下
多溴二苯醚（PBDE）	1,000ppm 以下

07.09.03 加密出口管理相关

长度超过 56bit 的共享密钥加密技术，或者长度超过 512bit（椭圆加密等算法中为 112bit）的公开密钥加密技术，无论使用哪种加密技术的加密装置在运出日本或提供给国内外的非长住居民[1]时，必须符合"外汇及对外贸易管理法"中出口许可的相关规定或办理了相关业务许可手续。但是，根据加密出口相关的行政命令和通告，若满足一定的条件也可以省去申请出口许可的过程。

实现 IPsec-VPN 或 SSL-VPN 的产品因为使用的是长度在 128~256bit 的 AES 共享密钥，或者长度在 1024~2048bit 之间的 RSA 公开密钥，因此在出口时必须申请有关的许可。

今后相关法令还会有所变更，因此在出口涉及加密技术的装置时，需要确认一下是否符合相关法律的要求。

07.10　售后支持相关的基础知识

07.10.01 网络硬件的维护

宽带路由器以及一部分的低端路由器都是由用户在家电专卖店或互联网电子商务网站处购得并亲自设置，随后用于维护的更新软件也是通过厂商的支持主页下载并且自行安装升级。

另一方面，用于企业或服务供应商的网络硬件的购入渠道则多数为销售代理商（售后维护方），设备维护相关的工作也与销售代理商密切相关。

当用户在使用网络硬件产品时遇到软硬件问题时，会咨询相应的销售代理商。销售代理商收到来自用户的反馈问题后，会调查是否为常规已知问题，如果是未知问题，就会联系产品的厂商来协同解决[2]。

---

[1] 非长住居民包括国外滞留 2 年以上的日本人、为在外国事务所工作而出国并留在国外的日本人、在国外居住的外国人、国外的外国法人、日本法人的外国分分支机构等。

[2] 中国国内大都也采取类似的商业模式。——译者注

■ **现场维护**

　　所谓的现场，是指放置网络设备的地方。现场维护是用户与代理商所签合同中的一项条款，表示当硬件发生故障时，销售设备的代理商会将替换设备配送到用户放置设备的地方，并在现场完成相关配置（表 7-15）。当发生故障时，代理商赶赴设备现场的时间将根据维护费用的不同而有所差异。

表 7-15　**现场维护的应对时间范例**

菜单内容	说明
工作日 4 小时内应对[注1]	● 服务受理时间：星期一 ～ 星期五（8:45~17:30），不包括节假日以及年末年初（12/30~1/3）时段 ● 现场应对时间：4 小时内应对 接收到用户企业关于硬件故障的联络信息后，维护方会在 4 小时内赶赴设备所在地，实施硬件修复工作。只在工作日的 8:45 至 17:30 之间受理用户的报障
365 天 4 小时内应对[注1]	● 服务受理时间：365 天 24 小时 ● 现场应对时间：4 小时内应对 接收到用户企业关于硬件故障的联络信息后，维护方会在 4 小时内赶赴设备所在地，实施硬件修复工作
次日应对	● 服务受理时间：星期一 ～ 星期五（8:45~17:30），不包括节假日以及年末年初（12/30~1/3）时段 ● 现场应对时间：下一个工作日 接收到用户企业关于硬件故障的联络信息后，维护方会在下一个工作日的 8:45 至 17:30 时间段内赶赴设备所在地，实施硬件设备修复工作。只在工作日的 8:45 至 17:30 之间受理用户的报障

注 1：该条款中的 4 小时内应对，仅限于维护方能够到达的地理范围以内。

■ **退返维护**

　　退返（send back）维护合同条款表示当用户发现硬件存在故障时，由用户将有故障的设备退回（send）到销售代理商处，随后销售代理商将维修好的产品或同等商品再返送（back）回用户处。设备的替换以及对替换设备进行的设置由用户完成。

■ **预送退返维护**

　　预送退返维护合同条款是指当设备出现故障时，由销售代理商预先送出替换设备（预送），由用户完成设置。用户则在更换设备后将故障设备退回到销售代理商。

07.10.02　厂商保修

　　同其他的电气产品一样，路由器中的软硬件也会由生产厂商提供售后保修。不同产品的保修期也不同，但大多数产品的保修期都为 1 年。在保修期内，如果产品硬件出现故障，厂商会免费提供修理或替换，以及软件版本升级的服务。

　　路由器在网络中属于骨干产品，使用时间几乎都会超过 1 年。保修期 1 年过后，产品发生故障却无法修理或替换，发现软件存在 bug 却无法修复就会成为令用户烦恼的问题。因此，用户一般都会每年，或者以 3 年或 5 年为期限同厂商或销售代理商签订维护合同。通常这一类的维护合同需额外支付一定的费用，但在维护合同期限内厂商都会免费提供软件版本升级以及免费修理或替换硬件的服务。

　　在购买海外生产厂商的产品时，从产品到岸后的 3 个月（90 天）之内，如果发现硬件存在缺陷，用户能够以 DoA（Dead on Arrival，到货即损）为由提出替换设备的申请。如果在以后的时间发现硬件故障，则需要执行名为 RMA（Return Material Authorization，退货授权）的故障产品退货流程。

插图 参考 / 引用文献

第1章

- 图1-6、图1-9、图1-12　山本丰Cyber通信研究室 高速以太网通信技术概要
  http://yamachan.shse.u-hyogo.ac.jp/informationnetwork-2/gigaether.pdf
- 图1-18　NTT Cyber Solution研究所 小池惠一 网络处理器技术动向与 RENA-CHIP
  http://www.ntt.co.jp/journal/0607/files/jn200607008.pdf
- 图1-22、图1-23　InterSolution Marketing公司 转换适配器各种pin（RJ45 to DB9、RJ45 to DB25）的配置接线图
  http://intersolutionmarketing.jp/solution06/description/
- 图1-30　思科日本公司 交换机插图
  http://www.cisco.com/cisco/web/support/JP/docs/SW/ServProviderSWT-Aggregation/ME4900EthernetSWT/IG/001/10071_01_2.
  html?bid=0900e4b1825ae5d6
- 表1-42　日本Digital公司 2011综合产品目录
  http://www.n-digital.co.jp/twinax_triax_cable/twinax_pdf/04-Twinax-triax_jp.pdf
- 图1-31　思科日本公司 Catalyst 3750 交换机硬件安装指南
  http://www.cisco.com/japanese/warp/public/3/jp/service/manual_j/sw/cat37/3750shig10/OL-6336-10-J.pdf
- 图1-34　Elecom公司 用于笔记本电脑的AC电源适配器
  http://www2.elecom.co.jp/cable/ac-adapter/acdc-fu1600/
- 图1-42　Wikipedia Heatsink
  http://ja.wikipedia.org/wiki/%E3%83%95%E3%82%A1%E3%82%A4%E3%83%AB:Heatsinkrods.jpg
- 图1-44　古川电气工业公司 什么是光纤
  http://www.furukawa.co.jp/tukuru/pdf/optsogo/optsogo_tech_01.pdf
- 表1-57　思科日本公司 Catalyst系列交换机、线缆、接头以及AC电源型号指南
  http://www.cisco.com/cisco/web/support/JP/100/1008/1008271_132-j.pdf
- 图1-45、图1-46　摄津金属工业公司 19英寸机架选购指南
  http://www.settsu.co.jp/technique/nineteeninchguide/
- 图1-47　思科公司 Catalyst 3550 Multilayer Switch Hardware Installation Guide
  http://www.cisco.com/en/US/docs/switches/lan/catalyst3550/hardware/installation/guide/35HIGBK.pdf
- 图1-48　日立制作所 什么是机架舱
  http://www.hitachi.co.jp/products/it/server/ha8500/pdf/r_guide_1r3.pdf
- 图1-51　YAMAHA公司 机架安装工具套件YRK-1500使用说明书
  http://www.rtpro.yamaha.co.jp/RT/manual/yrk-1500.pdf

第2章

- 图2-8　Wikipedia Kalpana (company)
  http://en.wikipedia.org/wiki/File:Kalpana-switch.jpg
- 图2-13　Altera公司 Using Stratix GX in Switch Fabric Systems
  http://www.altera.com/literature/wp/wp_switch_fabric.pdf
- 图2-38　Micrel Semiconductor 日本公司 LAN控制器（1ch,2ch MAC+PHY）
  http://www.micrel.jp/digital/ethernet/lan-controler/
- 图2-39　Innotech公司 以太网PHY（10/100/1000）
  http://www.innotech.co.jp/products/product_list/service/ipcore/dsp.html
- 图2-41　Innotech公司 千兆以太网、以太网MAC
  http://www.innotech.co.jp/products/product_list/service/ipcore/gemacip.html
- 图2-42　Allied-Telesis公司 技术讲座 快速以太网（100Mbps）篇
  http://www.allied-telesis.co.jp/library/nw_guide/tech/ether100.html

第3章

- 图3-4　University of Florida Computing & Networking Services
  http://www.cns.ufl.edu/update/2008_01/
  Computer History Museum. AGS router
  http://www.computerhistory.org/revolution/networking/19/375/2014
- 图3-7　思科日本公司 Cisco 12000系列 网络路由器的架构：交换结构
  http://www.cisco.com/cisco/web/support/JP/100/1007/1007945_arch12000-swfabric-j.html
- 图3-29　YAMAHA公司 IP多播的概要
  http://jp.yamaha.com/products/network/solution/multicast/outline/

- 图3-31　NTT西日本 flets、ADSL（互联网接入服务）业务的特征
  http://flets-w.com/adsl/tokuchou/
- 图3-38、图3-39　思科日本公司 控制端口以及其他辅助端口相关线缆的连接指南
  http://www.cisco.com/cisco/web/support/JP/100/1008/1008543_14-j.html
- 图3-44、图3-45　思科公司 Cisco 1600 Series Router Architecture
  http://www.cisco.com/en/US/products/hw/routers/ps214/products_tech_note09186a0080094eb4.shtml
- 图3-46　思科公司 Cisco 3600 Series Router Architecture
  http://www.cisco.com/en/US/products/hw/routers/ps274/products_tech_note09186a00801e1155.shtml
- 图3-47　思科公司 Cisco 7200 Series Router Architecture
  http://www.cisco.com/en/US/products/hw/routers/ps341/products_tech_note09186a0080094ea3.shtml
- 图3-50　Wikipedia 纵横通路交换
  http://ja.wikipedia.org/wiki/%E3%83%95%E3%82%A1%E3%82%A4%E3%83%AB:CrossBarSwitchWithCaption.png
- 图3-52　Wikipedia Head-of-line blocking
  http://en.wikipedia.org/wiki/File:HOL_blocking.png
- 图3-56　Alaxala Netwoeks公司 容错网络解说
  http://www.alaxala.com/jp/solution/high_reliability/explanation/index.html

第4章
- 图4-5、图4-6　Extreme Networks公司 L3快速入门讲解
  http://www.extremenetworks.co.jp/training/lan/index.htm
- 图4-11　富士通公司 负载均衡入门
  http://fenics.fujitsu.com/products/ipcom/catalog/data/1/1.html
- 图4-12　Macnica Networks公司 AppDirector
  http://www.macnica.net/radware/appdirector.html/
- 图4-19　Alaxala Networks公司 AX7800S、AX54000S 软件使用说明书 Vol.1
  http://www.alaxala.com/jp/techinfo/archive/manual/AX5400S/HTML/10_10_/APGUIDE/0103.HTM
- 图4-21　Allied-Telesis公司 CentreCOM 9424T/SP 命令行参考手册 2.3 交换/端口认证
  http://www.allied-telesis.co.jp/support/list/switch/9400/comref/overview_08SWITCH_70PAUTH.html

第5章
- 图5-11　后闲哲也 电子工作实验室 TCP/IP通信编程 Ver.2 TCP 协议
  http://www.picfun.com/lan19a.html

第6章
- 图6-1　Wikipedia Airpott
  http://en.wikipedia.org/wiki/File:Apple_graphite_airport_base_station_front.jpg

照片出处和提供方

- A10 Networks公司
- BreakingPoint Systems公司
- Dell SonicWALL公司
- F5 Networks 日本公司
- Intel公司
- IBS 日本公司
- Allied-Telesis公司
- Alaxala Networks公司
- Array Networks公司
- Anritsu公司
- Ixia公司
- Innotech公司
- Elecom公司
- IODATA 设备公司

- AINEX公司
- 东阳技术公司
- Net Machinism公司
- Buffalo公司
- Sanwa Supply公司
- 思科日本公司
- Juniper Networks公司
- 精工精密公司
- 摄津金属工业公司
- Check Point 软件技术公司
- Microchip Technology 日本公司
- D-Link 日本公司
- Dell公司
- 电子通商公司

- 日本电气公司
- Radware 日本公司
- Buffalo公司
- Barracuda Networks 日本公司
- Paloalto Networks 日本公司
- 日立电线公司
- Fortinet 日本公司
- Black Box 网络服务公司
- BlueCurrent 日本公司
- YAMAHA公司
- Raritan 日本公司
- Logitec公司